# COURS DE GÉOLOGIE

---

## CLASSE DE CINQUIÈME

# VOLUMES PARUS

(TOUS LES VOLUMES, FORMAT IN-8°, SONT RELIÉS EN TOILE)

## CLASSE DE SIXIÈME

L. ROGER. — **Exercices faciles et petites Compositions françaises**...................... 2 fr.

FÉNELON. — **Les Aventures de Télémaque.** — Extraits annotés, — par H. LION, professeur de rhétorique au Lycée d'Amiens ........ 1 fr. 25

E. PETIT, docteur ès lettres, professeur au Lycée Janson-de-Sailly. — **Morceaux choisis des Prosateurs du XIX<sup>e</sup> siècle,** avec portraits ...................... 4 fr. 50

BOUGUERET, professeur de dessin au Lycée Saint-Louis, à l'École normale supérieure de Saint-Cloud et aux Écoles Monge et J.-B. Say. — **Géométrie,** Cours théorique et pratique, avec de nombreuses figures.......... 1 fr. 20

L. DESMONS, professeur agrégé au Lycée Janson-de-Sailly. — **Arithmétique,** avec gravures ........ 2 fr.

H. LECOMTE, agrégé des Sciences naturelles, professeur au Lycée Saint-Louis. — **Zoologie,** avec nombreuses figures.................... 2 fr. 50

LEROY, professeur agrégé. — **Géographie de la France et de ses Colonies,** avec nombreuses illustrations et cartes ............... 2 fr. 50

## CLASSE DE CINQUIÈME

GRIMM. — **Contes de l'Enfance et du Foyer,** par LANG, professeur agrégé de l'Université, avec portraits........................ 2 fr.

RACINE. — **Esther,** par JULES WOGUE, professeur au Lycée de Reims, avec portrait.................... 1 fr. 25

E. PETIT, docteur ès lettres, professeur au Lycée Janson-de-Sailly. — **Morceaux choisis des Prosateurs du XIX<sup>e</sup> siècle,** avec portraits.......... ....... 4 fr. 50

L. DESMONS, professeur agrégé au Lycée Janson-de-Sailly. — **Arithmétique,** avec gravures.......... 2 fr.

PRIEM. — professeur agrégé au Lycée Henri IV. — **Géologie**.... 3 fr. 50

## CLASSE DE QUATRIÈME

RACINE. — **Les Plaideurs,** par TH. COMTE, professeur au Lycée Condorcet, avec portrait........ 1 fr. 25

MOLIÈRE. — **L'Avare,** par PONT-SEVREZ, professeur aux Écoles municipales supérieures de Paris. 1 fr. 25

E. PETIT, docteur ès lettres, professeur au Lycée Janson-de-Sailly. — **Morceaux choisis des Prosateurs du XIX<sup>e</sup> siècle,** avec portraits...................... 4 fr. 50

J. LEGRAND, professeur agrégé au Lycée Buffon. — **Plans de Compositions françaises sur des sujets variés**............ 1 fr. 50

LUDOVIC CARRAU. — **Cours de Morale pratique**........... 3 fr.

B.-H. GAUSSERON, agrégé, professeur d'anglais au Lycée Janson-de-Sailly. — **Morceaux choisis d'auteurs anglais,** prose et poésie, avec portraits...................... 2 fr.

## CLASSE DE TROISIÈME

MOLIÈRE. — **Les Précieuses ridicules,** par G. REYNIER, professeur agrégé au Lycée de Grenoble, avec portrait.................... 1 fr. 25

J. LEGRAND, professeur agrégé au Lycée Buffon. — **Plans de Compositions françaises sur des sujets variés**............ 1 fr. 50

E. PETIT, docteur ès lettres, professeur au Lycée Janson-de-Sailly. — **Morceaux choisis des Prosateurs du XIX<sup>e</sup> siècle,** avec portraits...................... 4 fr. 50

## CLASSE DE DEUXIÈME

J. LEGRAND, professeur agrégé au Lycée Buffon — **Plans de Compositions françaises sur des sujets variés** ............ 1 fr. 50

CORNEILLE. — **Polyeucte,** par BERNARDIN, professeur de rhétorique au Lycée Micholet, avec portrait 1 fr. 25

RACINE. — **Athalie,** par JULES WOGUE, professeur au Lycée de Reims 1 fr. 25

MOLIÈRE. — **Le Misanthrope,** par G. PÉLISSIER, professeur agrégé au Lycée Lakanal, avec portrait. 1 fr. 25

MOLIÈRE. — **Le Tartuffe,** par H. MEYER, professeur agrégé au Lycée Condorcet, avec portrait.... 1 fr. 25

## CLASSE DE PREMIÈRE

J. LEGRAND, professeur agrégé au Lycée Buffon. — **Plans de Compositions françaises sur des sujets variés**.............. 1 fr. 50

BIBLIOTHÈQUE DE L'ENSEIGNEMENT SECONDAIRE MODERNE

PUBLIÉE SOUS LA DIRECTION DE MM.

**EUGÈNE MANUEL**
Inspecteur général de l'Université,
Membre du Conseil supérieur.

**VICTOR DUPRÉ**
Inspecteur de l'Académie de Paris.

## CLASSE DE CINQUIÈME

# COURS

## DE

# GÉOLOGIE

PAR

## F. PRIEM

Ancien élève de l'École normale supérieure,
Agrégé des sciences naturelles, professeur au Lycée Henri IV.

*Ouvrage conforme au programme du 15 juin 1891.*

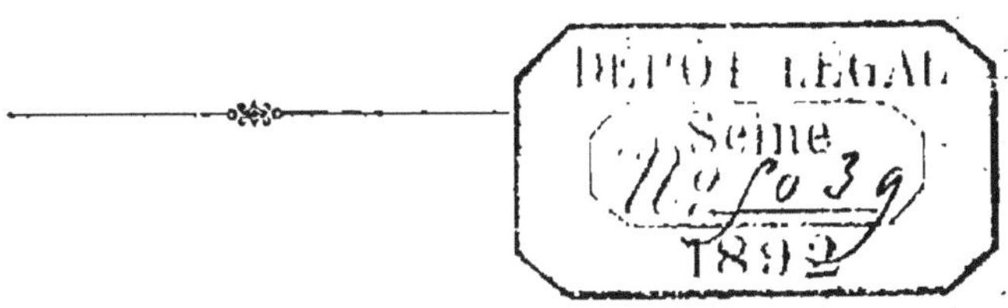

PARIS

ANCIENNE MAISON QUANTIN

LIBRAIRIES-IMPRIMERIES RÉUNIES.

7, rue Saint-Benoît

MAY & MOTTEROZ, DIRECTEURS

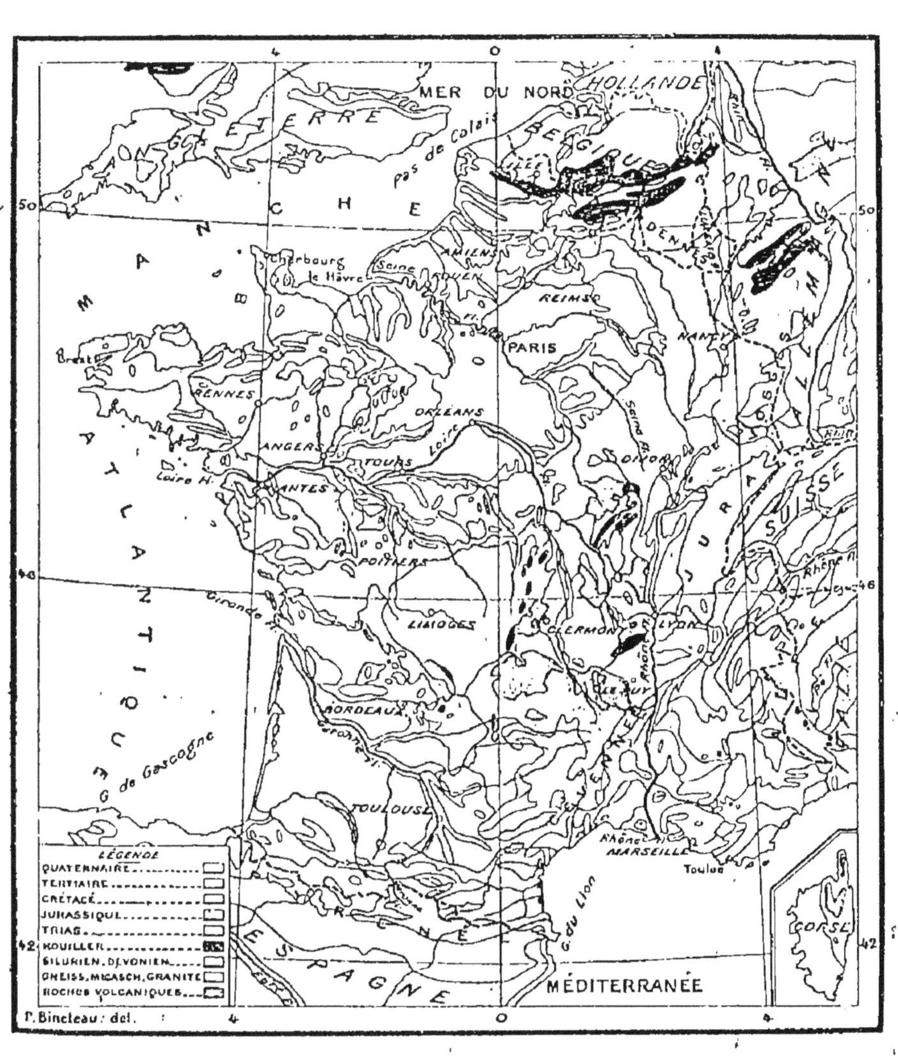


CARTE GÉOLOGIQUE DE LA FRANCE

# PREMIÈRE PARTIE



---

## CHAPITRE PREMIER

### Le globe terrestre.

**Définition de la géologie.** — La Géologie est la science de
la terre. Elle étudie la constitution intime du globe, les modifications qu'il éprouve constamment à l'époque actuelle et
celles qu'il a éprouvées dans le courant des âges.

**Position de la terre dans l'espace.** — **Ses mouvements.**
— La forme générale de la terre est, a peu de chose près,
celle d'une sphère. Cette sphère n'est pas un corps complètement indépendant ; elle fait partie d un système d'astres groupés autour du soleil.

De plus, elle n'est pas immobile dans l'espace. Elle tourne
sur elle-même et accomplit ce mouvement, dit *mouvement de
rotation diurne*, en vingt-quatre heures. — La rotation se fait
autour d'un axe qui perce la sphère terrestre en deux points
opposés, qu'on appelle les *pôles* ; l'un est le pôle *nord*, l'autre
le pôle *sud*. A égale distance des pôles, on imagine un cercle
partageant la sphère terrestre en deux moitiés ou hémisphères.
Ce cercle est l'*équateur*. Au nord de l'équateur se trouve l'hémisphère nord ou boréal ; au sud, l'hémisphère sud ou austral.

Quand nous nous tournons vers le pôle nord, dont l'étoile
polaire nous indique à peu près la direction, le *sud* se trouve
derrière nous, l'*est* à notre droite et l'*ouest* à notre gauche.

Le mouvement de rotation diurne de la terre se fait de
l'ouest vers l'est, c'est-à-dire en sens inverse du mouvement

apparent du soleil et des étoiles qui semblent surgir à l'est pour disparaître à l'ouest.

Là rotation est évidemment nulle aux pôles, puisque ceux-ci se trouvent sur l'axe ; et elle est d'autant plus rapide pour un point quelconque du globe, que ce point est plus éloigné de l'axe ; en effet, ce point doit décrire en vingt-quatre heures un cercle d'autant plus grand qu'il est plus écarté de l'axe. C'est ainsi qu'à Saint-Pétersbourg la vitesse de rotation est de 14 kilomètres par minute, à Paris de 18 kilomètres dans le même temps, et à l'équateur de 28 kilomètres.

Outre le mouvement de rotation diurne, il y a à considérer, pour la terre, un second mouvement. Elle tourne autour du soleil, dont elle est séparée par une distance moyenne d'environ 150 millions de kilomètres. Ce mouvement, appelé *mouvement de translation*, s'accomplit de l'ouest vers l'est dans le courant d'une année, c'est-à-dire qu'au bout d'un an la terre se retrouve dans l'espace à son point de départ. La vitesse moyenne avec laquelle la terre accomplit ce mouvement est de 30 kilomètres par seconde.

**Conséquence du mouvement de rotation diurne.** — La terre, en tournant sur elle-même, présente successivement ses différents points aux rayons du soleil. Il en résulte qu'un même point est tour à tour éclairé et plongé dans l'obscurité. Ainsi le mouvement de rotation diurne a pour conséquence la succession des *jours* et des *nuits*.

**Conséquence du mouvement de translation.** — L'axe de la terre, c'est-à-dire la ligne qui joint les pôles, n'est pas perpendiculaire au plan de la courbe que la terre décrit autour du soleil, courbe qu'on appelle l'orbite terrestre. Si l'axe était perpendiculaire au plan de l'orbite, la partie du globe éclairée par le soleil s'étendrait toujours d'un pôle à l'autre, et partout il y aurait égalité des jours et des nuits, partout les jours et les nuits seraient composés de douze heures.

Il n'en est pas ainsi : pour un même point de la terre, la longueur du jour et celle de la nuit varient dans le courant d'une année, suivant la position de la terre sur son orbite. A l'équateur seul, il y a constamment égalité du jour et de la nuit. En dehors de l'équateur, le jour et la nuit ne sont partout d'égale durée que deux fois par an : le 21 mars et le 23 septembre. Ces dates sont appelées les *équinoxes*; la première est l'équinoxe de printemps, l'autre l'équinoxe d'automne.

Ainsi le mouvement de translation a pour conséquence *l'inégalité des jours et des nuits.* Mais, de ce dernier fait, il résulte que la quantité de lumière et de chaleur reçue par un point déterminé de la terre varie suivant le moment de l'année considéré. C'est ce qui explique le phénomène des *saisons*. Quand les heures du jour sont plus nombreuses que les heures de nuit, la terre s'échauffe; c'est la saison chaude. Quand l'inverse a lieu, la terre perd plus de chaleur par rayonnement pendant la nuit qu'elle n'en gagne pendant le jour; c'est la saison froide.

Dans les régions tempérées, c'est-à-dire dans la plus grande partie de l'espace compris entre l'équateur et les pôles, l'année se partage entre quatre saisons : le printemps, l'été, l'automne et l'hiver. Le printemps est compris entre le 21 mars (équinoxe de printemps) et le 21 juin, époque de l'année où le jour est le plus long (solstice d'été) ; l'été est compris entre le 21 juin et le 23 septembre (équinoxe d'automne) ; l'automne entre le 23 septembre et le 21 décembre, époque de l'année où le jour est le plus court (solstice d'hiver) ; enfin l'hiver, du 21 décembre au 21 mars.

L'ensemble du printemps et de l'été s'appelle aussi la saison chaude ; celui de l'automne et de l'hiver la saison froide.

Dans le voisinage immédiat de l'équateur, dans ce qu'on appelle la zone torride ou tropicale, il n'y a pas de saison froide ; il y a une saison sèche et une saison de pluies.

Au voisinage des pôles, le soleil reste six mois sur l'horizon et disparaît pendant les six autres mois ; mais, malgré le long jour de six mois, il n'y a pas, à proprement parler, de saison chaude, parce que les rayons solaires arrivent très obliquement.

L'inégalité de durée des quatre saisons s'explique aussi par la considération du mouvement de translation.

L'orbite terrestre n'est pas un cercle ; c'est une ellipse, et la distance de la terre au soleil varie suivant sa position sur cette ellipse.

D'autre part, la terre se meut d'autant plus vite sur son orbite qu'elle se rapproche davantage du soleil. Or, elle est plus rapprochée du soleil dans la saison froide que dans la saison chaude. Pour cette raison, la saison chaude, c'est-à-dire l'ensemble du printemps et de l'été, a une durée de 186 jours, tandis que la durée de la saison froide, c'est-à-dire de l'ensemble de l'automne et de l'hiver, est seulement de 179 jours.

La saison chaude pour l'hémisphère boréal est la saison froide pour l'hémisphère austral, puisque la terre tourne pendant six mois le pôle nord vers le soleil et pendant les six autres mois le pôle sud. Il en résulte donc que la saison chaude de l'hémisphère nord dépasse de sept jours la saison chaude de l'hémisphère sud.

La figure théorique ci-jointe (fig. 1) met en évidence les

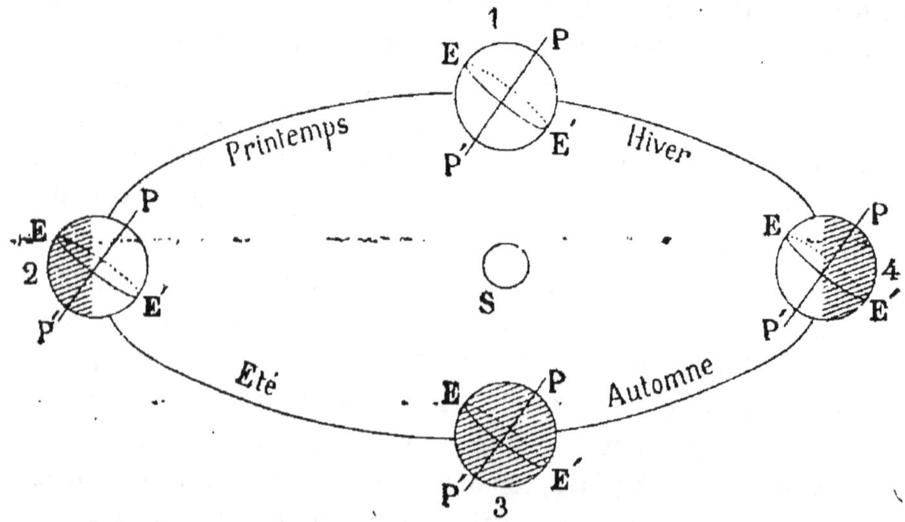


Fig. 1. — Relations de la terre et du soleil dans les différentes saisons.

relations de la terre et du soleil dans les différentes saisons. On a exagéré à dessein les différences de distance du soleil à la terre aux diverses époques. La flèche indique le sens de la rotation de la terre ; la ligne P P' est la ligne des pôles ; P étant le pôle nord, la ligne E E′ représente l'équateur. L'hémisphère non éclairé par le soleil est ombré. Le n° 1 représente la terre au 21 mars, le n° 2 la terre au 21 juin, le n° 3 au 23 septembre et le n° 4 au 21 décembre.

**Forme et dimensions de la terre.** — La terre a la forme d'une sphère. C'est ce que prouvent les observations suivantes. Si l'on regarde un navire s'éloigner, on voit que toutes ses parties ne disparaissent pas en même temps ; la coque disparaît d'abord, puis les mâts les moins élevés, enfin le sommet de la mâture ; inversement, quand un navire approche, on distingue le haut des mâts avant d'apercevoir la coque (fig. 2).

Fig. 2. — Positions successives d'un navire approchant du rivage.

On doit en conclure que la surface du globe est convexe, car les inégalités du sol sont assez faibles pour qu'on puisse regarder la surface des continents et celle des mers comme formant une seule et même surface.

Une autre preuve est fournie par les voyages de circumnavigation. Ainsi, Magellan, se dirigeant toujours vers l'ouest, revint au port d'où il était parti : il avait donc décrit une circonférence complète autour de la terre.

Enfin, la forme toujours circulaire de l'horizon conduit à affirmer la sphéricité de la terre, car la sphère est le seul corps qui présente une forme circulaire de quelque côté qu'on le regarde.

Cependant la terre n'est pas une sphère parfaite. Elle est aplatie aux pôles et renflée à l'équateur. C'est ce qu'ont établi particulièrement les mesures faites au siècle dernier par les savants français en Laponie et au Pérou.

Le *rayon* terrestre est de 6,366 kilomètres en moyenne. Si l'on considère le rayon de l'équateur et le rayon aboutissant au pôle, on trouve entre eux une différence de 21 kilomètres. La terre est donc une sphère très peu aplatie aux pôles.

La *circonférence* de la terre est d'environ 40,000 kilomètres.

La *superficie* de la terre est d'environ 510 millions de kilomètres carrés.

Le *volume* de la terre, comparé à celui du soleil, est insignifiant. On a calculé, en effet, que le volume du soleil est égal à environ 1,280,000 fois le volume de la terre.

## RÉSUMÉ

La géologie étudie la constitution du globe et les modifications qu'il éprouve constamment ainsi que celles qu'il a éprouvées autrefois.

La terre tourne sur elle-même en vingt-quatre heures (mouvement de rotation diurne) de l'ouest vers l'est, et d'autre part elle exécute autour du soleil un mouvement de translation ; ce mouvement s'accomplit de l'ouest vers l'est dans le courant d'une année. Le mouvement de rotation diurne a pour conséquence la succession des jours et des nuits. Le mouvement de translation a pour conséquence l'inégalité des jours et des nuits et le phénomène des saisons.

La terre n'est pas une sphère absolument parfaite. Elle est aplatie aux pôles et renflée à l'équateur. Le rayon terrestre est de 6,366 kilomètres en moyenne. Le volume du soleil est 1,280,000 fois celui de la terre.

# CHAPITRE II

## L'atmosphère.

La surface terrestre est constituée par trois éléments : l'élément solide ou terre ferme, l'élément liquide ou océan, enfin l'élément gazeux ou atmosphère, qui enveloppe les deux premiers. C'est l'atmosphère que nous étudierons en premier lieu.

**Constitution de l'atmosphère.** — L'atmosphère est constituée essentiellement par l'air. Celui-ci se compose de deux gaz : l'*oxygène* et l'*azote*, dans la proportion d'environ 21 volumes d'oxygène pour 79 volumes d'azote. Cette proportion est sensiblement la même en tous les points du globe. L'air recueilli par Gay-Lussac à 7,000 mètres de hauteur présente exactement la même composition que l'air recueilli dans les plaines.

Outre l'oxygène et l'azote, l'atmosphère contient toujours de l'*acide carbonique* et de la *vapeur d'eau*. La quantité d'acide carbonique est toujours faible ; elle est comprise entre 3 et 4 dix-millièmes en volume, mais il est facile de déceler sa présence : une dissolution limpide d'eau de chaux, exposée à l'air, se recouvre bientôt d'une pellicule blanche de carbonate de chaux.

Quant à la vapeur d'eau, sa proportion varie constamment. C'est elle qui, en se condensant par suite d'un refroidissement, donne naissance aux *nuages*, à la *pluie*, à la *neige*.

Enfin, l'air contient constamment un peu d'*ammoniaque* ; il y a aussi, surtout pendant les orages, un peu d'*azotate d'ammoniaque* et un peu de *carbure d'hydrogène*.

**Poids de l'atmosphère.** — Le poids de l'air est relativement faible, puisqu'un litre d'air pèse environ 1 gr. 293. Cependant la pression que l'atmosphère exerce sur les corps placés à la surface du sol est considérable. On sait que cette pression est mesurée par la colonne de mercure qui s'élève dans le baromètre. La colonne de mercure est en moyenne de 76 centimètres, et la densité du mercure étant de 13,59, la pression exercée par l'atmosphère sur 1 centimètre carré est : 76 × 13,59 = 1,033 gr. 3, ce qui donne par mètre carré une pression de 10,333 kilogrammes.

**Hauteur de l'atmosphère.** — Toutefois, s'il est facile de calculer le poids de l'atmosphère, on ne sait pas d'une manière positive jusqu'à quelle hauteur l'air s'élève dans l'espace, c'est-à-dire quelle est l'épaisseur de l'atmosphère. On a pu étudier directement celle-ci jusqu'à 8,000 et même plus de 10,000 mètres au-dessus du niveau de la mer. Glaisher et Coxwell s'élevèrent même, en 1862, jusqu'à 11,000 mètres. Au fur et à mesure qu'on s'élève, l'air se raréfie de plus en plus ; la colonne barométrique qui lui fait équilibre baisse constamment. A 6,000 mètres, hauteur au-dessus de laquelle se dressent encore bien des montagnes, la pression atmosphérique n'est plus que la moitié de ce qu'elle était au niveau de la mer. On peut calculer la pression atmosphérique correspondant à une altitude donnée. A 32 kilomètres de hauteur, la pression ne serait plus qu'un trentième de ce qu'elle est au niveau des mers, et si l'on cherche pour quelle altitude la pression est nulle, ce qui donne la limite supérieure de l'atmosphère, on trouve pour l'épaisseur de celle-ci 48 kilomètres.

Par d'autres considérations, on arrive à des résultats tout différents. Certains savants admettent une épaisseur de 75 kilomètres, d'autres une épaisseur de 320 et même de 340-kilomètres.

**Mouvements de l'atmosphère. — Vents. —** L'atmosphère est sans cesse en mouvement; les courants dont elle est ainsi parcourue sont les *vents*. Ceux-ci dépendent de causes diverses dont les principales sont les suivantes :

Quand une région a été fortement échauffée, les couches d'air en contact s'élèvent parce qu'elles sont devenues plus légères, et elles sont remplacées par l'air venu des régions voisines pour remplir le vide formé. De là un vent qui souffle des régions plus froides vers la région plus chaude. L'air chaud qui s'est élevé se déverse ensuite par les régions supérieures vers les parties froides, ce qui produit dans les hautes régions de l'atmosphère un vent en sens contraire.

Quand une grande quantité de vapeur d'eau se condense, il en résulte une diminution de pression et l'air des régions voisines afflue.

Les vents ont d'ailleurs une vitesse très variable. On détermine la vitesse des vents qui soufflent à la surface de la terre au moyen de petits moulinets ou *anémomètres*, à ailettes très mobiles dont on évalue le nombre de tours par seconde. Ou bien encore on mesure le temps que mettent des poussières à franchir des distances connues. Pour déterminer la vitesse des vents élevés, on mesure la vitesse de translation de l'ombre que les nuages projettent sur le sol.

**Vents constants.** — Il y a des vents qui soufflent toute l'année ; on les appelle vents *alizés*.

Dans les régions équatoriales, l'air s'échauffe beaucoup et s'élève par suite de sa diminution de densité. L'air arrive alors en grandes masses des pôles pour remplir le vide formé. Si la terre était immobile, il y aurait un alizé nord et un alizé sud, mais à cause de la rotation terrestre il se produit une déviation vers l'ouest. Le vent de l'hémisphère boréal est transformé en un vent *nord-est* ; de même celui de l'hémisphère austral est transformé en un vent *sud-est*.

Les alizés sont mis à profit par les navigateurs. Ce sont les vents alizés qui portèrent vers les Antilles Christophe Colomb venant d'Europe.

La masse d'air qui s'est élevée verticalement de l'équateur se déverse ensuite vers les pôles une fois qu'elle a atteint une certaine hauteur. Il y a, par suite, dans les régions élevées de l'atmosphère, des *contre-alizés*. On peut en constater l'existence par la direction dans laquelle ils transportent les nuages élevés.

**Vents périodiques.** — D'autres vents, les vents périodiques, se produisent toujours à la même heure du jour ou à la même époque de l'année.

Ainsi, sur les côtes, tous les matins le vent s'élève de la mer et souffle vers la terre : c'est la *brise de mer*. Puis le soir le vent souffle de la terre vers la mer : c'est la *brise de terre*.

Dans la mer des Indes, on observe des vents appelés les *moussons*, qui soufflent six mois dans un sens et les six autres mois dans le sens opposé. La *mousson du printemps* souffle de la mer vers la terre ; la *mousson d'automne* souffle au contraire de la terre vers la mer. La Méditerranée présente aussi des moussons. Les anciens leur ont donné le nom de *vents étésiens* (de *étos*, année). Ce sont des brises régulières soufflant du nord pendant tout l'été.

**Vents locaux.** — Dans certains pays, il y a des vents qui soufflent d'une manière assez régulière et qui tiennent à la distribution inégale de la chaleur aux divers points de la terre. Exemples : le *simoun*, du Sahara ; le *sirocco*, vent chaud

du midi qui souffle parfois sur les côtes de la Méditerranée ; le *mistral,* de la vallée du Rhône, qui souffle du nord-
ouest, etc.

Les vents dont la direction n'est pas fixe sont les vents
*variables.* Leur vitesse peut varier de 1 mètre à 50 mètres par
seconde. Dans le dernier cas, on les appelle *ouragans.*

**Cyclones. Trombes.** — Parfois des masses d'air s'avancent
rapidement et tournent en même temps sur elles-mêmes. Ces
tourbillons portent le nom de *cyclones.* Au centre de la cyclone,
le baromètre est très bas et l'air relativement calme, tandis
qu'à une certaine distance du centre la vitesse peut être très
grande ; il en résulte de grands ravages.

Les *trombes* sont des cyclones locales. Elles consistent en
une masse d'air et de vapeur formant une sorte d'entonnoir
dont la pointe atteint le sol ou la mer. Cet entonnoir se déplace rapidement en entraînant avec lui l'eau et les matières
meubles que sa pointe rencontre.

## RÉSUMÉ

L'atmosphère est constituée par l'air.

La pression de l'atmosphère sur 1 centimètre carré est de
1,033$^{gr}$,3. La hauteur de l'amosphère est inconnue ; on lui attribue
au moins une valeur de 48 kilomètres. On s'est élevé dans l'air jusqu'à 11,000 mètres.

L'atmosphère est parcourue par des courants : les *vents.* Certains
vents soufflent toute l'année dans la même direction ; ce sont les
vents *constants,* ex : les *alizés.*

D'autres, les vents *périodiques* se produisent toujours à la même
heure du jour (*brise de mer* et *brise de terre*), ou à la même époque
de l'année (*moussons*).

Certaines régions sont soumises à des vents particuliers (*sirocco,
mistral*).

Parfois des masses d'air se déplacent rapidement et tournent en
même temps sur elles-mêmes (*cyclones, trombes*).

# CHAPITRE III

## Les Continents.

**Répartition des terres et des mers sur le globe terrestre.** — Un fait qui frappe vivement quand on étudie une mappemonde, c'est la répartition très inégale des terres et des mers.

D'abord la surface entière du globe étant de 510 millions de kilomètres carrés, 375 millions appartiennent à l'Océan et 135 seulement à la terme ferme. Aussi, dit-on, en exagérant un peu la part de l'Océan, qu'il couvre les trois quarts de la surface du globe.

De plus la terre et les mers ne sont pas également répar-

Fig. 3. — Hémisphère continental.

Fig. 4. — Hémisphère océanique.

ties dans les deux hémisphères. La terre ferme est surtout concentrée dans l'hémisphère boréal, tandis que les mers occupent presque la totalité de l'hémisphère austral (fig. 3 et 4). On peut dire que l'hémisphère boréal est un hémisphère continental et l'hémisphère austral un hémisphère océanique.

Enfin, la répartition des terres et des mers dans l'hémisphère boréal, donne lieu à une dernière remarque: les terres occupent dans cet hémisphère une surface d'autant plus grande qu'on s'approche davantage du cercle polaire. Elles sont groupées autour du pôle nord (fig. 5).

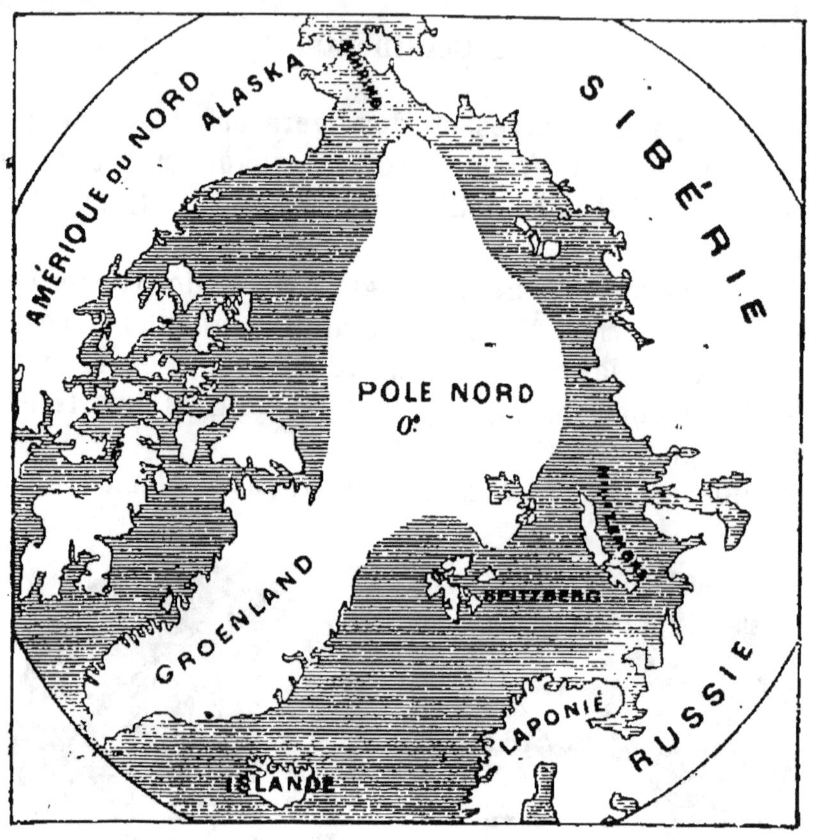


Fig. 5. — Carte des régions arctiques.

**Forme des Continents.** — La forme des continents donne lieu aussi à quelques remarques importantes.

On voit d'abord que les masses continentales groupées autour du pôle nord divergent de plus en plus en s'avançant vers le sud, et que là elles se terminent en pointe (cap de Bonne-Espérance, cap Horn). Inversement les mers se terminent en pointe vers le nord dans les intervalles des terres.

La terminaison des terres en pointe vers le sud est générale et le fait se retrouve dans l'orientation des presqu'îles ; ainsi les péninsules méditerranéennes (Espagne, Italie, péninsule balkanique), les Indes, l'Arabie, la Floride, la presqu'île scandinave. Il y a très peu d'exceptions à cette règle (presqu'île du Jutland).

Il faut remarquer aussi que les masses continentales sont interrompues par une ceinture maritime qui fait tout le tour du globe. C'est ainsi que la Méditerranée sépare l'Europe de l'Afrique, que la mer des Indes s'étend entre l'Asie et l'Australie, que la mer des Antilles enfin divise l'Amérique en deux masses unies seulement par l'isthme de Panama.

On peut observer en outre que la partie australe des masses continentales est sensiblement déviée vers l'est par rapport à la partie boréale. L'Afrique australe est rejetée à l'est de l'Europe, l'Australie se projette sous le Japon, et les méridiens de l'Amérique du Sud ne rencontrent que quelques points de l'Amérique du Nord.

**Relief des continents. — Sa faible importance. —** Les terres s'élèvent plus ou moins au-dessus du niveau des mers. La hauteur verticale d'un point quelconque des continents au-dessus de ce niveau, est *l'altitude* de ce point et l'ensemble de ces altitudes constitue le relief continental.

Ce relief en somme est assez peu considérable. En effet, la plus haute montagne connue, le Gaurisankar, dans l'Himalaya, atteint 8,840$^m$. Ce nombre est la sept cent vingtième partie du rayon terrestre. Le Mont-Blanc, dont l'altitude est de 4,810$^m$, ne représente que le $\frac{1}{1321}$ du rayon. Sur un globe de 1 mètre de rayon, la plus forte saillie continentale ne serait représentée que par un millimètre et demi : aussi, dit-on, que les inégalités de la surface terrestre n'ont guère plus d'importance que les aspérités de l'écorce d'une orange.

Grâce aux nombreuses mesures d'altitudes faites depuis un siècle sur tout le globe, on a pu calculer l'altitude moyenne des divers continents. L'altitude moyenne de l'Asie est de plus de 800$^m$, ce qui est dû surtout au Thibet, où il n'y a pas un point qui soit au-dessous de 4,000$^m$ d'altitude. — L'altitude moyenne de l'Europe, est de 228$^m$; celle de l'Afrique, de 450 ; celle de l'Amérique dépasse 500$^m$. On peut dire en résumé, que l'altitude moyenne des continents est de 5 à 600 mètres.

**Disposition du relief.** — Si l'on considère un continent en particulier, on constate immédiatement que son relief n'est

Fig. 6. — Mappemonde montrant la direction des principales chaînes de montagnes.

pas distribué d'une manière régulière. Les plus hautes chaînes de montagnes ne sont pas placées au centre du continent; au contraire, elles sont pour la plupart disposées sur les bords du continent, au voisinage de la mer.

Il nous suffira de citer le massif du Thibet et de l'Himalaya au voisinage de la mer des Indes, les chaînes des Andes et des Montagnes Rocheuses qui longent le littoral américain du Pacifique.

La carte ci-jointe montre les rapports de voisinage des grandes chaînes et des continents (fig. 6).

D'ailleurs, l'étude particulière d'une chaîne de montagnes révèle des faits du même genre. Les deux versants de la chaîne ne sont jamais également inclinés ; toujours l'un des deux est plus abrupt que l'autre. C'est ainsi que la chute des Alpes vers le Piémont est brusque, tandis que du côté nord on constate une série d'ondulations parallèles. Les Pyrénées présentent du côté français un versant beaucoup plus abrupt que du côté espagnol. Le Jura présente de même une série d'ondulations et, de son altitude la plus élevée (1,678$^m$), il retombe brusquement à l'altitude du lac de Genève.

## RÉSUMÉ

Le globe présente une répartition inégale des terres et des mers. L'Océan couvre les trois quarts de la surface du globe. La terre ferme est surtout concentrée dans l'hémisphère boréal.

Les masses continentales groupées autour du pôle nord se terminent en pointe vers le sud, et elles sont interrompues par une ceinture maritime qui fait tout le tour du globe. Cette ceinture est constituée par la Méditerranée, la mer des Indes, la mer des Antilles.

Le relief terrestre est peu important. La plus haute montagne connue atteint 8,840 mètres, soit le $\frac{1}{720}$ du rayon terrestre.

L'altitude moyenne des continents au-dessus du niveau de la mer est de 5 à 600 mètres.

Le relief n'est pas distribué d'une manière régulière sur un continent donné. Les plus hautes montagnes sont disposées sur les bords du continent, au voisinage de la mer. Les deux versants d'une chaîne ne sont jamais également inclinés.

# CHAPITRE IV

## Les Mers.

**Composition de l'eau de mer.** — L'eau de mer présente une composition assez constante. Elle contient environ sur 1,000 parties, 35 parties de sels dissous. Ce nombre mesure ce qu'on peut appeler la *salinité* des eaux marines. De ces 35 parties les trois quarts sont formés de chlorure de sodium. Viennent ensuite, par ordre d'importance, le chlorure de magnésium, les sulfates de magnésie et de chaux, le chlorure de potassium, le bromure de magnésium, le carbonate de chaux, enfin, un peu d'iode avec quelques traces d'argent et même de cuivre.

La densité moyenne de l'eau de mer est de 1,028. Elle varie depuis 1,029 pour la Méditerranée où la chaleur solaire vaporise beaucoup de liquide, jusqu'à 1,016 pour la mer Noire, où débouchent des fleuves considérables. Les eaux de l'hémisphère méridional paraissent en moyenne un peu plus légères que celles de l'hémisphère septentrional.

**Salinité des diverses mers.** — La teneur en sels varie parfois beaucoup d'une mer à l'autre. Cela tient à l'évaporation plus ou moins rapide et à l'apport plus ou moins considérable des fleuves.

Ainsi la salinité de la Méditerranée est de 38 millièmes à cause de la forte évaporation. La teneur en sels de la mer Rouge, fortement échauffée par le soleil, et dans laquelle ne débouche aucun cours d'eau important, est encore plus grande, elle s'élève à 41 et même 43 millièmes. Au contraire, celle de la mer Baltique, mer peu profonde, où viennent affluer beaucoup de rivières et où l'évaporation est peu active, est à peine de 5 millièmes. Cette mer est donc environ neuf fois moins salée que la mer Rouge.

**Niveau des mers.** — Une question qui se pose est celle-ci.

brusquement à 8,500 mètres, puis remonte progressivement à l'est vers les îles Sandwich.

On a vu aussi que les parties les plus élevées des continents se trouvent habituellement au voisinage de la mer (voir la carte de la fig. 6). On peut poser cette règle, que les montagnes les plus élevées sont opposées aux mers les plus profondes.

Aux pieds des Andes, le Pacifique présente un chenal profond de plus de 3,000 mètres ; au contraire, les monts Appalaches ou Alleghanys qui s'opposent à l'Atlantique, sont moins élevés que les Andes et correspondent à une profondeur océanique moins grande.

Au premier abord, la loi posée paraît souvent en défaut. En effet, sur le littoral de l'Europe on ne trouve pas de montagnes, et les grandes chaînes de ce continent sont parfois, comme les Pyrénées, dirigées transversalement à la mer, au lieu de lui faire face. Mais nous verrons plus tard qu'à l'époque où ces montagnes se soulevaient, leur pied était baigné par la mer. Au nord des Pyrénées se trouvait une vaste mer couvrant le midi de la France. De même le Piémont et la Lombardie qui séparent les Alpes de la Méditerranée, étaient envahis par les eaux. — Il faut donc pour justifier la loi énoncée, tenir compte non seulement des mers actuelles mais aussi des mers anciennes.

**Mouvements de la mer.** — **Les vagues.** — La surface de la mer est rarement calme. En général le vent y soulève l'eau en vagues plus ou moins hautes.

La hauteur des vagues n'est pas la même dans toutes les mers ; elle est d'autant plus grande que le bassin est plus profond et la surface plus librement parcourue des vents. Les vagues de la Caspienne ne sont pas comparables à celles de la Méditerranée, que surpassent de beaucoup celles de l'Atlantique.

Les vagues atteignent facilement une hauteur de 4 à 5 mètres dans les tempêtes. Au large du cap de Bonne-Espérance, elles atteignent jusqu'à 15 et 16 mètres. Mais c'est sur la côte, que les vagues, à cause des obstacles qu'elles rencontrent, atteignent leur plus grande hauteur. C'est ainsi que le phare de Bell-Rock, qui se dresse sur un rocher de la côte d'Écosse, à 34 mètres, est souvent entièrement enveloppé par les vagues.

**Mouvements réguliers.—Les marées.—**La mer subit aussi des mouvements réguliers, qui sont dus à l'attraction qu'exercent sur le globe terrestre la lune et le soleil. Ces mouvements réguliers s'appellent les *marées*. Deux fois par jour la mer se soulève : c'est le *flux*; après ce premier mouvement, il y a un repos de quelques minutes, et enfin le niveau s'abaisse : c'est le *reflux*. Le mouvement se propage de la haute mer vers la côte. Il remonte à une certaine distance le cours des lames en soulevant une vague appelée la *barre* ou le *mascaret*.

Au milieu des océans largement ouverts, l'élévation du niveau due à la marée ne dépasse pas 70 centimètres à 1 mètre. Au contraire, dans les golfes, les baies, le flux atteint jusqu'à 15 mètres. C'est ce qui a lieu pour le golfe de Bristol et pour la baie du Mont-Saint-Michel.

L'amplitude de la marée varie suivant l'époque de l'année; elle atteint son maximum au moment des équinoxes.

Dans les mers fermées, les marées sont très peu sensibles. C'est ce qui a lieu pour la Méditerranée. Cependant, sur les côtes de la Tunisie, la différence entre les hautes et les basses mers est de 1$^m$,50.

Par suite de la configuration des côtes, la marée subit un retard, variable d'un port à l'autre. C'est ce qu'on appelle l'*établissement du port*. A Gibraltar le retard est nul, mais à l'embouchure de la Gironde, il est de sept heures quarante minutes, à Dieppe de dix heures quarante, à Dunkerque de onze heures quarante-cinq minutes.

**Courants marins. —** Outre le mouvement régulier des marées, il y a dans les mers échange d'eau et, par suite, des courants dont on a étudié la direction, la vitesse, la température. On doit rapporter surtout l'origine des courants aux vents dominants de la zone qu'ils parcourent.

L'un des mieux connus est le courant d'eau chaude appelé *Gulf Stream*, qui s'étale à la surface de l'Atlantique, sur une largeur de 60 kilomètres et avec une vitesse de 2$^m$,57 par seconde et une température de 25°. Il sort du golfe du Mexique poussé par les vents alizés, longe le littoral des États-Unis et s'élance ensuite vers les côtes d'Europe. Il émet d'ailleurs plusieurs branches. Son influence se fait sentir jusque sur les côtes de Norvège, une de ses branches appelée le *Courant de Rennell*, contourne la côte de Bretagne et l'Irlande (fig. 7).

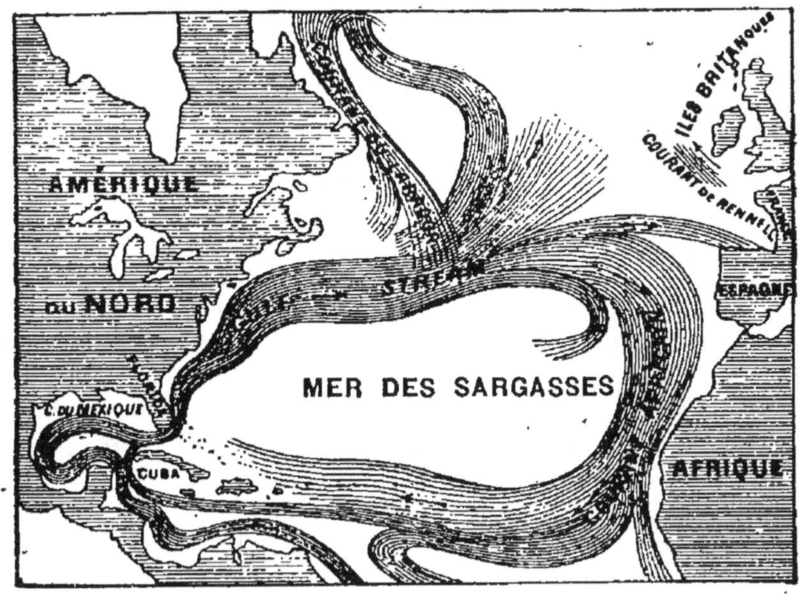


Fig. 7. — Carte de l'Atlantique montrant le cours du Gulf Stream.

Il existe d'autres courants superficiels constitués par les eaux équatoriales. L'un d'eux, qui longe la côte du Japon et se dirige vers le nord-est, est le *Kuro-Sivo* (en japonais, courant noir).

Tandis que les eaux chaudes se dirigent vers les pôles, en suivant la surface, les eaux froides venues des pôles, se dirigent vers l'équateur en suivant, à cause de leur plus grande densité, le fond de la mer. Tel est, dans l'océan Pacifique, le *courant de Humboldt*, venu du pôle sud et qui longe les côtes du Chili et du Pérou.

## RÉSUMÉ

L'eau de mer contient environ sur 1,000 parties 35 de sels, dont les trois quarts sont formés de chlorure de sodium. La densité moyenne de l'eau de mer est 1,028. La teneur en sels varie beaucoup d'une mer à l'autre. Il en résulte des différences de niveau d'une mer à l'autre. L'attraction des continents relève aussi le niveau au voisinage des côtes.

Le fond des mers est très accidenté. Il y a en certains points des abîmes de 6,000 à 8,500 mètres, mais la profondeur moyenne des océans est de 4,000 mètres, soit sept fois l'altitude moyenne des continents.

On peut dire d'une manière générale, et en tenant compte des mers anciennes aussi bien que des mers actuelles : les montagnes les plus élevées sont opposées aux mers les plus profondes.

La mer a des mouvements. Le vent soulève l'eau à des hauteurs variables. Il y a aussi des mouvements réguliers : les *marées*, qui sont dues à l'attraction de la lune et du soleil sur le golfe terrestre. Les marées sont peu sensibles dans les mers fermées comme la Méditerranée.

Il y a des courants marins, tel est le *Gulf Stream* qui sort du golfe du Mexique et s'étale à la surface de l'Atlantique.

---

# CHAPITRE V

## Distribution de la chaleur sur le globe.

La chaleur se montre inégalement répartie à la surface du globe. L'inégalité de cette répartition ne tient pas seulement à la différence de latitude, elle tient aussi à la distribution relative des terres et des mers; c'est pourquoi elle doit être étudiée ici.

**Températures moyennes.** — Chaque localité est caractérisée au point de vue de la chaleur par sa température moyenne. On appelle ainsi le résultat obtenu en faisant la moyenne des températures de tous les jours de l'année. D'une année à l'autre ce résultat ne présente que de très faibles variations. A Paris la moyenne annuelle est de 10°,8.

**Isothermes. — Isothères. — Isochimènes.** — Si sur une carte on joint d'un trait continu tous les points du globe, possédant la même température moyenne, on obtient des courbes appelées *isothermes*. Par leur seul aspect on a une idée nette de la distribution de la température à la surface du globe.

La plus haute moyenne annuelle de température est de 27°,5. L'isotherme correspondante s'appelle l'*équateur thermal*. Les isothermes définissant les plus basses moyennes enveloppent deux pôles de froid, situés l'un en Asie (— 17°,2), l'autre dans l'Amérique du Nord (— 19°,7).

Outre la moyenne annuelle d'un lieu, il faut prendre aussi pour ce lieu la moyenne de l'hiver et la moyenne de l'été. On obtient ainsi deux séries de courbes : les *lignes isochimènes* (égal hiver) et les *lignes isothères* (égal été).

**Influences qui déterminent le climat.** — L'examen de toutes ces courbes a montré quelles sont les influences qui déterminent le climat. Ces influences sont : d'abord la latitude. Plus le lieu considéré est éloigné des pôles, plus en général la température y est élevée. Vient ensuite l'altitude. La température diminue au fur et à mesure qu'on s'élève. Le voisinage de la mer a une grande importance. La température est plus douce et les différences entre l'hiver et l'été sont moins sensibles sur les côtes que dans l'intérieur des terres. Aussi les isothermes des régions tempérées s'abaissent-elles vers l'équateur à l'intérieur des continents. Cela signifie que pour retrouver la température moyenne qui règne sur la côte il faut marcher vers l'équateur quand on s'enfonce dans l'intérieur des terres.

La mer agit non seulement par son simple voisinage mais aussi par les courants qui la traversent. Si la côte est longée par un courant d'eau chaude, ce dernier aura pour effet d'élever et de régulariser sa température. C'est ainsi que la branche du Gulf-Stream appelée le courant de Rennell assure à la Bretagne et à l'Irlande un climat très doux; c'est encore grâce au Gulf-Stream que les lacs d'îles aussi septentrionales que les Feroe et les Schetland ne gèlent jamais.

**Différents climats.** — Les considérations précédentes permettent de classer les climats de la manière suivante :

On distingue les climats *maritimes* ou *constants* et les climats *continentaux* ou *excessifs*.

Pour les climats maritimes la différence entre la température du mois le plus froid et celle du mois le plus chaud est très faible. A Madère, cette différence n'est que de 2°; aux îles Feroe, de 6°,7.

Pour les climats continentaux la différence est considérable. A Berlin, elle atteint 18°; à Moscou, près de 28°; à Irkoutsk, plus de 33°.

Entre les climats maritimes et les climats continentaux on place les climats *variables*. Tels sont celui de Londres où la différence des deux températures est de 13°,35 et celui de Paris où cette différence est de 14°,42.

**Température de la surface des mers.** — On a constaté que la température de la surface des mers varie beaucoup moins avec la saison que la température des terres. Ainsi, à Lisbonne, la température pour l'air présente une différence de 12° entre la moyenne de janvier et celle de juillet, tandis que la différence pour la surface de la mer n'est que de 6°.

Il y a nécessairement de grandes différences d'une mer à l'autre et la température varie pour la même mer en deux points assez voisins à cause des courants. On peut citer ce fait que le Gulf-Stream, à sa sortie du golfe du Mexique, roule des eaux chaudes à 25° au milieu d'une mer à 18°; par suite, à la limite de ce fleuve d'eau chaude, il y aura une différence de 7° d'un côté à l'autre.

**Température des grandes profondeurs.** — Les sondages exécutés à de grandes profondeurs par les équipages de divers navires comme le *Challenger*, le *Travailleur* et le *Talisman* ont révélé un fait intéressant.

Si l'on prend la température des grands fonds de l'Atlantique et du Pacifique on constate que cette température est très basse et atteint même 0°. Ainsi au voisinage du Tropique, dans l'Atlantique, on trouve à la surface environ 25° et à 4,200 mètres de profondeur la température de 0°. La température du fond du Pacifique, entre les Sandwich et les Kouriles, atteint de même 0°.

Ce fait s'explique par l'afflux des eaux venant des pôles, qui à cause de leur plus grande densité s'étalent sur le fond. D'ailleurs, on a constaté que les animaux qui vivent dans les grandes profondeurs des océans sont ceux qu'on rencontre sur les côtes dans les régions polaires.

Dans les grands fonds, au voisinage du Sénégal et des îles du Cap-Vert, on a trouvé divers mollusques communs dans les mers arctiques. De même le *Travailleur* a ramené du fond des fosses du golfe de Gascogne des mollusques et des échinodermes communs sur les côtes du Groënland et de la Scandinavie.

Le caractère polaire de la faune des grandes profondeurs tient évidemment à l'égalité de température de ces dépressions océaniques.

## RÉSUMÉ

Chaque localité est caractérisée au point de vue de la chaleur par sa température moyenne.

Les lignes obtenues en joignant sur une carte tous les points ayant même température moyenne sont les *isothermes*. Pour un lieu donné on considère aussi la moyenne de l'été et celle de l'hiver: de là des lignes *isothères* et *isochimènes*.

Le climat d'un lieu est déterminé par la latitude, l'altitude, le voisinage de la mer. La mer agit pour diminuer la différence de température entre l'hiver et l'été. Elle agit non seulement par son voisinage, mais aussi par les courants qui la traversent (exemple : le Gulf Stream). On distingue les climats *maritimes* ou *constants*, les climats *continentaux* ou *excessifs*, et les climats *variables*.

La température de la surface des mers varie beaucoup moins avec la saison que la température des terres. La température des grandes profondeurs océaniques est basse; elle atteint 0°, et la faune des grands fonds a un caractère polaire.

# DEUXIÈME PARTIE

MODIFICATIONS CONTINUES DU SOL A L'ÉPOQUE
GÉOLOGIQUE ACTUELLE

## CHAPITRE PREMIER

### Phénomènes actuels. — Action de l'atmosphère.

**Phénomènes actuels.** — Le sol éprouve de nos jours des modifications continuelles.

La mer ronge ses rivages ; les eaux courantes agissent de même sur leurs rives ; les eaux marines ou courantes vont ensuite déposer en certains points des galets, des sables, des limons ; des matières fondues sortent des volcans et s'amoncellent au voisinage. Tous ces phénomènes dont nous sommes les témoins sont appelés *phénomènes actuels*. Leur étude est fort importante, d'abord au point de vue pratique, puis parce qu'elle permet de comprendre plus facilement les phénomènes dont la terre a été le théâtre dans la suite des temps.

Les phénomènes actuels qu'on vient d'énumérer sont, comme on le voit, de deux sortes. Certains sont dus aux eaux de la mer, à la pluie, aux eaux courantes. Les anciens géologues leur donnaient le nom d'*actions neptuniennes* (de Neptune, dieu des eaux) remplacé aujourd'hui par celui d'*actions aqueuses*. D'autres sont dus à des causes non plus extérieures, mais à des causes siégeant dans les profondeurs du sol. Tels sont l'émission des laves, les sources thermales, les tremblements de terre. Ces actions désignées au siècle dernier sous le nom d'*actions plutonniennes* (de Pluton, dieu des enfers), sont appelées plus généralement aujourd'hui *actions ignées.*

Avant d'étudier ces deux sortes d'actions, nous examinerons l'action de l'atmosphère qui se combine le plus souvent à celle des eaux.

## Action de l'atmosphère.

**Action de la vapeur d'eau** atmosphérique. — L'atmosphère contient toujours de la vapeur d'eau. Celle-ci donne lieu à la pluie dont nous aurons plus tard à étudier les effets. Mais l'air chargé de vapeur a son action propre. La vapeur pénètre dans les fentes, dans les pores des pierres et s'y condense. Lorsqu'une gelée survient, les interstices s'agrandissent en vertu de la force expansive de la glace et la roche éclate. Bien des pierres ne peuvent être employées dans les constructions parce qu'elles se désagrègent sous l'effet de la gelée; on les appelle *pierres gélives.*

**Action du vent. — Transports et dépôts.** — L'atmosphère agit aussi par ses mouvements. Le vent entraîne les parties les moins résistantes du sol et les transporte souvent au loin. Les parties les plus résistantes sont ainsi dénudées et méritent le nom de *roches perchées.* Telle est la roche plate portée par une sorte de piédestal qu'on trouve à Saint-Mihiel et qui a été appelée *table du Diable.*

Les cendres projetées par les volcans sont souvent transportées par le vent à de grandes distances. Les cendres du Vésuve ont été plusieurs fois portées en Grèce et à Constantinople; celles des volcans d'Islande arrivèrent, en 1875, jusqu'à Stockholm après un parcours aérien de 1,900 kilomètres.

Les poussières transportées par le vent peuvent s'accumuler dans certaines localités et y former des dépôts. C'est ce qu'on observe particulièrement sur les hauts plateaux du Mexique. Mais le phénomène le plus important produit par l'action des vents est la formation des dunes.

**Dunes. — Leur origine.** — Sur les plages sableuses on

voit souvent des éminences plus ou moins élevées et disposées généralement suivant des lignes parallèles à la direction de la côte (fig. 8). Ces monticules de sable sont les *dunes*.

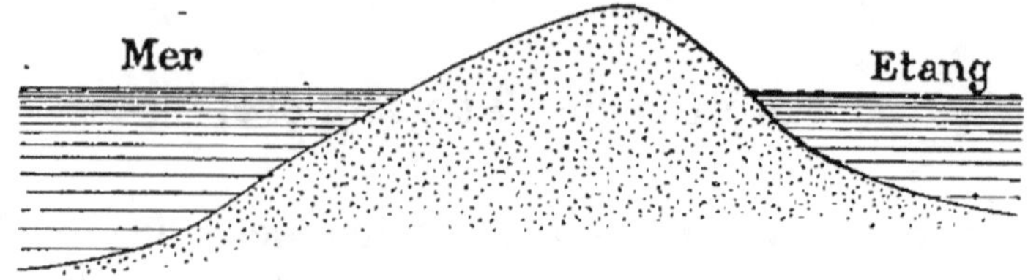


Fig. 8. — Dune.

Leur origine est facile à expliquer. Elle est due à l'action du vent sur le sable de la plage. Les particules sableuses poussées par le vent viennent buter contre les inégalités des sols comme des touffes d'herbe, des cailloux, des coquillages. Elles s'accumulent contre l'obstacle et forment ainsi en avant de lui un petit monticule ; puis les grains de sable montant peu à peu sur la pente de l'éminence tournée vers la mer retombent de l'autre côté et finissent par recouvrir complètement l'obstacle. On aura finalement une dune ; la pente vers la mer est douce ; elle est de 7° à 12° ; celle vers la terre est plus rapide et atteint 30°.

**Marche des dunes.** — Le vent exerçant son action d'une manière régulière, les grains de sable montent constamment

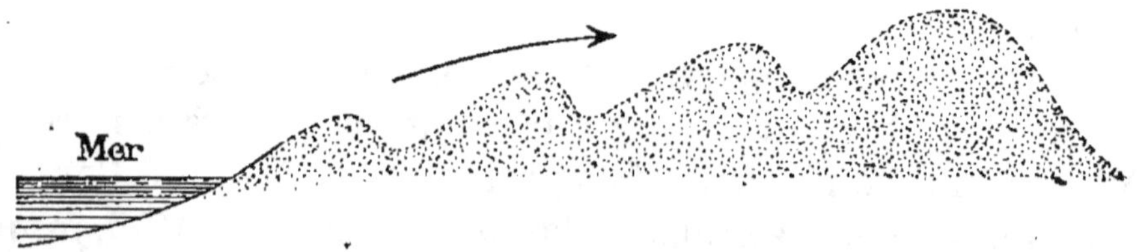


Fig. 9. — Marche des dunes.

le long de la pente douce et retombent sur le côté abrupt. Chaque grain de sable s'éloigne ainsi de la mer de toute la largeur de la dune et le côté abrupt s'avance peu à peu vers l'intérieur des terres (fig. 9).

**Conséquences de la marche des dunes.** — En progressant de cette manière les dunes envahissent la terre ferme ; leur marche est assez rapide ; elle peut atteindre 20 ou 25 mètres par an. C'est ce qu'on a constaté en bien des points des côtes de France. Dans les landes de Gascogne les dunes ont envahi plusieurs villages. On peut citer les bourgs aujourd'hui disparus de Lislan, de Lélos dont on ignore l'emplacement exact. A la place qu'occupaient au moyen âge le vieux et le nouveau Soulac, au sud de la pointe de Grave, on ne voit plus que du sable. Tout un district aux environs de Saint-Pol-de-Léon en Bretagne fut envahi en 1666 par les dunes et plusieurs villages durent être abandonnés par leurs habitants.

Les lignes de dunes en s'avançant peuvent barrer le passage des vaisseaux et donner ainsi naissance à des étangs comme ceux de Cazau, de Biscarosse, sur le littoral de la Gascogne. Le bassin d'Arcachon seul possède une communication assez large avec l'Océan, à cause de la petite rivière qu'il reçoit de l'intérieur.

**Fixation des dunes.** — La marche des dunes de Gascogne a cessé d'être un danger grâce à Brémontier. Il imagina de les fixer par des plantations de pin maritime ; les branches des arbres arrêtent le vent et empêchent par suite les grains de sable de progresser. Ces plantations, qui datent du commencement de ce siècle, sont devenues de belles forêts qui contribuent à la richesse du pays, par le bois et la résine qu'on en tire.

Sur le littoral des départements du Pas-de-Calais, du Nord, et sur le littoral de la Belgique on fixe les dunes au moyen de certaines herbes de la famille des Cypéracées appelées *Hoyas* ou *Oyats* (*Carex arenaria*), qui en s'étalant sur le sol empêchent le sable d'être soulevé par le vent.

**Principales dunes.** — Les dunes n'atteignent pas en général plus de 10 à 30 mètres de hauteur. Cependant celles de la Gascogne atteignent 75 mètres. Les plus élevées qu'on connaisse se trouvent en Afrique sur le littoral de l'Atlantique entre le cap Bojador et le cap Vert. Elles ont de 120 à 180 mètres.

**Dunes continentales.** — Il y a des dunes dans l'intérieur des continents, partout où le sol est sablonneux : les dunes du Sahara ont 20 mètres de hauteur. Les dunes continentales s'avancent dans une direction déterminée qui est celle du vent dominant de la contrée. Ainsi la mer Caspienne se comble à l'est par les sables que le vent pousse du désert de Touran.

## RÉSUMÉ

Le sol éprouve de nos jours des modification continuelles. Ces phénomènes dont nous sommes les témoins sont appelés *phénomènes actuels*. Ceux qui sont dus aux eaux de la mer, aux eaux courantes sont désignés sous le nom d'*actions neptuniennes* ou *aqueuses*. Ceux qui sont dus à des causes internes, comme l'émission des laves, les tremblements de terre, sont les *actions plutoniennes* ou *ignées*.

L'atmosphère agit par ses mouvements et par sa vapeur d'eau. Celle-ci à la suite de gelées fait éclater certaines pierres. Les vents transportent les cendres volcaniques, et entraînent les parties les moins résistantes du sol, ce qui produit les *roches perchées*.

Le phénomène le plus important produit par l'action des vents est la formation des *dunes*. Ces monticules de sable se forment sur les côtes et tendent à envahir la terre ferme. On les fixe par des plantations de pins ou par des oyats. La fixation des dunes de Gascogne est due à Brémontier.

---

# CHAPITRE II

## Action de la mer.

**Dégradation des côtes par la mer.** — Les vagues ont une action destructive sur les côtes. Elles désagrègent les roches les plus tendres tandis que les plus dures résistent; c'est ce qui explique la forme sinueuse d'une côte; la disparition des parties les plus attaquées donne naissance à de petites baies; les parties que l'assaut des vagues entame moins, constituent des caps ou quelquefois des îles.

La destruction des côtes dépend de la nature des roches, de la hauteur des vagues, de l'amplitude de la marée; elle dépend aussi du moment considéré. Quand la mer commence à monter, l'action est presque nulle; elle augmente au fur et à mesure de la montée et elle atteint son maximum quand la marée est arrivée à peu près à la moitié ou aux trois quarts de sa hauteur. Il est évident d'ailleurs que l'érosion subie par la côte depend de la force du vent qui pousse les vagues.

Cette érosion est relativement faible sur les côtes de Bretagne, formées de roches dures, au contraire elle s'exerce avec une grande puissance sur les falaises de Normandie formées de craie. De plus, ces falaises présentent en certains

Fig. 10. — Falaises.

points des fentes; la mer y pénètre et la roche s'écroule en partie, en laissant comme à Étretat des aiguilles, des pyramides. La mer creuse aussi des arcades, des grottes dans les falaises, fig. 10.

Parfois le couronnement de la falaise, rongé par les eaux d'infiltration, s'éboule et constitue ainsi, au bas de la falaise, une accumulation de débris ou *basse falaise* que la mer doit attaquer avant de porter ses efforts sur la falaise principale. C'est ce qui a lieu au Havre; grâce à ces éboulements qui se font parfois sur une longueur de 400 mètres et une largeur de 15 mètres, la côte du Havre ne recule pas de plus de 0$^m$,25 par an.

Certains points des côtes sont particulièrement exposés aux attaques de la mer. Sur la côte du comté de Kent, en Angleterre, le recul de la côte est d'environ 1 mètre par an.

L'île d'Helgoland, dans la mer du Nord, est remarquable par la destruction continue qu'elle subit sous l'action de la mer. Cette île vouée à une disparition certaine a diminué environ des trois quarts, suivant les chroniqueurs, dans l'espace de cinq siècles. Ce n'est plus qu'un rocher long de 2 kilomètres et large de 600 mètres.

**Formation des galets.** — Les matériaux arrachés aux côtes par la mer sont de diverses sortes ; ils se composent de gros blocs, de *graviers*, de *sables* provenant de la destruction des grès ou des rochers granitiques, ou de *vases* dues à la trituration des argiles. Les gros blocs ne peuvent pas être entraînés bien loin à cause de leurs dimensions. Constamment agités par les vagues, les uns contre les autres, ils se réduisent en morceaux plus petits qui frottent les uns contre les autres. Ils perdent ainsi leurs arêtes vives, s'arrondissent et passent ainsi à l'état de *galets*. Les galets sont particulièrement abondants sur les côtes de la Normandie. En effet, dans les falaises de craie, on trouve de distance en distance des rangées de silex ; ces silex mis en liberté par la destruction de la falaise et roulés par les vagues deviennent des galets.

Il faut remarquer que les galets contribuent encore à la dégradation du rivage, car les lames, en se brisant sur la côte, entraînent avec elles des galets dont elles bombardent en quelque sorte la falaise.

**Transport des matériaux.** — La mer transporte à une certaine distance les matériaux qu'elle vient d'arracher à la côte ; elle pourra les tenir en suspension d'autant plus longtemps qu'ils seront plus légers. Au contraire, elle déposera les plus lourds à une faible distance des côtes parce que son agitation diminue rapidement à mesure qu'on s'éloigne du littoral. Les sables, les graviers, les galets se déposeront donc les premiers tandis que les vases seront tenues plus longtemps en suspension.

**Dépôts marins.** — **Cordons littoraux.** — La mer dépose

les matériaux lourds sur les côtes plates ou au bord des échancrures du rivage. Il en résulte des levées de galets, de sables qu'on nomme *cordons littoraux*. — Ces derniers sépareront ainsi de la mer des plages que la mer n'occupera plus qu'au moment des grandes tempêtes. Ils pourront même barrer presque complètement des échancrures du rivage et .interrompre leur communication avec la haute mer. C'est ainsi que se forment les *lagunes*, qui ne sont en relation avec la mer que par des passages étroits, changeant sans cesse et tendant à disparaître. On peut citer particulièrement les lagunes de la Baltique et celles de Venise.

Comme on le voit ces lagunes ne se trouvent que sur le bord des mers intérieures et presque sans marées, comme la Baltique, l'Adriatique. Il est évident, en effet, qu'un mince cordon littoral ne pourrait résister et s'accroître sur des côtes exposées à de grandes marées et à de fortes tempêtes.

Les cordons littoraux préparent donc une conquête de la terre ferme sur la mer. Les lagunes, les plages qu'ils protègent sont bientôt envahies par les limons apportés par les cours d'eau, et se couvrent de végétation. L'affermissement des terres conquises sur la mer sera encore mieux assuré si l'homme intervient et renforce par des digues le cordon littoral. C'est ce qu'il a fait en Hollande; les riches *polders* des Pays-Bas étaient autrefois occupés par la mer. Il faut, il est vrai, toujours craindre un retour offensif de l'Océan. Les digues peuvent se rompre et alors de terribles catastrophes se produisent. Le golfe du Zuyderzée n'existe que depuis la fin du xiii° siècle. Il y avait là simplement un lac, le lac Flévo ; mais la mer rompit les digues, transforma le lac en un grand golfe et fit périr près de cent mille personnes. Ce désastre cependant n'est pas dû simplement à la rupture des digues ; il a eu pour cause principale l'affaissement progressif du sol des Pays-Bas que nous aurons à étudier plus tard.

**Dépôts d'eau profonde.** — Les vases entraînées par la mer ne se déposent qu'à une assez grande distance des côtes, comme l'ont montré les sondages en eau profonde. Près des côtes la sonde indique des sables et des graviers, puis plus loin des vases bleues et vertes. Ces vases forment, en avant des côtes, une ceinture dont la largeur est d'environ 300 kilomètres.

**Argile rouge des grands fonds.** — A une grande distance des côtes, comme au milieu du Pacifique et de l'Atlantique où il existe, comme on l'a déjà vu, de grandes dépressions, aucun dépôt ne se forme. Le fond de la mer s'y montre couvert d'une argile rouge sur laquelle sont disséminés des dents de requins et des os de cétacés couverts seulement d'un mince enduit brun d'oxyde de fer et de manganèse — On regarde cette argile comme résultant de la décomposition lente sous l'effet de l'eau du sol même du fond qui est formé de produits volcaniques.

## RÉSUMÉ

Les vagues de la mer désagrègent les roches les plus tendres et respectent les roches dures; c'est ce qui explique la forme sinueuse des côtes.

L'action de la mer produit en certains points un recul notable de la côte; exemple : l'île d'Helgoland. Les falaises de craie qui bordent la Manche sont très attaquées par la mer. Les silex qu'on y trouve sont roulés par l'eau et forment les *galets*.

La mer transporte à une certaine distance les matériaux qu'elle a enlevés aux côtes. Lorsqu'elle les dépose sur une plage basse ou au bord des échancrures de la côte, il résulte des sortes de digues appelées *cordons littoraux*. Les échancrures de la côte protégées par ces levées deviennent des *lagunes*. Les cordons littoraux préparent une conquête de la terre sur la mer, en séparant de celle-ci des parties qui ne sont plus couvertes que par les grandes marées.

Les vases entraînées ne se déposent qu'assez loin des côtes. Les grands fonds du Pacifique sont tapissés par une *argile rouge* résultant de la décomposition lente du sol sous-marin qui est d'origine volcanique.

# CHAPITRE III

## ACTION DES EAUX COURANTES

---

### Pluie, torrents, rivières et fleuves.

### I. — Pluie, torrents.

**Pluie.** — Quand l'air se refroidit, la vapeur d'eau qu'il contient se condense en fines gouttelettes qui restent d'abord suspendues dans l'atmosphère, ce qui produit les *nuages*. La condensation se poursuivant, les gouttelettes grossissent, deviennent assez volumineuses pour vaincre la résistance de l'air qui s'oppose à leur chute, et tombent enfin sur le sol. C'est ce qui constitue la *pluie*.

La quantité de pluie qui tombe en un lieu donné dans le cours d'une année est à peu près constante. Ainsi, la France reçoit en moyenne 0^m,76 d'eau par an. Cette quantité ne se répartit pas également sur toutes les saisons. Dans nos pays, l'automne est la saison pluvieuse par excellence. D'un pays à l'autre, il y a souvent de grandes différences au point de vue de la quantité d'eau qui tombe tous les ans. Ces différences tiennent à l'altitude, à la position géographique de la contrée. Ainsi nos côtes de l'ouest, l'Angleterre, l'Irlande, sont particulièrement pluvieuses ; elles doivent cette humidité aux vents du sud-ouest qui leur arrivent chargés des vapeurs de l'océan Atlantique. Au contraire, la Castille, que des montagnes garantissent des vents pluvieux du golfe de Gascogne, est un des pays les moins arrosés de l'Europe.

**Ruissellement.** — L'eau de pluie tombée sur le sol se divise en trois parties : la première s'évapore et retourne dans l'atmosphère ; la seconde s'infiltre dans le sol ; la troisième, enfin, coule à la surface du sol et forme le long des pentes de minces filets qui se rendent dans les vallées en descendant les pentes. Cet écoulement superficiel des eaux de pluie s'appelle le *ruissellement*.

**Action mécanique de la pluie et des eaux de ruissellement.** — En cheminant dans toutes les directions, les eaux de ruissellement agissent mécaniquement sur le sol. Elles entraînent les parties les plus meubles et les emportent dans les endroits placés plus bas. Avec le temps, il en résulte des modifications considérables de la surface du sol. En voici deux exemples. Au sommet des collines de la forêt de Fontainebleau, on trouve d'énormes blocs de grès dispersés au hasard sur un sol sablonneux. Les grès sont formés de grains de sable réunis par un ciment; mais toutes les parties ne sont pas également dures; celles qui étaient relativement tendres ont été détruites à la longue par les eaux de pluie, et il n'est resté que les parties dures.

Dans le Tyrol, à Botzen, on observe un phénomène naturel très remarquable. Il y a là, dans une vallée, un grand nombre de pyramides de terre ayant plusieurs mètres de hauteur et coiffées chacune d'un gros bloc de pierre. C'est l'eau de ruissellement qui a formé ces pyramides. Les parties meubles placées au-dessous des blocs ont été protégées contre l'action de l'eau de pluie; elles ont, par suite, persisté, tandis que les parties intermédiaires exposées à l'action destructive de l'eau ont été emportées et détruites.

**Phénomène de dissolution et actions chimiques de la pluie et des eaux de ruissellement.** — La pluie n'agit pas seulement d'une manière mécanique en entraînant les parties les moins résistantes du sol; elle donne lieu aussi à des phénomènes de dissolution, grâce surtout à l'acide carbonique de l'air qu'elle contient toujours. A la faveur de cet acide carbonique, elle dissout les calcaires; c'est là une des causes de la dégradation lente des édifices construits en pierres calcaires.

L'eau de pluie agit même chimiquement sur des roches dures et leur fait subir des altérations profondes. Elle altère à la longue le granit, le décompose à l'aide de l'acide carbo-

niqué qu'elle renferme et finit par le transformer en kaolin.
Nous reviendrons sur ce point quand nous étudierons la composition du granit. Cette action est assez rapide pour que les constructions en granit présentent au bout d'un ou deux siècles des dégradations profondes. Le granit de la cathédrale de Limoges, bâtie il y a quatre cents ans, est complètement altéré aujourd'hui sur la face nord, plus directement exposée aux vents dominants et à la pluie.

**Torrents.** — Souvent les eaux de ruissellement peuvent se rassembler dans une dépression, un bassin naturel, dont les bords ont une pente très rapide. C'est ce qui arrive dans les montagnes. Le bassin une fois rempli, les eaux débordent et coulent sur la pente. A cause de leur grande vitesse, elles entraînent avec elles les blocs de rochers les moins résistants et finissent par creuser sur la pente rapide une sorte de couloir qui prolonge le bassin de réception. Le cours d'eau ainsi produit est un *torrent*; le couloir qu'il parcourt est le lit du torrent. Les torrents sont des cours d'eau essentiellement temporaires. Quand le bassin de réception est vide, le couloir est à sec. Mais, par suite d'un orage ou d'une fonte rapide des neiges, le bassin se remplit de nouveau, et le torrent se remet à couler.

Les blocs entraînés par le torrent sont souvent énormes, car l'eau a une grande vitesse, à cause de la rapidité de la pente. Pour la même raison, le torrent approfondit sans cesse son lit, dont les parois sont polies par le frottement des matériaux transportés.

Le canal d'écoulement du torrent vient en général déboucher dans une vallée. La vitesse de l'eau s'amortit; elle ne peut plus entraîner de débris volumineux, et ceux-ci se déposent à la base du torrent sous forme d'un amas conique qu'on appelle le *cône de déjection*.

**Ravages des torrents. — Causes de leur formation.** — Dans certaines régions, les torrents sont très nombreux et causent de grands ravages. C'est ce qui se produit particulièrement dans les départements des Hautes-Alpes et des Basses-Alpes. Les pentes des montagnes y étaient autrefois couvertes de gazon et de forêts. Les arbres retenaient une quantité d'eau considérable, le gazon en absorbait aussi ; les racines maintenaient la terre végétale contre le rocher et la préservaient de l'action des eaux de ruissellement. Mais l'homme a détruit les forêts, le gazon a disparu sous la dent de nombreux troupeaux de chèvres. Les eaux superficielles ont pu dès lors se rassembler sans obstacles, enlever la terre végétale et creuser de profonds ravins. Aussi la culture est-elle devenue presque impossible en beaucoup de localités. Les habitants ont dû abandonner leurs champs et émigrer. Il en est résulté, de 1836 à 1881, pour la population des deux départements des Alpes, une diminution de plus d'un septième.

On prend maintenant des mesures sérieuses contre l'extension des torrents. Elles consistent à reboiser et à regazonner les pentes des montagnes.

## II. — Rivières et fleuves.

**Diverses manières d'être des cours d'eau. Rivières torrentielles.** — Lorsqu'un cours d'eau, au lieu d'être temporaire comme les torrents, est permanent, on lui donne le nom de *rivière*. On lui réserve celui de *fleuve* quand il se rend directement à la mer. Il est alimenté, soit par des sources, soit surtout par la fonte des neiges et des glaces. Mais les cours d'eau permanents se présentent sous divers aspects.

Certains d'entre eux coulent sur une pente très forte, et à cause de leur grande vitesse, ils charrient de grandes quantités de matières et creusent encore leur lit. Ils ressemblent donc à des torrents. On les appelle des *rivières torrentielles*.

**Creusement des vallées.** — On peut prendre pour type de ces rivières celles du Colorado, sur le versant des montagnes Rocheuses en Amérique. On voit dans cette région des gorges profondes à parois presque verticales ; on les appelle dans le pays des *cañons*. Les parois atteignent parfois une hauteur de 1,000 mètres. Au fond de la gorge coule une rivière. C'est le cours d'eau qui a creusé peu à peu cette gorge, et, en effet, les affluents du fleuve y débouchent de même par des gorges plus petites. La disposition générale de ces gorges du Colorado est celle des cours d'eau du pays. Il faut remarquer que la formation de ces *cañons* a été rendue possible par les nombreuses crevasses du terrain. Celui-ci présente toujours des crevasses, des fentes où l'eau peut s'introduire pour provoquer des écoulements.

L'existence des gorges du Colorado peut nous servir à expliquer la formation des vallées par l'action des eaux.

Si l'on considère la Seine, par exemple, on voit que les rives de la vallée où elle coule se correspondent exactement.

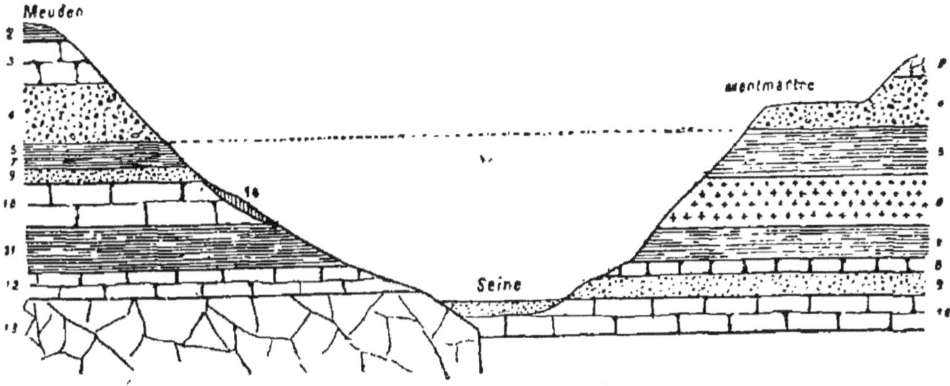


Fig. 11. — Coupe de la vallée de la Seine. (Les couches qui se répètent des deux côtés ont les mêmes numéros.)

Chaque couche de terrain qu'on trouve sur l'une des berges a son pendant sur l'autre. C'est ce que montre la figure qui représente la coupe (fig. 11) de la vallée de la Seine, de Montmartre à Meudon. Il résulte de là que ces couches se présentent comme si autrefois elles s'étaient prolongées au travers de l'espace, vide aujourd'hui, qui constitue la vallée.

De ce qui précède nous tirerons cette conclusion, que les fleuves ont eux-mêmes creusé la vallée où ils coulent aujourd'hui, et que ce creusement s'est effectué à une époque où les fleuves charriaient des quantités d'eau plus considérables qu'aujourd'hui et sur des pentes plus rapides.

**Rivières à l'état de régime.** — Lorsqu'une rivière n'entame plus ses berges et que sa vallée est assez large pour que, même dans ses crues, elle n'en fasse pas écrouler les parois, on dit qu'elle est à l'état de *régime*. Dans cet état, la rivière oscille entre deux conditons extrêmes, celle d'*étiage*, où le *débit*, c'est-à-dire la masse d'eau qui s'écoule sur un point du parcours en une seconde est le plus bas possible, et celle de *crue*, où le débit s'élève.

Le lit dont la rivière se contente habituellement s'appelle *le lit mineur*. Lorsqu'elle est à l'état de crue, elle déborde, inonde le pays voisin et occupe toute la vallée au fond de laquelle elle coule. C'est son *lit majeur*.

**Crues.** — Les crues se produisent après les grandes pluies et la fonte des neiges, et d'autant plus vite et avec plus d'importance que la rivière a plus d'affluents. Les crues sont très fortes lorsque les affluents entrent en crue en même temps que le cours d'eau principal, ce qui arrive pour la Seine.

On se préserve des inondations qui résultent des crues au moyen de *digues*. Mais il est imprudent d'enfermer strictement le fleuve dans son lit mineur, car ce lit s'exhausse par suite du dépôt des matériaux entraînés par le cours d'eau. Le lit s'exhaussant, il faut, par suite, surélever aussi les digues, qui en même temps perdent de leur résistance. Le lit du Pô, à cause de son endiguement, s'est élevé de 5$^m$,50, depuis le xv$^e$ siècle, entre Mantoue et Modène.

En Égypte, les crues du Nil sont utilisées ; la partie cultivée du pays n'est autre que le lit majeur du fleuve. Lors des crues, cette région est couverte d'eau ; mais le fleuve dépose alors un limon qui rend le sol d'une fertilité extraordinaire ; en outre, l'eau est en partie emmagasinée dans des canaux d'irrigation ménagés à diverses hauteurs.

**Rivières à régulateurs.** — Pour certaines rivières, les crues sont très atténuées parce qu'elles trouvent des lacs où s'emmagasine l'excès d'eau et qui leur servent pour ainsi dire de *régulateurs*.

Le Rhône, à sa sortie du lac de Genève, est beaucoup plus fixe qu'à l'entrée, mais il perd bientôt de sa constance sous l'influence d'affluents dont le débit est très variable, comme la Saône, la Durance.

On peut donner comme type des rivières à régulateurs le

Saint-Laurent, qui est en communication avec les grands lacs de l'Amérique du Nord. Son niveau est presque constant.

**Rapides. — Cascades.** — Lorsque la pente d'une rivière change brusquement, il se produit des chutes d'eau, ce qu'on appelle des *rapides*, des *cascades* ou *cataractes*. L'une des chutes d'eau les plus célèbres est celle du Niagara, en Amérique. Le fleuve sort du lac Érié et tombe des deux côtés de l'île de la Chèvre (Goat Island) en formant une cataracte de 50 mètres de hauteur. Les roches du haut desquelles le fleuve se précipite sont dures, mais elles reposent sur des roches tendres. Il en résulte des éboulements, et la cataracte recule constamment.

**Transport de matériaux par les cours d'eau.** — Les fleuves charrient toujours des matériaux provenant, pour la plupart, de la partie supérieure de leur cours, et apportés par les torrents qui les alimentent.

Ces débris sont plus ou moins volumineux. La puissance de transport des eaux courantes dépend de leur vitesse. Ainsi la Seine, dont la vitesse est de $0^m,50$, ne peut charrier que du sable en temps ordinaire, et en temps de crue du petit gravier. Il faut une vitesse de $1^m,20$ par seconde pour déplacer des cailloux de la grosseur d'un œuf.

C'est au moment des crues que le transport est le plus actif, à cause de la plus grande vitesse de l'eau. Le fleuve alors charrie plus loin les matériaux déjà déposés au fond et les entraîne peu à peu jusqu'à l'embouchure.

**Cailloux roulés.** — Les débris entraînés par le fleuve cheminent ainsi lentement et se frottent les uns contre les autres. Les plus tendres se réduisent en sables, tandis que les cailloux les plus durs émousseront leurs angles, prendront une forme grossièrement arrondie; on les appelle des *cailloux roulés*. Leur aspect est caractéristique.

**Dépôts formés par les eaux.** — Les matériaux entraînés par les eaux se déposent dès que la vitesse s'amortit et donnent alors naissance à ce qu'on nomme *atterrissements* ou *alluvions*.

D'une manière générale, une rivière ronge constamment

ses rives concaves et dépose sur ses rives convexes. En effet, le flot vient se briser sur la rive concave et tend à détruire cet obstacle, tandis que, sur la rive opposée, il se produit des frottements qui diminuent la vitesse et favorisent l'alluvionnement.

Mais les atterrissements se produisent surtout au moment des crues, car les eaux en s'étalant perdent brusquement leur vitesse. Les matériaux les plus lourds, cailloux, graviers, se déposent d'abord ; viennent ensuite les sables. Quant à ce limon

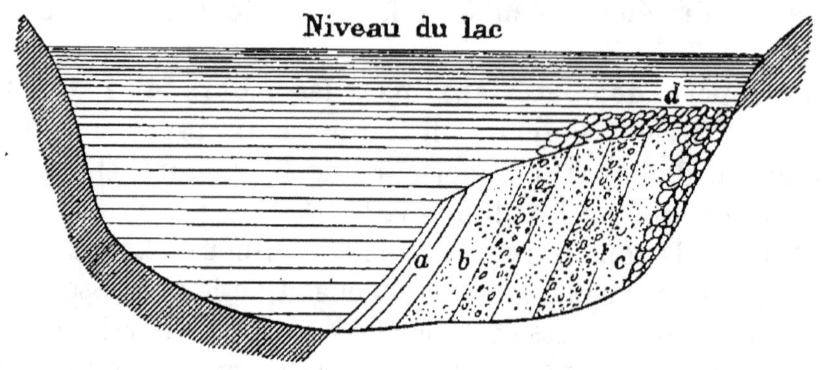


Fig. 12. — Comblement d'un lac par des dépôts fluviatiles.

qui résulte de la trituration de tous les matériaux et qui donne à l'eau, dans les crues, une teinte jaune caractéristique, il ne se dépose qu'en dernier lieu, à une certaine distance du lit normal, quand la nappe d'eau est devenue stagnante.

Il y a intérêt à répandre ce limon sur le sol, qu'il rend plus fertile. On recueille les eaux bourbeuses des fleuves, au moment des crues, dans des canaux d'irrigation, et on laisse écouler ces eaux quand elles ont déposé leur limon. Par cette opération, appelée le *colmatage*, on a pu transformer des terrains stériles en terrains très fertiles.

**Comblement des lacs par les dépôts fluviatiles.** — Lorsque le fleuve vient se jeter dans un lac, sa vitesse s'amortit très sensiblement, et les matériaux tenus en suspension se déposent en formant des couches inclinées. Ces dépôts gagnent peu à peu et tendent à combler le lac.

Le Rhône en fournit un exemple. Il arrive (fig. 12) dans le

lac de Genève chargé d'une énorme quantité de sédiments que lui apportent les torrents des Alpes. Il abandonne ces sédiments et sort du lac purifié et limpide. Le lac de Genève se comble avec une certaine rapidité. Des localités qui, à l'époque romaine, se trouvaient au bord du lac, en sont aujourd'hui assez éloignées. Port-Valais, par exemple, qui était autrefois près de l'eau, s'en trouve maintenant à une distance de 2 kilomètres et demi.

**Dépôts des fleuves à leur embouchure. — Deltas. —** Les fleuves débouchent dans la mer par une échancrure de la côte appelée *estuaire*. Au moment où l'eau arrive dans la mer, elle éprouve une forte résistance, sa vitesse diminue brusquement, et il se produit un dépôt de matériaux : une *barre*. Ce dépôt est mobile, il varie avec l'heure ou la force de la marée, car celle-ci en dissémine les éléments ou lui fait subir des flexions. La barre d'un fleuve, à cause de sa mobilité, de ses changements de forme, constitue un obstacle très sérieux pour la navigation.

Mais, quand le jeu des marées est peu considérable, comme dans la Méditerranée, l'Adriatique, et qu'il n'y a pas de courants littoraux, les matériaux de la barre ne se dispersent pas, ils s'accumulent dans l'estuaire et le comblent peu à peu. Ces dépôts d'estuaire ont une forme plus ou moins triangulaire qui leur a valu le nom de *deltas*, du nom d'une lettre grecque (Δ) dont la forme, en effet, est celle d'un triangle.

La formation d'un delta est encore facilitée quand la mer a donné lieu à un cordon littoral. A l'abri de ce cordon, les dépôts du fleuve comblent rapidement l'estuaire.

Le delta produit par le fleuve devient un obstacle à l'écoulement de ce dernier, qui doit se frayer un passage jusqu'à la mer en envoyant des bras au milieu de ses dépôts. Ces bras s'allongeront de plus en plus au fur et à mesure des alluvions.

**Principaux deltas. — Delta du Nil. —** Le delta dont la forme triangulaire est le mieux accusée est celui du Nil. Le sommet de ce triangle est au Caire, à 200 kilomètres de la côte; sa superficie est de plus de 22,000 kilomètres carrés. Le fleuve arrive à la mer par plusieurs branches, dont les deux plus importantes sont celles de Rosette et de Damiette. Les alluvions avancent dans la mer d'environ un mètre par siècle (fig. 13).

**Delta du Rhône.** — Le Rhône a produit un delta très important. Le fleuve apporte à la mer environ 20 millions de

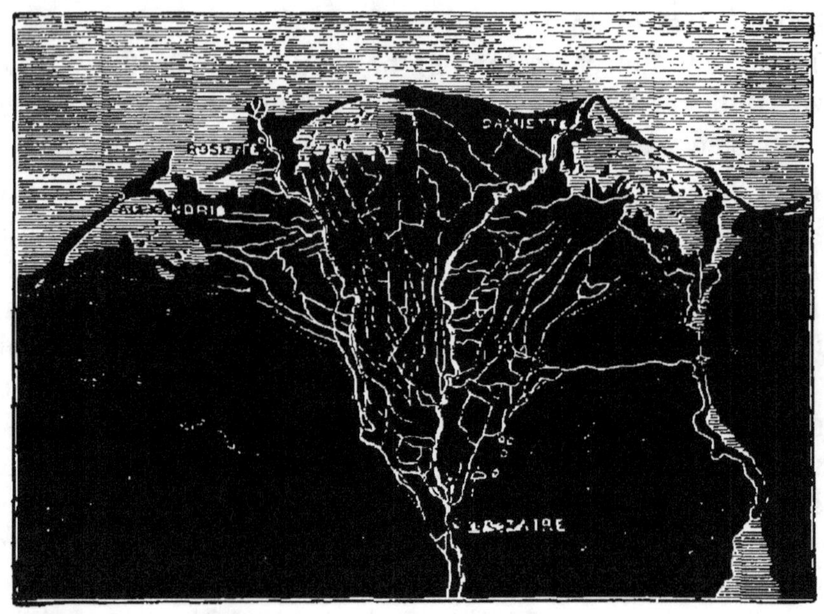


Fig. 13. — Delta du Nil

mètres cubes de limon par an. A partir d'Arles, le fleuve se divise en plusieurs bras. Les deux plus importants, appelés le *grand Rhône* et le *petit Rhône*, limitent une plaine d'alluvion : la *Camargue*, qui est le delta du Rhône. D'autres branches, à l'ouest du petit Rhône, sont aujourd'hui abandonnées par les eaux du fleuve. Tel est le *Rhône mort*, qui vient aboutir à l'étang de Mauguio. On peut dire que l'embouchure du Rhône tend à se déplacer constamment vers l'est. C'est à l'embouchure du grand Rhône que l'empiètement des alluvions sur la mer se fait avec le plus de rapidité ; elles y avancent de 57 mètres par an.

**Autres deltas.** — D'autres deltas remarquables sont : celui du Pô, qui se confond avec celui de l'Adige, et qui avance de

70 mètres par an ; le delta du Danube, dont les bouches principales sont celles de Kilia, Soulina et Saint-Georges. Ce fleuve déverse dans la mer Noire 60 millions de mètres cubes d'alluvions par an.

Les fleuves qui se jettent dans des mers à marées sen-

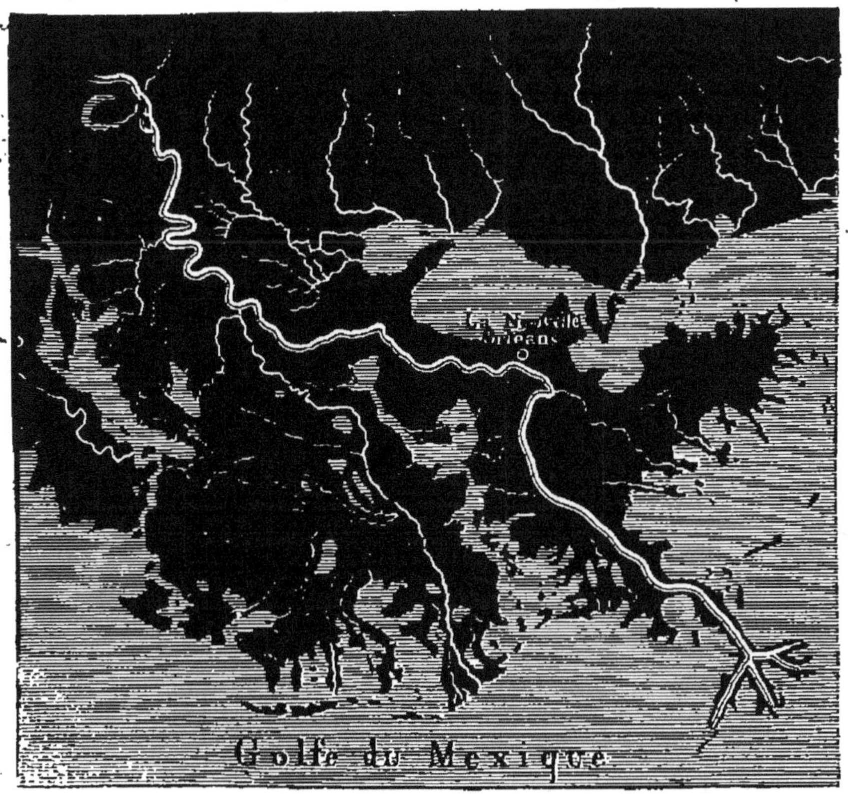


Fig. 14. — Delta du Mississipi.

sibles, comme l'Atlantique, ne peuvent, malgré la masse des sédiments qu'ils charrient, combler leur estuaire. Ainsi, le fleuve des Amazones, qui refoule avec force le flot marin, ne peut donner naissance qu'à une barre sans cesse dispersée par les courants.

Cependant certains fleuves très puissants qui débouchent au fond de golfes peuvent vaincre l'effort des marées, surtout au moment des crues. Le Gange forme, au fond du golfe du Bengale, un delta qui s'accroît uniquement pendant la période des inondations, alors que les limons entraînés par ce fleuve et par le Brahmapoutra troublent l'eau de la mer jusqu'à 100 kilomètres de l'embouchure.

**Delta du Mississipi.** — De même le Mississipi, chargé d'une énorme quantité de sédiments, a donné naissance, au fond du golfe du Mexique, à un delta considérable. La longueur totale du delta est de 320 kilomètres, et il s'avance environ de 100 mètres par an; de plus, la branche principale du fleuve s'avance directement dans la mer et se divise à son extrémité en trois rameaux figurant une patte d'oie. Dans cette partie extrême du delta, les rives se composent d'étroites chaussées de boue couvertes de roseaux très mobiles (fig. 14).

## RÉSUMÉ

La vapeur d'eau atmosphérique produit les nuages et la pluie. L'écoulement des eaux de pluie sur les pentes s'appelle le *ruissellement*. Les eaux de ruissellement entraînent les parties meubles du sol. Elles permettent d'expliquer l'accumulation des grès dans la forêt de Fontainebleau et les pyramides de terre de Botzen. — La pluie agit aussi chimiquement sur les roches, dissout les calcaires, et altère à la longue le granit.

Lorsque les eaux de ruissellement se rassemblent, elles produisent des cours d'eau temporaires appelés *torrents*. Ceux-ci entraînent des blocs énormes et creusent leur lit.

Les cours d'eau permanents sont les *rivières* et les *fleuves*. Certains qui coulent sur une pente très forte se comportent comme des torrents et creusent leur lit. Les vallées au fond desquelles coulent aujourd'hui les rivières ont été creusées autrefois par ces cours d'eau qui n'occupent toute leur vallée à l'époque actuelle qu'au moment des *crues*. Les rivières qui se jettent dans des lacs sont régularisées et leurs crues sont très atténuées. Lorsque la pente d'une rivière change brusquement, il en résulte des *rapides, des cascades*.

Parmi les matériaux transportés par les fleuves les plus caractéristiques sont les *cailloux roulés*. Les dépôts effectués par les fleuves sur leurs berges s'appellent des *alluvions*. Celles-ci finissent par combler les lacs.

Les fleuves déposent à leur embouchure tous les matériaux qu'ils transportent. Lorsque ces fleuves se jettent dans des mers à marées peu sensibles, les dépôts finissent par combler l'estuaire. C'est l'origine des *deltas*. Exemples : le delta du Nil, celui du Rhône,

# CHAPITRE IV

## Action des eaux d'infiltration.

**Nappe d'infiltration.** — Nous avons vu qu'une partie de l'eau de la pluie s'évapore, qu'une autre ruisselle à la surface du sol, qu'une troisième enfin s'infiltre dans le sol. Les eaux d'infiltration, en pénétrant dans le sol, deviennent de moins en moins accessibles à l'évaporation ; elles finissent par rencontrer une couche d'argile, qu'elles ne peuvent traverser, à cause de son imperméabilité. Elles s'accumuleront au-dessus de cette couche, et il en résultera une nappe d'eau souterraine dite *nappe d'infiltration* ou *nappe aquifère*.

**Sources.** — C'est cette nappe d'eau qui alimente les sources (fig. 15). Celles-ci se produisent au point où la couche imper-

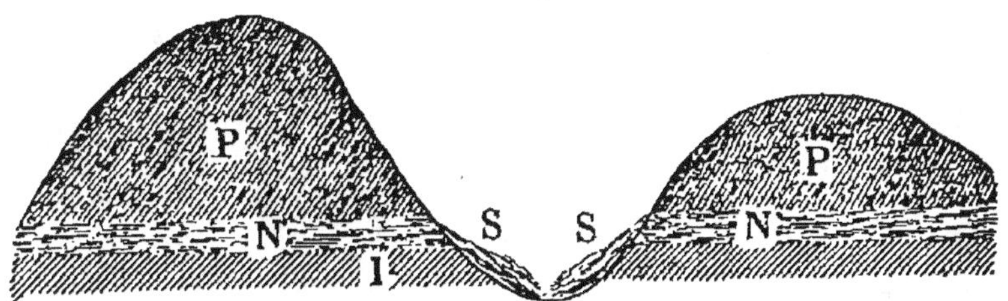


Fig. 15. — Origine des sources. S, S, sources ; — P, couche perméable ; I, couche imperméable ; — N, nappes d'infiltration.

méable rencontre une dépression du sol. Les coteaux qui dominent une source peuvent être absolument arides. Ainsi, en Champagne, on voit très souvent s'élever au voisinage de sources abondantes, des falaises de craie blanche complètement dépourvues de végétation.

La température des sources est constante et égale, en général, à la moyenne annuelle de l'air au point d'émergence. Nous donnerons plus tard l'explication de ce fait.

**Puits.** — Quand on fore un puits, on ne fait qu'utiliser la nappe d'infiltration. Un puits n'est autre chose qu'une cavité creusée à travers les terrains perméables jusqu'à la rencontre de la couche imperméable (fig. 16). On ménage même dans cette dernière une petite cuvette où l'eau peut s'accumuler.

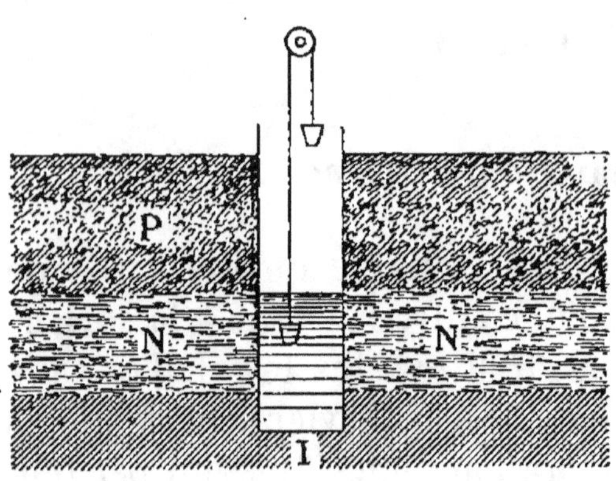

Fig. 16. — Puits. P. couchés perméables; I, couche imperméable; — N, nappe d'infiltration.

**Puits artésiens.** — Souvent une couche perméable, de sable, par exemple, se trouve comprise entre deux couches d'argile. L'eau de la pluie qui tombe à la surface du sol au point où les couches affleurent s'enfonce dans ce sable et y forme une nappe emprisonnée entre les deux bancs d'argile, et qui en suit toutes les sinuosités. C'est ce qu'indique la figure 17. Si alors, en un

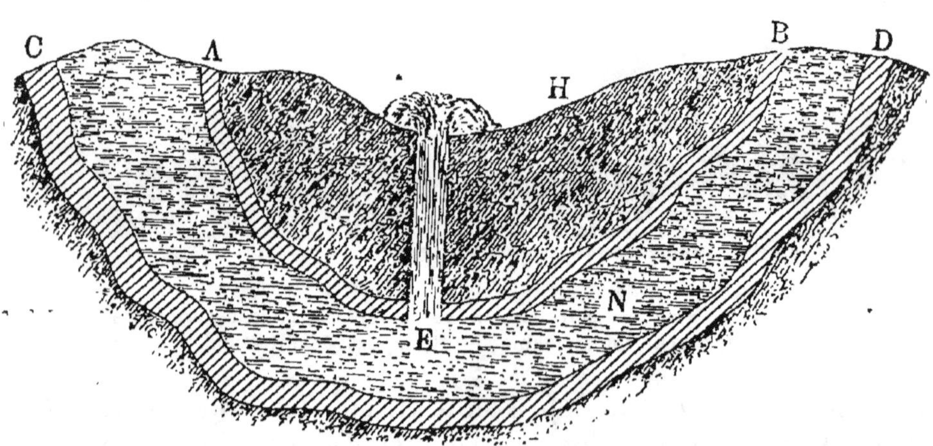

Fig. 17. — Puits artésien.

point E, plus bas que le niveau supérieur de l'eau, on fore un puits qui traverse la couche imperméable supérieure A B, l'eau jaillira par l'ouverture et tendra, en vertu du principe des vases communiquants, à reprendre son niveau le plus élevé. Ces puits d'eau jaillissante sont appelés *puits artésiens*. Le premier sondage de ce genre fut, en effet, pratiqué en Artois, à Lillers près de Béthune, au xiie siècle.

Des puits artésiens célèbres sont ceux de Grenelle et de Passy, à Paris. L'eau qui les alimente vient des plateaux de la Champagne. Pour atteindre la nappe aquifère, il a fallu creuser à Grenelle jusqu'à 548 mètres de profondeur, et à Passy, jusqu'à 586 mètres. Cette nappe d'infiltration est renfermée dans des sables verts compris entre deux couches d'argile. La température de l'eau jaillissante est d'environ 28 degrés (18° de plus que la moyenne annuelle). Le puits de Grenelle a été foré en 1842, et celui de Passy en 1861.

Aujourd'hui, les puits artésiens rendent de grands services en bien des pays, surtout en Algérie.

**Éboulements causés par les eaux d'infiltration.** — Les eaux d'infiltration accumulées au-dessus d'une couche d'argile finissent par la délayer. Il en résulte parfois des éboulements de terrains placés sur cette argile détrempée ; ils glissent en blocs énormes dans les vallées et causent de terribles catastrophes.

C'est ce qui se produisit pour la montagne de Rossberg, en Suisse (1806). Cette montagne reposait sur un lit d'argile, qui peu à peu se réduisit en une masse boueuse ; la montagne glissa sur sa base ; une masse de rochers, évaluée à 40 millions de mètres cubes, se détacha, couvrit de ses débris la vallée de la Goldau, engloutissant ainsi plusieurs villages et causant la mort de mille personnes.

Un éboulement du même genre se produisit, en 1837, à la montagne de Périer près d'Issoire.

**Grottes.** — Les eaux d'infiltration pénètrent aussi dans les fentes des terrains fissurés, en particulier dans les terrains calcaires ; elles élargissent peu à peu ces fentes, et y créent des cavités ou *grottes*. En s'accumulant dans ces cavités, elles finissent par former des cours d'eau souterrains assez puissants. On peut citer les grottes du Ham, en Belgique, les nombreuses grottes de la Carniole et de l'Istrie, entre autres celle d'Adelsberg ; enfin la grotte de Mammouth, en Amérique, qui contient des lacs et des rivières.

**Effondrements.** — En agrandissant peu à peu les grottes où elles circulent, les eaux d'infiltration provoquent souvent des effondrements de la surface ; ainsi se produisent des gouffres en forme d'entonnoirs. On en voit de nombreux exemples dans la région calcaire appelée le Karst, entre la Carniole et l'Istrie.

**Dissolution par les eaux d'infiltration.** — Beaucoup

Fig. 18. — Stalactites et stalagmites (île de Caldy).

d'effondrements, d'éboulements dans les régions calcaires sont dus aussi au pouvoir dissolvant de l'eau. Les eaux d'infiltration, en effet, dissolvent peu à peu les calcaires, à cause de l'acide carbonique qu'elles contiennent.

Elles dissolvent aussi le gypse ou pierre à plâtre, ce qui produit des éboulements et des mouvements du sol très brusques, c'est-à-dire de véritables tremblements de terre. Ainsi, dans la vallée de Visp, dans le Valais, il y eut, en 1855, pendant un mois, une série de secousses dues à la dissolution du gypse dans les profondeurs du sol.

Ces eaux souterraines dissolvent aussi le sel gemme (chlorure de sodium), et tous les dépôts de sel qu'on exploite auraient depuis longtemps disparu, s'ils n'étaient intercalés dans des argiles qui les protègent.

**Dépôts formés par les eaux d'infiltration.** — Les eaux d'infiltration chargées de calcaire l'abandonnent peu à peu en s'évaporant. C'est à cette cause que sont dues les *stalactites* et les *stalagmites* qui tapissent certaines grottes.

L'eau chargée de calcaire qui suinte au plafond d'une grotte dépose sur cette voûte un anneau de carbonate de chaux. D'autres gouttes, en arrivant, prolongent cet anneau et en font un cylindre creux qui pend à la voûte ; c'est une *stalactite* (fig. 18). L'eau qui tombe sur le sol de la grotte perd le reste de son carbonate de chaux, et il en résulte d'autres cylindres qui se dressent vers le plafond ; ce sont des *stalagmites*. Les stalactites et les stalagmites, en se rejoignant, finissent par former de véritables colonnes. On cite en particulier la grotte d'Antiparos (Archipel) et celle de Caldy (Angleterre).


## RÉSUMÉ

Une partie de l'eau de la pluie s'enfonce dans le sol et forme au-dessus des couches imperméables d'argile une nappe : la *nappe d'infiltration*.

Cette nappe alimente les *sources*. Celles-ci se produisent aux puits où la couche imperméable rencontre une dépression du sol.

On utilise la nappe d'infiltration dans le forage des *puits ordinaires* et dans celui des *puits artésiens*.

Un *puits artésien* est alimenté par une nappe comprise entre deux couches d'argile. Si on perce la couche supérieure, l'eau jaillit et tend à reprendre son niveau le plus élevé. Exemple : les puits artésiens de Grenelle et de Passy.

En délayant les couches d'argile, les eaux d'infiltration peuvent causer l'éboulement des terrains placés sur cette argile. En dissolvant les roches calcaires de l'intérieur du sol, elles provoquent aussi la production de grottes et parfois des effondrements.

Les eaux d'infiltration chargées de calcaire le déposent en s'évaporant ; c'est ce qui produit dans certaines grottes les *stalactites* et les *stalagmites*.

---

# CHAPITRE V

## Glaciers.

**Neige et névé.** — Lorsque la température est inférieure à 0 degré, la vapeur d'eau atmosphérique, au lieu de se condenser en pluie, tombe sur le sol à l'état de *neige*. C'est ce qui arrive sur les montagnes, car la température s'abaisse au fur et à mesure qu'on s'élève dans l'air.

Une grande partie des neiges tombées pendant l'hiver fond pendant l'été ; mais, à partir d'une certaine hauteur, la chaleur de l'été n'arrivera pas à fondre la totalité de ces neiges. Le sommet des montagnes sera constamment couvert de neige.

Il y a donc une limite au-dessus de laquelle les neiges sont *persistantes ;* on l'appelle aussi limite des *neiges éternelles*, mais à tort, puisque ces neiges fondent en partie sous l'influence des rayons du soleil.

La limite des neiges persistantes descend nécessairement d'autant plus bas que la région est plus froide. Dans les régions polaires, elle descend au niveau de la mer ; dans les Alpes, elle monte à 2,800 mètres ; sous les tropiques, elle se trouve à près de 5,000 mètres d'altitude.

Les neiges ne s'accumulent jamais indéfiniment sur les montagnes ; une grande partie se précipite dans les vallées sous forme d'énormes masses, entraînant avec elles des blocs de rochers. Ce sont les *avalanches*. Elles se produisent surtout au printemps, quand la neige commence à fondre. En effet, la fusion se fait à la surface ; l'eau provenant de la fusion s'infiltre, ruisselle en dessous, et les parties supérieures n'étant plus soutenues glissent sur les pentes.

Les neiges persistantes, en suivant les pentes, finissent par s'accumuler dans des dépressions circulaires ou *cirques*, dominées par les hautes cimes. Là elles subissent une transformation.

La neige, lorsqu'elle tombe, est à l'état de petits cristaux étoilés à six branches réunis en flocons, qui laissent entre eux de nombreux interstices occupés par l'air. Mais, dans les cirques où elle s'accumule, la neige se tasse, une grande partie

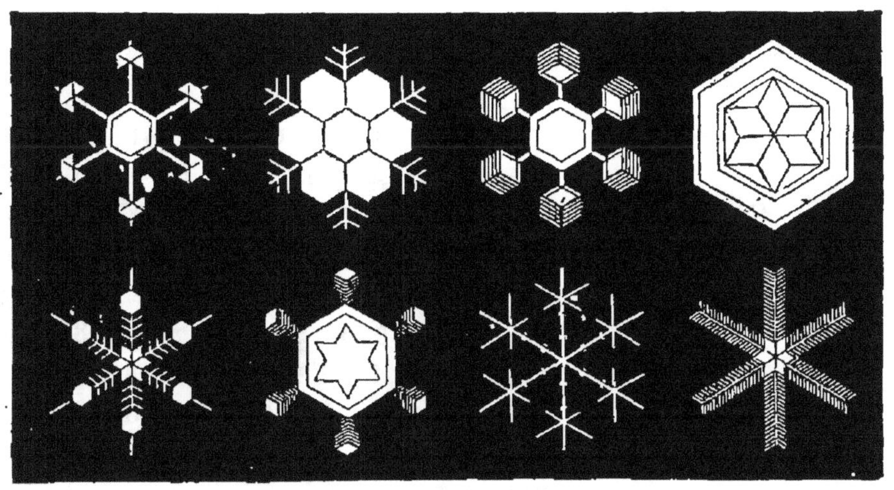

Fig. 19. — Cristaux de neige.

de l'air est expulsée (fig. 19). En outre, elle fond en partie sous l'action du soleil. Les cristaux se transforment en petits grains arrondis, entre lesquels circulent les gouttelettes d'eau provenant de la fusion. Cette eau se congèle pendant la nuit en expulsant l'air. La neige est transformée de cette manière en un amas de granules présentant assez de cohérence pour que la marche y soit relativement facile. Cette neige granuleuse, contenant peu d'air, s'appelle le *névé*.

**Formation des glaciers.** — Les cirques où s'accumulent les névés communiquent en général avec des gorges profondément encaissées. Les névés y descendent sous l'effet de leur propre poids et de la pression qu'ils subissent de la part des masses supérieures. Ils arrivent ainsi à un niveau assez bas pour que la température soit au-dessus de zéro. La fusion se produit ; tout l'air qui restait encore est expulsé ; puis, sous l'effet des gelées nocturnes, une nouvelle solidification se produit, mais cette fois à l'état de glace cohérente, compacte : un glacier s'est constitué.

Ainsi un glacier est un champ de glace communiquant avec des cirques remplis de névés, eux-mêmes dominés par des cimes couvertes de neiges. Les neiges se transforment, par suite de leur descente, en névés, et les névés, en descendant plus bas, se transforment en glace.

**Marche des glaciers.** — Malgré leur immobilité apparente les glaciers cheminent dans le sens de la pente, et descendent de plus en plus bas dans les gorges qu'ils occupent. Les montagnards des Alpes connaissaient depuis un temps immémorial ce phénomène de la marche des glaciers ; de Saussure, le premier, en 1788, signala le fait à l'attention des savants ; enfin, Hugi et Agassiz firent des observations pour mesurer la vitesse des glaciers.

On met en évidence la descente d'un glacier de la manière suivante. On plante des piquets sur une même ligne transversale, en face d'un point bien marqué A. Si l'on examine ces jalons une ou deux semaines plus tard, ils ne sont plus en face de A ; ils sont plus bas en face de B (fig. 20). La glace a donc marché de A vers B, en entraînant les piquets avec elle.

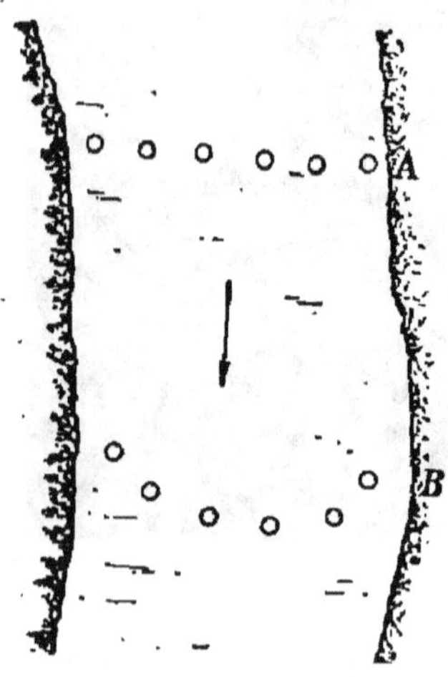

Fig. 20.
Mouvement d'un glacier.

De plus, on constate que les jalons ne sont plus en ligne droite ; ils forment une courbe : ceux du centre sont plus bas que ceux des bords. Il faut en conclure que la vitesse du glacier est plus grande au centre que sur les côtés. Le glacier se comporte donc dans sa marche comme une rivière ; pour celle-ci également, à cause du frottement le long des berges, la vitesse est plus faible sur les bords qu'au centre.

La vitesse moyenne des glaciers est assez faible. La Mer de

glace près de Chamounix se déplace en moyenne de 100 mètres par an, ce qui fait une vitesse d'environ 0^m,30 par jour.
Il y a, d'ailleurs, des variations ; la vitesse est un peu plus
grande en été qu'en hiver. Elle augmente aussi dans les étran-
glements du glacier, au passage des gorges, tandis qu'elle diminue quand le glacier s'élargit. C'est ce qui a lieu aussi pour
les rivières : le courant est plus rapide dans les parties étroites
que dans les parties larges.

Un autre fait qui démontre la vitesse différente du glacier
en ses différents points est l'existence à sa surface de *bandes
boueuses*. Leur origine est la suivante.

Quand la pente se brise brusquement,
on voit s'accumuler au pied de cette
pente les pierres, les menus débris
que charriait la glace dans la partie
supérieure. Emportés par le mouvement de progression, ces débris
cheminent à la surface et forment
une ligne courbe dont la convexité
est tournée vers le bas, à cause
de la plus grande vitesse du centre
(fig. 21). La figure montre les bandes boueuses du glacier du Géant,
qui communique avec la mer de
Glace, aux environs de Chamounix.

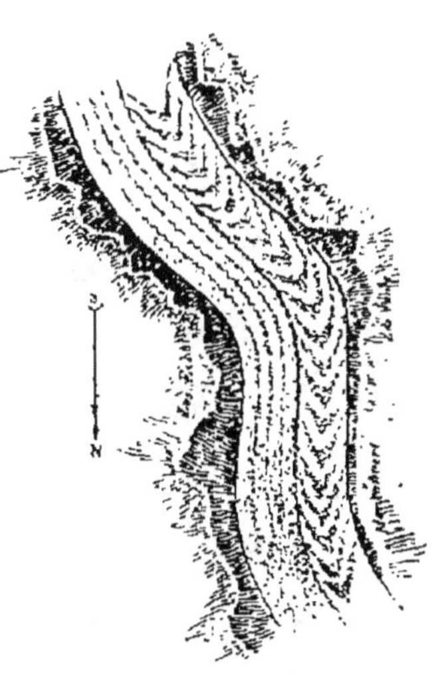

Fig. 21. — Aspect de la surface
du glacier du Géant.

**Explication de la marche des glaciers. — Phénomène du
regel.** — On s'est demandé comment le glacier, qui est une
masse solide, pouvait couler comme un liquide et se mouler
comme lui sur les parois rocheuses qui l'encaissent.

La raison de ce phénomène est une propriété de la glace,
appelée le *regel*. Quand on exerce une pression sur de la
glace, elle se liquéfie ; quand la pression cesse, l'eau provenant de la fusion se congèle. C'est ce qui explique pourquoi
l'on peut souder deux morceaux de glace l'un à l'autre en les
maintenant en contact ; la fusion se produit entre les deux
morceaux, mais l'eau se congèle dès qu'on cesse de presser, et
les deux fragments se trouvent réunis.

Le physicien anglais Tyndall, en comprimant au moyen de la presse hydraulique des morceaux de glace dans des moules sphériques, cylindriques, lenticulaires, etc., a obtenu, grâce au regel, des sphères, des cylindres, des lentilles de glace.

Une action du même genre se passe dans les glaciers. La pression est due à la glace de la partie supérieure de la vallée qui agit de tout son poids sur celle de la partie inférieure, et le moule est représenté par des parois rocheuses qui encaissent le glacier.

**Crevasses.** — Ces mouvements produisent cependant dans

Fig. 22. — Glacier de Gorner, près de Zermatt.

la masse du glacier des dislocations profondes. Toutes les fois qu'un étranglement se présente, il en résulte un laminage et des crevasses *longitudinales* se produisent. On voit aussi à la surface du glacier des crevasses *transversales* se présentant comme des chevrons. Elles sont dues aux tiraillements que subit la glace par suite de l'inégalité de vitesse du centre et des bords. C'est ce que montre le croquis du glacier de Gorner (fig. 22).

Enfin, à sa partie inférieure, le glacier présente des crevasses disposées en éventail ; ce sont les crevasses *radiées*, dites aussi *frontales*, parce qu'elles se forment à l'extrémité libre ou front des glaciers.

Les crevasses des glaciers sont souvent larges et profondes

Fig. 23. — Crevasse dans un glacier.

(fig. 23). La neige y pénètre et y forme souvent un pont fragile sur lequel on ne s'aventure pas sans danger.

**Fusion des glaciers.**— Au fur et à mesure qu'il descend, le glacier arrive dans des régions plus chaudes ; une fusion se produit à la fois à la surface et à l'extrémité inférieure.

La fusion qui se produit à la surface contribue, avec les crevasses, à rendre cette surface très inégale. En effet, les petits cailloux disséminés sur la glace s'échauffent rapidement au soleil et fondent la glace tout autour d'eux, en formant des trous qui s'approfondissent peu à peu. Au contraire, si un gros bloc de rocher est tombé sur le glacier, il protège contre la fusion la glace qui est au-dessous, tandis que les parties voisines fondront. Au bout de peu de temps, le bloc ressemblera à une (fig. 24) table supportée par un piédestal de glace. C'est là ce qu'on appelle des *tables* ou *plateaux glaciaires*.

Il est évident que, si le glacier est dominé par de hautes parois rocheuses, sa fusion sera moins rapide, et il pourra descendre plus bas dans la vallée. Les glaciers de cette sorte sont les *glaciers encaissés*; ce sont les seuls qui atteignent une

Fig. 24. — Plateau glaciaire (Mer de glace).

grande puissance. Exemple : ceux des Alpes. Ceux qui sont simplement étalés sur une pente sans dépression sont soumis à une fusion rapide. On les appelle *glaciers suspendus* : tels sont ceux des Pyrénées.

**Torrents glaciaires.** — L'eau provenant de la fusion des glaces se glisse dans les crevasses et atteint le fond du glacier ; elle sort sous celui-ci en formant un torrent qui peut devenir un fleuve considérable. Le Rhin, le Rhône, etc., sont, à leur origine, des torrents glaciaires entraînant avec eux de nombreux débris.

**Progrès et recul des glaciers.** — D'après ce qui précède, un glacier se détruit par son extrémité libre, à cause de la fusion, tandis qu'il s'accroît par sa partie supérieure. On comprend facilement que plusieurs cas peuvent se présenter. S'il se forme plus de glace en haut qu'il ne s'en fond en bas, le front du glacier descend de plus en plus ; s'il y a égalité entre la glace formée et la glace fondue, le glacier reste stationnaire ; si enfin la fusion l'emporte, le glacier recule.

Les glaciers sont donc soumis, dans leur marche, à des oscillations qui dépendent de la quantité de neige tombée pendant l'hiver et de la chaleur de l'été. Il faut remarquer cependant que, quand le bassin où s'accumulent les neiges qui alimentent le glacier est très étendu, l'influence d'un été chaud ne se fera pas sentir immédiatement et le glacier continuera à descendre ; mais, s'il y a toute une série d'étés brûlants, le glacier finira par reculer.

**Actions destructives des glaciers. — Roches moutonnées.** — La masse énorme de glace qui constitue un glacier, et dont l'épaisseur peut atteindre plusieurs centaines de mètres, doit nécessairement agir avec force sur les roches de son lit. En descendant il exerce un frottement énergique ; les roches du fond perdent leurs angles, prennent une forme arrondie et mamelonnée. On les a comparés à un troupeau de moutons endormis, d'où le nom de *roches moutonnées* qu'on leur a appliqué.

**Boue glaciaire.** — Le produit de l'écrasement que le glacier opère sur son lit est une boue très fine, d'un gris ardoisé ; on l'appelle *boue glaciaire*. Le torrent qui s'écoule sous le glacier en entraîne une grande partie.

**Roches polies et striées. — Cailloux striés.** — Le glacier frotte aussi en descendant contre ses parois rocheuses et les polit ; en même temps les blocs transportés par le glacier, les cailloux qui sont tombés entre le glacier et ses parois, produisent en portant contre celles-ci des raies ou stries dirigées dans le sens du mouvement. Les roches des parois sont donc *polies* et *striées*. Les cailloux qui ont servi en quelque sorte de burin sont à leur tour *striés* par les roches contre lesquelles ils ont frotté.

**Actions de transport. — Moraines.** — Tous les débris que le vent, la pluie, arrachent aux parois rocheuses du glacier tombent sur lui et s'accumulent sur ses bords en deux rangées qui descendent lentement avec ce glacier. Ces deux bandes sont les *moraines* latérales.

Le plus souvent la vallée où descend un glacier communique avec d'autres vallées également occupées par des glaciers : un glacier reçoit ainsi des affluents. Ainsi la Mer de glace communique avec (fig. 25) le glacier du Géant, celui de Léchaud, etc. Après la rencontre de deux glaciers, les moraines extérieures A et D continueront à occuper les bords du glacier principal ; mais les moraines intérieures B. et C se rencontreront au point E et ne formeront qu'une rangée unique de

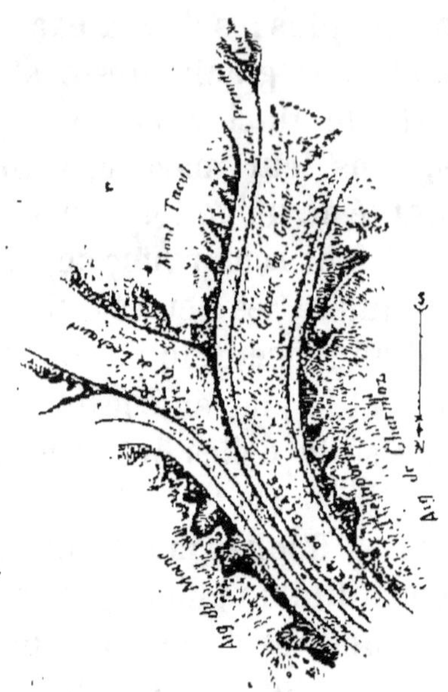

Fig. 25. — Esquisse indiquant les moraines de la Mer de glace.

débris au milieu du grand glacier (fig. 26). C'est une *moraine médiane*. Le glacier principal présentera autant de moraines médianes qu'il recevra (fig. 27) d'affluents.

Tous ces blocs tombant sur le glacier vont cheminer lentement avec lui, et, comme ils ne frottent pas les uns contre les autres, ils garderont leurs angles vifs, ce qui les distingue à première vue des blocs charriés par les cours d'eau. Ils arrivent enfin au front du glacier, où ils formeront une sorte de talus, la *moraine frontale*.

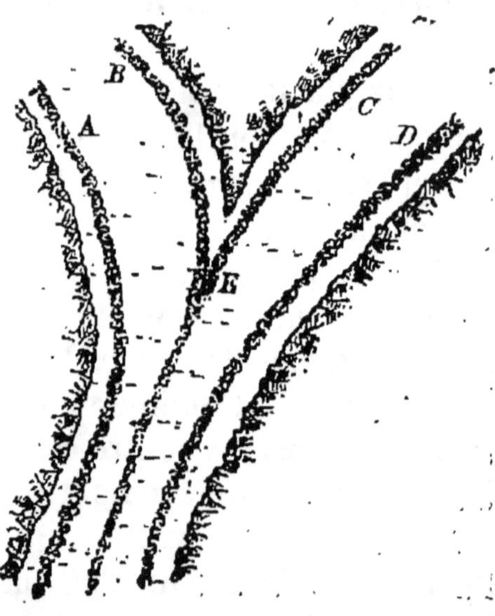

Fig. 26. — Moraines latérales et médiane.

**Preuves de l'ancienne extension des glaciers.** — Si le glacier recule, il laissera en place ses moraines; elles prouveront donc, ainsi que la présence des roches moutonnées, polies et striées, l'existence à une époque antérieure à la nôtre de glaciers plus ou moins étendus.

On a pu démontrer de cette manière qu'il y avait autrefois

Fig. 27. — Roches moutonnées du Colorado.

des glaciers dans les Vosges et dans les montagnes d'A uvergne qui en sont aujourd'hui dépourvues.

La figure ci-contre représente des roches moutonnées, dans une vallée du Colorado (fig. 28); elles démontrent que cette vallée a été autrefois occupée par un glacier.

**Blocs erratiques.** — Une autre preuve de l'ancienne extension des glaciers est la présence en bien des points d'énormes blocs le plus souvent isolés et qu'on a appelés *blocs erratiques.*

Leurs angles saillants montrent bien qu'ils n'ont pas été apportés par les eaux. Ils sont d'une nature différente de celle des roches du sol sur lequel ils reposent. On peut constater que tous ceux de la Suisse étaient de même nature que les roches les plus élevées des Alpes. Ils provenaient donc des hautes régions; n'ayant pas été apportés par les eaux, ils avaient dû être charriés par les glaciers; d'où cette conclu-

Fig. 28. — Glacier d'Untervaar, avec sa moraine médiane.

sion que les glaciers de la Suisse étaient autrefois beaucoup plus étendus qu'aujourd'hui.

Ces blocs erratiques, d'origine alpine, se trouvent dans les plaines de l'Ain, de l'Isère, et jusque sur les collines qui avoisinent Lyon, ainsi à Fourvières. Il est établi aujourd'hui que le glacier du Rhône, qui n'occupe plus qu'une simple gorge du Saint-Gothard, s'étendait jusqu'à Lyon.

**Principaux glaciers.** — On trouve plus particulièrement des glaciers dans les Alpes suisses; on en compte là plus de mille. L'un des principaux est la Mer de glace, près de Chamounix. On en trouve aussi dans le Tyrol, le Caucase, en Scandinavie, en Islande, dans l'Himalaya.

**Glaces polaires.** — Dans les régions polaires, comme au Spitzberg, au Groënland, les glaciers s'avancent jusqu'à la mer, et empiètent même parfois, poussés par la masse postérieure, sur le domaine maritime. La partie en surplomb est soutenue à marée haute, mais elle s'écroule souvent à la marée basse; il en résulte de grandes masses de glace qui flottent au gré des flots; ce sont les *icebergs* (montagnes de glace), si redoutées des marins. Ces glaces n'emportent que fort peu de débris; les moraines manquent, car les glaciers n'ont pas de rives; ils occupent toute la surface du sol. Mais il se forme aussi des glaces, le long des rivages, à la surface de la mer. Si elles sont dominées par dès falaises, elles en reçoivent les éboulis. Se détachant ensuite sous l'effet d'une tempête, elles emportent au loin ces débris. On réserve le nom de *banquises* à ces champs de glace provenant des rivages.

## RÉSUMÉ

La vapeur d'eau atmosphérique se condense sur les montagnes à l'état de neige. Les neiges s'accumulent dans les cirques dominés par les hautes cimes et s'y transforment en une poussière granuleuse : le *névé*. Les névés descendent dans des gorges encaissées et par suite de fusions suivies de congélations successives y passent à l'état de glace. C'est ce qui constitue les *glaciers*.

Les glaciers descendent sur les pentes. On peut calculer leur marche. Ils se moulent exactement sur les parois qui les encaissent à cause d'une propriété de la glace appelée le *regel*.

En descendant vers des régions plus chaudes le glacier fond, l'eau se rassemble sous le glacier à cause des crevasses de la surface. Il en résulte des torrents, sources des grands fleuves.

Un glacier en descendant frotte sur les roches du fond; ces roches perdent leurs angles; elles sont *moutonnées*. Le frottement contre les parois latérales de cailloux entraînés par la marche du glacier polit et strie les parois; de là des *roches polies* et *striées*.

Les débris tombés sur le glacier descendent avec lui; il en résulte des rangées de blocs : *moraines latérales et médianes*. Tous ces matériaux se réunissent au front du glacier et y forment une sorte de digue : la *moraine frontale*, que le glacier laisse en place s'il recule.

La présence de roches moutonnées, polies et striées, et de moraines dans les vallées aujourd'hui privées de glaciers, prouvent que ceux-ci, à une certaine époque, étaient beaucoup plus étendus qu'aujourd'hui. Une autre preuve de cette ancienne extension des glaciers est fournie par les *blocs erratiques,* énormes pierres isolées et à angles vifs, qu'on trouve dans certaines localités plus ou moins voisines des montagnes.

Les glaciers sont très communs en Suisse. Dans les régions polaires les glaciers descendent jusqu'à la mer; de là des glaces flottantes ou *icebergs.* Les glaces qui se forment sur la mer le long des rivages et qui reçoivent les éboulis des falaises emportent au loin ces débris; ces glaces sont appelées *banquises.*

---

# CHAPITRE VI

## Volcans.

Un volcan consiste en une montagne conique terminée par une ouverture en forme d'entonnoir, qu'on appelle le *cratère.*

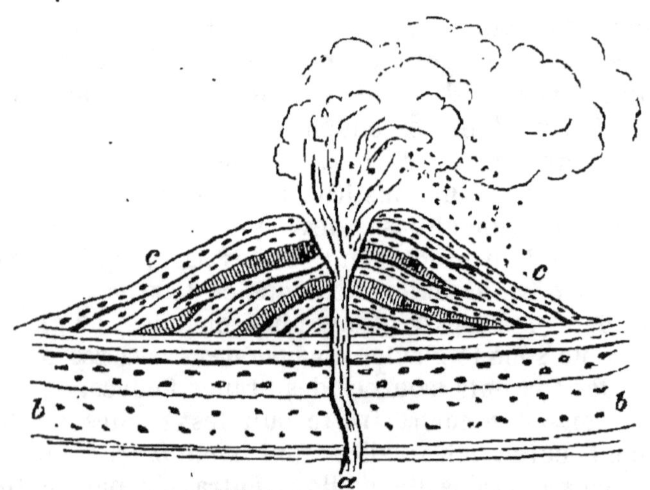


Fig. 29. — Section verticale d'un volcan *a,* cheminée; — *b,* partie profonde; — *c,* cône.

Au centre du cratère débouche un canal ou *cheminée* par où montent les matières rejetées par le volcan (fig. 29). La montagne conique ou *cône* du volcan est formée par les matériaux émis par le volcan. Celui-ci crée donc peu à peu son cône; ce dernier ne s'est pas formé, comme on l'a cru longtemps, à la suite d'un soulèvement du sol qui se serait élevé en forme de dôme pour se rompre ensuite au sommet.

Les débris qui constituent le cône sont disposés en couches inclinées.

**Éruptions volcaniques. — Phénomènes précurseurs. —** En général, un volcan n'est pas dans un état d'activité permanent. Il présente une suite d'*éruptions* séparées les unes des autres par des intervalles de repos plus ou moins longs.

Quand le volcan est en repos, la cheminée est habituellement obstruée par des matières solidifiées qui s'y étaient élevées à l'état liquide, c'est-à-dire à l'état de *laves* lors d'une éruption antérieure. Il s'échappe du cratère des émanations gazeuses et de la vapeur d'eau formant ainsi au-dessus du volcan un panache de fumée.

Lorsque l'éruption va se produire, des phénomènes précurseurs se manifestent plusieurs jours ou plusieurs semaines à l'avance. Ils consistent en tremblements de terre qui se font sentir au voisinage du volcan, en bruits souterrains; de plus, les sources de la région environnante tarissent ou au moins leur débit diminue. Si le cône est couvert de neige, comme en Islande ou au Kamstchatka, cette neige fond subitement.

Bientôt le panache de fumée grandit et prend la nuit l'aspect d'une gerbe de feu, à cause de la réverbération des laves en fusion qui remplissent la cheminée.

**Projections volcaniques. —** Alors l'éruption commence. Des explosions, des craquements se font entendre, d'énormes masses de vapeur s'élancent du cratère entraînant avec elles des blocs de pierre arrachés des parois de la cheminée (fig. 30).

**Cendres, lapilli, scories. —** Ce ne sont pas là les seules projections volcaniques. La vapeur qui sort du cratère est chargée de gouttelettes de lave extrêmement serrés. Ces gouttelettes se solidifient à l'air et retombent à l'état de *cendres*. La quantité de cendres rejetées est souvent très considérable; elles sont emportées par le vent et parfois à de grandes dis-

tances. Les cendres du Vésuve arrivent ainsi à Constantinople ; celles des volcans d'Islande à Stockholm.

Fig. 30. — Éruption du Vésuve (1822).

Les fragments de lave solidifiée plus volumineux entraînés
par la vapeur forment de petites pierres appelées *lapilli* ou
*rapilli*. L'écume qui se forme au-dessus de la lave dans le
cratère est lancée également par la vapeur et constitue des

pierres poreuses appelées *scories*. Les pierres ponces en sont une variété.

**Bombes volcaniques.** — Quand les fragments de lave liquide ainsi rejetées ont été animées par la vapeur d'un mouvement de rotation, ils affectent en se solidifiant une forme globuleuse et se terminent à chaque extrémité par une partie effilée). Ce sont les *bombes volcaniques*. Quand on casse une bombe on voit souvent au milieu un morceau de scorie ancienne qui était retombé dans le cratère et autour duquel la lave nouvelle s'est solidifiée.

**Tufs volcaniques.** — Tous ces débris solides : cendres, lapilli, scories sont entraînés par l'eau provenant de la condensation de la vapeur. Ils descendent sous forme de courants boueux les pentes du cône et se consolident ensuite. Les roches qui en résultent s'appellent des *tufs volcaniques*. Il se forme aussi des tufs quand les projections volcaniques viennent tomber dans un lac ou dans la mer. Ils contiennent alors des coquilles.

**Émission des laves.** — Les matières en fusion, ou *laves*, que contient le volcan se montrent au dehors après les premières projections. Il est rare qu'elles sortent par le cratère. En général, les laves qui remplissent la cheminée exercent une pression assez forte sur les parois pour produire dans le cône des fissures. C'est par ces fentes que se déversent et coulent sur les pentes de la montagne de véritables fleuves de matières fondues. Comme les laves sont accompagnées de vapeurs et de gaz, il en résulte souvent le long de la fente des explosions qui produisent des accumulations de cendres et de scories. La fente présente alors sur son trajet de petits cônes secondaires appelés *cônes* ou *cratères adventifs* parce qu'ils s'adjoignent au cratère principal. On peut citer comme exemple les *Bocche nuove* du Vésuve qui sont huit cratères adventifs disposés sur une même fente.

**Température des laves.** — On peut mesurer la température des laves au moment où elles sortent des fentes du cône. Pour cela on y introduit des fils métalliques. Si le fil fond, ce que l'on reconnaît à l'existence d'un petit bouton qui se forme à son extrémité, on devra en conclure que la température de la lave est au moins égale à la température de fusion du métal. Or la température de fusion est connue pour chaque métal, on connaîtra donc celle de la lave.

Le plomb, le zinc fondent facilement dans les laves, cela indique une température d'au moins 600°; le cuivre, l'argent y fondent aussi, ce qui indique environ 1000°. Mais la température ne doit guère dépasser 1000°, car les laves ne fondent pas le fer, comme on l'a cru parfois; en réalité le fer se ramollit et se laisse briser par le courant; on ne voit jamais à l'extrémité d'un fil de fer le bouton caractéristique.

**Nature des laves.** — Les laves sont visqueuses, elles ne sont jamais réellement liquides. Cette viscosité tient à ce que les laves contiennent des cristaux en plus ou moins grand nombre. Nous étudierons plus loin, dans le chapitre relatif aux roches, la nature minéralogique de ces cristaux. Il est nécessaire toutefois de distinguer ici deux sortes de laves. Certaines contiennent relativement peu de silice et méritent le nom de *laves basiques*. D'autres contiennent plus de silice et peuvent être appelées par opposition *laves acides*.

Les laves acides sont peu fusibles et se refroidissent rapidement. Au contraire les laves basiques contiennent beaucoup de matières vitreuses et sont très fluides.

**Marche et solidification des laves.** — La vitesse avec laquelle la lave coule dépend nécessairement de la pente, mais elle dépend beaucoup aussi de la composition.

Si les laves sont basiques, elles sont fluides et coulent rapidement. Les laves des Iles Sandwich qui sont très vitreuses parcourent plusieurs mètres par seconde; celles du Vésuve parcourent depuis deux mètres jusqu'à quelques centimètres par seconde. La plus grande vitesse observée pour des laves a été de 8 mètres.

Les courants de lave qui suivent les pentes forment des *coulées* pouvant atteindre une grande puissance. Dans le cas de laves fluides, la largeur peut atteindre 100 mètres avec une épaisseur de 10 mètres. La surface de la coulée se solidifie rapidement; elle se recouvre d'une croûte de scories. C'est ce qui explique comment on peut sans danger s'approcher des laves malgré leur énorme température. A l'abri de cette gaine de scories la lave peut se maintenir longtemps en fusion. Quand la coulée cesse le niveau de la lave baisse peu à peu ; le canal formé par les scories se vide et devient ainsi un véritable tunnel dans lequel on peut pénétrer.

**Division en prismes.** — Souvent les coulées de laves fluides s'accumulant dans les dépressions donnent lieu par la solidification à des prismes disposés en colonnades). C'est ce que l'on voit bien aux environs des volcans aujourd'hui éteints de l'Auvergne. La disposition en colonnades est fréquente dans les roches volcaniques anciennes appelées *basaltes*. On cite particulièrement la grotte de Fingal dans l'île de Staffa en Écosse, la chaussée des Géants en Irlande, les orgues d'Espaly près du Puy (Haute-Loire).

**Filons de roches.** — **Dykes.** — Les laves, comme on l'a vu plus haut, sortent en général par des fentes pratiquées dans le cône. Quand l'éruption cesse, la lave qui les remplit se solidifie et bouche ces fentes. Le cône présentera donc au milieu de débris meubles, comme les scories et les cendres des bandes beaucoup plus résistantes formées par les laves ; ce sont des *filons de roches*.

Il arrive souvent que les roches plus tendres qui avoisinent ces filons se désagrègent sous l'action des eaux. Les filons apparaissent alors en saillie à la manière d'un mur avancé. C'est ce qu'on nomme des *dykes* (d'un mot anglais qui signifie digue).

**Émanations gazeuses.** — **Fumerolles.** — De grandes quantités de matières gazeuses sont émises pendant les éruptions par le cratère et par les laves qui sortent des fentes. Ces émanations gazeuses portent le nom de *fumerolles*.

On est parvenu à recueillir ces fumerolles pour en faire l'analyse chimique. Toujours elles sont accompagnées de beaucoup de vapeur d'eau.

Les fumerolles émises au moment où la lave très chaude sort des crevasses contiennent surtout des vapeurs de *chlorures*, surtout du sel marin (chlorure de sodium : Na Cl). La température est au moins de 500°. Il y a aussi des chlorures métalliques, comme le chlorure de fer.

Si l'on recueille les gaz qui se dégagent de la lave un peu plus loin de son point d'origine, on trouve l'*acide chlorhydrique* ($HCl$) et l'*acide sulfureux* ($SO^2$). La température n'est plus que de 300° à 400°. La vapeur d'eau devient très abondante.

Plus loin encore du foyer de l'éruption les fumerolles ont une température de 100° et se composent surtout, outre la vapeur d'eau, de *sel ammoniac* (chlorhydrate d'ammoniaque : $Az\,H^4\,Cl$) et d'*acide sulfhydrique* ($HS$).

Enfin l'éruption une fois terminée et les laves se refroidissant de plus en plus, les fumerolles n'ont plus qu'une température de 30° à 40° et consistent en *acide carbonique* ($CO^2$) dont le dégagement persiste des mois, des années, et même comme nous le verrons plus loin, des siècles après la fin des éruptions [1].

**Produits de sublimation et de décomposition.** — Les chlorures émis par le volcan à l'état de vapeur, passent directement en se refroidissant, à l'état solide.

Au voisinage des coulées de lave, le chlorure de sodium

---

1. Les différences de composition des fumerolles dépendent simplement de la température. Il y a en réalité, même dans les fumerolles les plus chaudes, les produits qu'on trouve dans les fumerolles froides, comme l'acide sulfhydrique, l'acide carbonique ; mais certains de ces produits peuvent, en raison de la température plus élevée, être masqués par d'autres plus abondants ou se transformer. C'est ainsi que l'acide sulfureux provient de la combustion de l'acide sulfhydrique à l'air ($HS + 3O = HO + SO^2$). Mais si la température est trop basse, la combustion ne se produira pas et l'acide sulfhydrique se montrera.

Les chlorures métalliques que l'on trouve dans les fumerolles les plus chaudes doivent provenir de l'action de l'acide chlorhydrique sur les minéraux des roches qu'il rencontre dans le volcan. Ainsi le chlorure de fer ($Fe^2Cl^3$), proviendrait de l'action de l'acide chlorhydrique sur le fer oxydulé ($Fe^3O^4$) très abondant dans les roches volcaniques :

$$Fe^3O^4 + 4HCl = 4HO + Fe^2Cl^3 + FeCl.$$

Quant à l'acide chlorhydrique, on le regarde souvent lui-même comme un produit secondaire, dû à l'action de la vapeur d'eau sur un mélange de chlorure de sodium et de silicates. Ceux-ci sont très abondants dans les roches volcaniques.

forme un tapis blanc, épais parfois d'un centimètre. Çà et là il est émaillé de taches jaunes de chlorure de fer.

De plus, le chlorure de fer, sous l'action de la vapeur d'eau, fournit du *fer oligiste* (Sesquioxyde de fer $Fe^2O^3$)[1] sous forme de poussière rouge ou de petits cristaux brillants.

On voit aussi dans les pays volcaniques des dépôts de *soufre*. Ce dernier provient de la décomposition de l'acide sulfhydrique sous l'action de l'air, à une basse température[2].

**Cratères ébréchés.** — Nous devons, en terminant cette

Fig. 31. — Cônes volcaniques brisés (chaîne des Puys d'Auvergne).

étude générale des éruptions volcaniques, faire quelques remarques sur la structure des cratères.

Ceux-ci ont souvent la forme de coupe qui leur a valu ce nom[3]. Cependant beaucoup sont ébréchés, et préentent une forme de fer à cheval. Les volcans éteints de l'Auvergne en fournissent un exemple. La brèche est due à ce que la lave, au lieu de sortir par des fentes du cône, s'est déversée par le bord du cratère (fig. 31).

**Cratères d'explosion.** — Des explosions se produisent dans les volcans par suite du dégagement des gaz et des projections solides. Elles sont parfois assez violentes pour faire sauter, comme à la mine, le cône de débris, à la place duquel se forme alors un gouffre sans rebord. C'est un *cratère d'explosion*.

1.                  $Fe^2Cl^3 + 3HO = Fe^2O^3 + 3\,HCl.$

2. La formation du soufre s'explique à l'aide de la formule suivante :

$$HS + O = S + HO.$$

3. Les Latins appelaient *crater* un grand vase en forme de coupe.

En 1883, un phénomène de ce genre s'est produit à l'île de Krakatoa, dans le détroit de la Sonde. Le volcan de cette île a fait explosion; les deux tiers de cette île se sont effondrés et à leur place s'est ouvert un abîme de 300 mètres de profondeur.

On explique de cette manière les cavités circulaires occupées par les lacs, qu'on trouve abondamment dans l'Eifel; cette région autrefois volcanique, est située sur la rive gauche

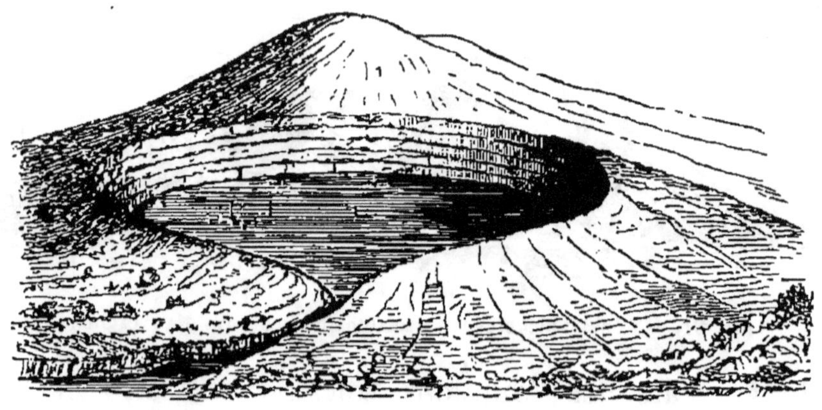

Fig. 32. — Lac Pavin, en Auvergne (ancien cratère).

du Rhin. En Auvergne se trouve un gouffre du même genre : le lac Pavin (fig. 32).

**Variations de l'activité volcanique.** — Nous venons d'étudier les volcans qui présentent des périodes d'activité, séparées par des intervalles de repos. C'est le cas général.

Il y en a cependant qui sont constamment en activité. Tel est le *Stromboli* dans l'île du même nom, qui fait partie du groupe des îles Lipari. Ce volcan fournit sans cesse des vapeurs et des projections solides.

Au contraire, d'autres volcans sont presque éteints. Telles sont les *solfatares*.

**Solfatares.** — Les solfatares (mot italien, qui signifie *soufrières*) sont des cratères qui ne dégagent plus que de l'eau et de l'acide sulfhydrique. Ce dernier, en se décomposant à l'air, donne lieu à d'abondants dépôts de soufre.

On peut citer la solfatare de Pouzzoles, près de Naples. La dernière éruption de ce volcan, date de l'an 1198.

La solfatare de Vulcano, dans les îles Lipari, fournit aussi du soufre; ce volcan était inactif depuis 1786, mais récemment il est rentré en activité. En 1872, il commença à projeter des cendres, des pierres, et les projections ont été encore plus considérables en 1878.

La Sicile possède de nombreuses soufrières qui sont activement exploitées.

**Volcans éteints. Mofettes.** — Lorsque le volcan est absolument éteint, il fournit encore pendant très longtemps des émanations d'acide carbonique. Ces dégagements portent le nom de *mofettes* ; ils sont froids, tandis que les dégagements des solfatares sont encore chauds et accompagnés de vapeur d'eau.

On cite comme exemple de mofette la *Grotte du Chien*, près de Naples. Le gaz carbonique forme en ce lieu, à la surface du sol, une couche assez épaisse, car il s'échappe constamment du sol et il est plus dense que l'air. Par suite un animal de petite taille, comme le chien, y est asphyxié, tandis que l'homme ne court aucun danger.

La *Vallée du Poison*, à Java, où se dégage constamment de l'acide carbonique, est le cratère d'un volcan éteint.

L'Auvergne possède un grand nombre de volcans éteints. C'est ce qui explique l'existence de nombreuses mofettes aux environs de Clermont, de Royat. La région de l'Eifel, autrefois volcanique, possède aussi de ces dégagements irrespirables.

**Salses.** — On rapproche des mofettes les *salses* ou *volcans boueux*. Ce sont des collines d'argile d'où s'échappe une boue salée, ayant une température de 36° à peine. Cette boue laisse échapper des bulles de carbure d'hydrogène gazeux et contient souvent des carbures liquides, comme du pétrole, du bitume.

On cite particulièrement les salses de Bakou, sur la Caspienne, d'où se dégagent une grande quantité de gaz combustibles. On les utilise pour le chauffage et l'éclairage. Il en est de même dans les Apennins. En certains points les dégagements gazeux s'opèrent non pas dans l'eau, mais à la surface du sol ; tels sont les *terrains ardents*, situés près de Bologne. Le principal carbure qui s'en dégage, est le gaz des marais.

On rattache aux salses les sources de pétrole très répandues en Amérique.

On y range également la mer Morte, où le bitume vient flotter à la surface d'une eau très salée.

**Principaux volcans d'Europe.** — Nous devons étudier les volcans au point de vue de leur distribution géographique.

L'Europe présente un certain nombre de cratères. Deux

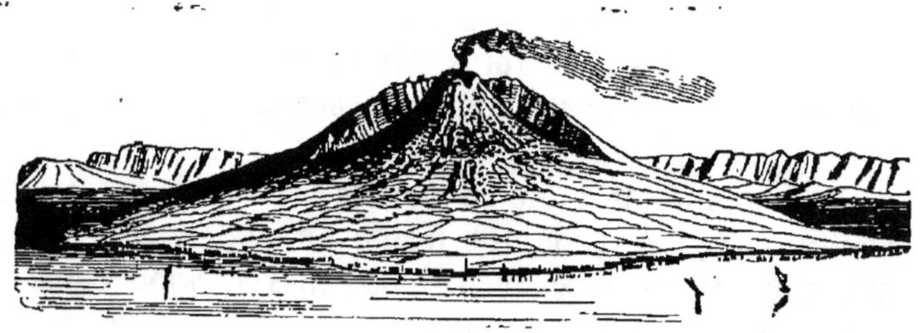

Fig. 33. — Vésuve et Monte Somma.

régions autrefois volcaniques sont l'Eifel et l'Auvergne ; mais les pays qui se font remarquer aujourd'hui par l'intensité des éruptions sont l'Italie et l'Islande ; on doit y ajouter les îles de l'Archipel.

L'Italie possède le *Vésuve*, l'*Etna*, le *Stromboli*. Ce dernier, dont il a déjà été question plus haut, est sans cesse en activité. Les deux premiers : le Vésuve et l'Etna méritent une description spéciale.

**Vésuve.** — Le cône du Vésuve actuel est assez régulier ; il s'élève à 1,300 mètres au-dessus du niveau de la mer. Il est entouré au nord et à l'est par une crête demi-circulaire : la *Somma*, qui n'est autre chose que les restes de l'ancien cratère du Vésuve. La Somma ne s'élève qu'à 1.124 mètres ; l'intervalle compris entre elle et le cône actuel, s'appelle l'*Atrio del Cavallo* (fig. 33).

Pendant toute l'antiquité, la Somma existait seule. La

montagne était couverte de végétation et sa nature volcanique était tout à fait inconnue. Elle ne donnait aucun signe d'activité; c'est même sur le Vésuve que Spartacus vint s'établir avec les esclaves révoltés.

Le volcan se réveilla en l'an 63. Il y eut alors un tremblement de terre, bientôt suivi en l'an 79, d'une éruption formidable. Le volcan ensevelit alors, sous une pluie de cendres, les villes de Pompéi, Herculanum et Stabies. Durant cette

Fig. 34. — Monte Nuovo.

éruption mourut le naturaliste Pline l'ancien. Il est probable que l'écroulement de la Somma date de l'an 79. Depuis cette époque, le Vésuve a eu de nombreuses éruptions séparées souvent par d'assez longs repos. Ainsi de 1306 à 1631, le volcan sommeilla. En 1631 l'éruption fut terrible ; les laves envahirent la ville de Torre del Greco ; le nombre des victimes fut de 3,000. La ville fut détruite de nouveau en 1737, en 1760 et 1794. La dernière grande éruption du Vésuve date de 1872.

Les cendres et les lapilli du Vésuve s'altèrent rapidement sous l'action de l'air et de l'eau et donnent naissance à une argile ferrugineuse. On cultive des vignes dans ce sol volcanique ; elles produisent le vin de Lacryma-Christi.

**Champs Phlégréens.—Monte-Nuovo.—**Au nord de Naples,

s'étend une région volcanique, appelée Champs Phlégréens. C'est là que se trouve la solfatare de Pouzzoles et la grotte du Chien. On y voit aussi une montagne conique : le Monte Nuovo, qui n'a que 132 mètres de hauteur. Le cône se forma en 1538 dans l'espace de 48 heures. Il est composé de débris rejetés (fig. 34).

**Etna.** — L'Etna est le plus important des volcans d'Europe. Il s'élève à 3,300 mètres. Le cône repose sur un large soubassement : le *Piano del Lago*, présentant sur son flanc oriental une large cavité appelée le *Val del Bove*, qui est due probablement à une explosion semblable à celle du Krakatoa.

L'Etna présente un très grand nombre de cônes adventifs.

Le volcan a des éruptions fréquentes ; il ne se passe pas dix ans sans une éruption. L'Etna émet alors d'énormes masses de vapeurs et de cendres, et de larges courants de laves coulent sur les flancs de la montagne.

L'éruption la plus importante est celle de 1669. La lave pénétra dans Catane, détruisit une partie de la ville et s'avança jusque dans la mer.

En mai 1879, il y eut aussi une grande éruption. Les phénomènes précurseurs eurent lieu dès 1878.

**Volcans sous-marins.** — **Groupe de Santorin.** — Certaines éruptions se produisent au fond de la mer et l'accumulation des débris rejetés et des laves forment des îles nouvelles. Le groupe d'îles de Santorin, dans l'archipel, doit son origine à des phénomènes de ce genre.

La grande île est Théra ou Santorin. En face se trouvent les deux îles de Therasia et Aspronisi, qui, avec Santorin, figurent un grand cratère (fig. 35).

Fig. 35. — Groupe d'îles de Santorin.

L'an 97 avant J.-C., il y eut une éruption qui donna naissance à une île nouvelle : Palæo-Kameni (en grec : ancienne brûlée). En 1573 parut un nouvel îlot : Mikra Kameni (petite brûlée) ; en 1707, une autre île : Néa-Kameni (nouvelle brûlée); enfin, en 1866, il y eut une grande éruption, des tremblements de terre se firent sentir ; des bulles de gaz se dégagèrent de la mer et l'on vit surgir deux îlots de lave : Giorgios et Aphressa, qui grandirent et vinrent se souder à Néa-Kameni.

Un caractère particulier de ces éruptions sous-marines, est la présence dans les émanations gazeuses de carbures d'hydrogène, que l'eau préserve de la combustion. Il y a aussi de

Fig. 36. — Ile Julia ou Graham.

l'oxygène et de l'hydrogène libres, provenant probablement de la dissociation de l'eau et du refroidissement brusque qui empêche les gaz de se recombiner.

**Ile Julia.** — Quand les matières rejetées par les éruptions sous-marines ne sont pas consolidées par de la lave, la mer les disperse bientôt et l'île formée disparaît. C'est ce qui est arrivé pour l'île Julia ou île Graham (fig. 36). Elle parut en juillet 1831, près de la Sicile, et disparut en décembre. Elle s'est montrée de nouveau en 1863.

**Iles de l'Atlantique.** — Dans l'océan Atlantique se trouvent des îles d'origine volcanique, formant une véritable chaîne depuis le sud de l'Afrique jusqu'au Groënland. Telles sont les îles de Sainte-Hélène, de l'Ascension, les Canaries où l'on remarque le volcan de *Ténériffe* et les Açores.

Mais l'île de l'Atlantique qui montre la plus grande activité volcanique est l'Islande.

**Islande.** — Elle renferme vingt-sept volcans. Le plus connu est l'*Hékla*, haut de 1,654ᵐ. Son éruption de 1845 fut très violente et les cendres volèrent jusqu'aux îles Feroë.

**Iles de l'océan Indien.** — Dans l'océan Indien on peut citer l'île *Maurice*, l'île de la *Réunion*, où se trouve un volcan

Fig. 37. — Ile Saint-Paul. Exemple de cratère ébréché.

en activité, haut de 3,330ᵐ ; les îles d'*Amsterdam* et de *Saint-Paul*, qui sont des volcans éteints (fig. 37).

L'île *Saint-Paul* est un cratère ébréché, par l'échancrure duquel pénètre la mer. Elle est formée de laves, ce qui explique comment cet édifice volcanique a pu résister à l'assaut des vagues.

Tout ce qui précède nous démontre que les volcans se trouvent au voisinage de la mer. On les rencontre presque tous sur les côtes ou dans des îles. C'est ce que va nous démontrer encore l'examen de l'océan Pacifique.

**Ceinture volcanique du Pacifique.** — L'océan Pacifique est entouré d'une ceinture de volcans. Le cercle commence à la Nouvelle-Zélande et se continue par les îles de la Sonde. On y trouve en particulier le Krakatoa, dont l'explosion de 1883 est célèbre. La chaîne se continue par les volcans du Japon, des îles Kouriles et ceux du Kamtchatka, au nombre de trente-huit, dont douze en activité. Viennent ensuite les cratères des îles Aléoutiennes, qui relient l'Asie en Amérique. Une fois sur le continent américain, on trouve les volcans de la presqu'île d'Alaska et de la Colombie anglaise. Il y a une interruption le long des côtes des États-Unis, mais les volcans y sont remplacés par des sources d'eau bouillante, les *Geysers*, et l'on y trouve aussi des volcans éteints. Le Mexique, présente toute une série de volcans, dont les plus connus sont l'*Orizaba* et le *Xorullo*. On trouve ensuite les volcans de l'Amérique centrale et ceux de la chaîne des Andes. Parmi ces derniers, on cite le *Sangay*, dont la hauteur depasse 5,000 mètres et qui est dans un état continu d'éruption; il lance des projections à des intervalles de dix à quinze minutes. Il y a des cratères jusqu'à la Terre de Feu. Celle-ci est reliée par les îles Schefland aux volcans antarctiques, l'*Erèbe* et la *Terreur*, rattachés eux-mêmes à la Nouvelle-Zélande par quelques îlots volcaniques. Le cercle est donc complet.—Au centre, enfin, de cet anneau, se trouvent les îles Sandwich, dont les cratères, le *Kilauea* et le *Mauna-Loa*, sont très actifs.

## RÉSUMÉ

Les volcans mettent l'intérieur du sol en communication avec la surface. Un volcan consiste en une montagne conique terminée par une ouverture appelée *cratère*. Au centre du cratère débouche la cheminée. Le cône volcanique est formé par les matériaux que rejette le volcan.

Un volcan présente en général une suite d'*éruptions* séparées les unes des autres par des intervalles de repos.

Le volcan rejette comme matières solides des *scories,* des *cendres,* des *lapilli,* des *bombes volcaniques.*

Les matières en fusion ou *laves* sortent par des fentes qui se forment dans le cône et coulent ainsi le long de la montagne. Leur température est d'environ 1000°. En se solidifiant, les coulées de lave peuvent donner lieu à des prismes divisés en colonnades.

Les laves qui remplissent les fentes du cône donnent en se solidifiant des sortes de murs ou *filons.* Quand ces derniers apparaissent en saillie sur le cône formé de matières moins résistantes comme scories, on les appelle *dykes.*

De grandes quantités de vapeur d'eau et de gaz sont émises pendant les éruptions par le cratère et par les laves. Ces émanations gazeuses s'appellent *fumerolles.* On y trouve des chlorures en vapeur, de l'acide chlorhydrique, de l'acide sulfureux, de l'acide sulfhydrique. Les émanations d'acide carbonique ou *mofettes* persistent très longtemps après les éruptions.

Au voisinage des volcans ou trouve des dépôts de sel marin, de fer oligiste, de soufre.

Il y a des volcans constamment en éruption, exemple : le *Stromboli,* d'autres sont presque éteints et n'émettent que de l'eau et de l'acide sulfhydrique. Celui-ci, en se décomposant, fournit du soufre. Ce sont les *solfatares* (exemple : Pouzzoles).

Dans les régions autrefois volcaniques, comme l'Auvergne, l'Eifel, il y a encore des *mofettes* ou émanations d'acide carbonique.

Les principaux volcans d'Europe sont l'Etna, le Stromboli, le Vésuve, l'Hékla. Il y a des volcans sous-marins qui fournissent par l'accumulation des débris des îles nouvelles (exemple : Santorin, île Julia).

L'océan Pacifique est entouré d'une véritable ceinture de volcans.

---

# CHAPITRE VII

## Geysers. — Sources thermominérales.

**Geysers.** — Les geysers sont des sources bouillantes intermittentes qui lancent de temps en temps des gerbes d'eau chaude.

La forme d'un geyser rappelle celle des cratères (fig. 38). Au sommet d'un cône aplati se trouve un large bassin circulaire dans lequel vient déboucher un canal qui amène l'eau.

Le cône est fabriqué par le geyser lui-même. L'eau contient en dissolution beaucoup de silice (la matière qui forme les cailloux et le cristal de roche). Cette silice se dépose rapidement sur les bords du bassin. La silice hydratée, d'un blanc assez pur, fournie par les geysers, a été appelée *geysérite.*

Il y a des périodes de calme plus ou moins longues, mais de temps en temps des éruptions d'eau se produisent, précédées de bruits souterrains, et durent une dizaine de minutes. Les colonnes d'eau projetées peuvent s'é-

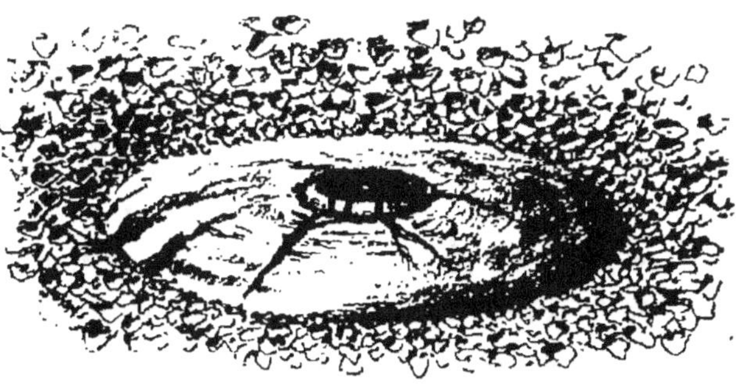

Fig. 38. — Bassin d'un geyser.

lever jusqu'à 30 mètres et plus ; leur diamètre est de 3 mètres.

**Principaux geysers.** — Les premiers geysers connus ont été ceux d'Islànde. Le plus important est le *Grand-Geyser*, dont le cône a 10 mètres de hauteur (fig. 39). Les éruptions s'y font à des intervalles de 24 à 30 heures. Un autre geyser placé dans le voisinage du précédent est le *Strokkur*, dont on peut obtenir à volonté les projections : il suffit d'obstruer l'orifice par des mottes de terre.

Il existe aussi des geysers très importants à la Nouvelle - Zélande et en Amérique, dans la chaîne des Montagnes-Rocheuses. Les geysers américains déposent les uns de la silice et les autres du calcaire.

Fig. 39. — Grand geyser d'Islande.

L'île de San-Miguel, aux Açores, présente aussi des sources geysériennes.

**Explication des geysers.**— Ce qui précède montre que les

geysers existent dans les régions volcaniques. L'eau qui remplit leur canal y est arrivée par infiltration, grâce aux fissures du sol. Les gaz, les vapeurs émanés du foyer volcanique environnant échauffent l'eau, mais les différents points de la colonne aqueuse sont inégalement échauffés. L'eau peut, en un certain point de cette colonne, recevoir assez de chaleur pour entrer en ébullition, malgré la pression qu'exercent sur elle les couches supérieures. Les vapeurs qui se forment ainsi projettent alors dans l'air la masse d'eau placée au-dessus.

Les intermittences du geyser s'expliquent facilement. Il faut que l'eau d'infiltration puisse arriver par les fissures dans le canal du geyser pour remplacer l'eau expulsée; il faut ensuite qu'elle s'échauffe.

L'ébullition de l'eau est d'autant plus difficile que la pression est plus forte. Il en résulte que quand, par suite du dépôt de la silice, le cône a atteint une certaine hauteur, la pression de l'eau empêche les parties inférieures de la colonne d'entrer en ébullition. Le geyser devient alors inactif; ce n'est plus qu'une citerne remplie d'une eau limpide, au fond de laquelle on voit la bouche du canal désormais inutile. Beaucoup de ces citernes ou *laugs* se trouvent au voisinage des geysers d'Islande.

**Soufflards ou suffioni.** — On peut rattacher aux geysers les *soufflards* ou *suffioni* de la Toscane. Ce sont des dégagements de vapeur d'eau et de gaz, d'une température d'environ 120°, et qui sortent par jets des fentes du sol. Les jets ont parfois 20 mètres de hauteur; les gaz qui y sont mélangés à la vapeur sont surtout l'acide carbonique et l'hydrogène sulfuré. La vapeur entraîne avec elle une certaine quantité d'acide borique. On recueille l'eau provenant de sa condensation dans de petits bassins ou *lagoni* pour en extraire cet acide borique.

**Sources thermales.** — En bien des localités existent des sources dont la température est notablement plus élevée que l'air extérieur : ce sont les sources *chaudes* ou sources *thermales*.

Elles diffèrent beaucoup les unes des autres par leur température. La source de Chaudesaigues, en Auvergne, est à 80°, les eaux de Barèges à 60°, celles de Plombières à 74°. A Vichy, la température des sources les plus froides est de 17° et celle des plus chaudes de 44°.

**Origine des sources thermales.** — On trouve surtout les sources chaudes dans les pays volcaniques. Il en existe autour de tous les volcans, et les régions possédant des volcans aujourd'hui éteints, comme l'Auvergne, présentent aussi de nombreuses sources thermales. Il faut rattacher évidemment aux sources d'Auvergne celles de Vichy.

Les sources des pays volcaniques doivent être considérées comme un dernier reste d'activité volcanique ; les fentes du sol par où elles sortent, au lieu d'émettre des laves, ne laissent plus échapper que de la vapeur d'eau et des gaz, qui arrivent à la surface condensés en eaux chaudes.

Les sources éloignées des pays volcaniques, comme celles de Plombières, dans les Vosges, par exemple, paraissent tout d'abord plus difficiles à expliquer. Mais on constate que les sources thermales éloignées des centres volcaniques sont toujours situées dans des régions disloquées, qu'elles se trouvent sur des lignes de fracture du sol. Elles sont dues à des infiltrations facilitées par l'état fissuré du pays. Ces eaux se sont échauffées, parce que, comme nous le verrons, les couches du sol sont d'autant plus chaudes qu'elles sont plus profondes. C'est aussi la chaleur interne de la terre qu'il faut invoquer pour expliquer la température élevée de l'eau des puits artésiens.

**Matières en dissolution dans les sources thermales.** — Les sources thermales sont généralement chargées de matières qu'elles tiennent en dissolution, c'est pourquoi, en même temps que *thermales,* elles sont appelées aussi *sources minérales.*

Les substances qu'elles contiennent proviennent souvent d'émanations volcaniques, comme les sources elles-mêmes. Dans d'autres cas, l'eau s'est chargée de matières en dissolvant les principes solubles des roches qu'elle a traversées. Cette dissolution est facilitée par la température élevée de la source : une eau dissout d'autant plus de matériaux qu'elle est plus chaude.

On classe les eaux minérales de la manière suivante :

1° *Sources sulfureuses;* elles dégagent de l'acide sulfhydrique avec une odeur d'œufs pourris; ex. : Barèges, Cauterets, Bagnères-de-Luchon ; la source d'Enghien, près de Paris, contient de l'acide sulfhydrique et de l'acide carbonique libres;

2° *Sources acidulées* ou *gazeuses;* dégagent de l'acide carbonique; on les trouve au voisinage des volcans;

3° *Sources siliceuses;* elles se rattachent aux geysers et sont propres aux régions volcaniques ;

4° *Sources ferrugineuses;* elles contiennent du sulfate et du carbonate de fer qui, en se décomposant, produisent des dépôts couleur de rouille; beaucoup de sources d'Auvergne appartiennent à ce groupe;

5° *Sources salines;* elles tiennent en dissolution beaucoup de sels, comme le chlorure de sodium (sel marin), des sulfates de soude, de magnésie; ex. : les sources d'Epsom, de Sedlitz;

6° *Sources alcalines;* chargées de carbonate de soude, comme les eaux de Spa, de Vichy;

7° *Sources calcaires;* très riches en carbonate de chaux.

L'emploi des eaux minérales en médecine est aujourd'hui très répandu.

**Action chimique des sources minérales.** — Les sources thermales, à cause de leur température et des substances qu'elles tiennent en dissolution, agissent chimiquement sur les roches qu'elles traversent. On en voit un bel exemple à Plombières. Les eaux y atteignent dans certaines sources une température de 70°. Les Romains avaient disposé autour des sources de Plombières, pour les isoler, un béton formé de fragments de briques avec ciment de chaux. Chaque source ne pouvait sortir de cette maçonnerie que par une cheminée verticale en pierres de taille pour s'élever et s'écouler ensuite vers les piscines. On trouve dans les cavités des briques et de la chaux un grand nombre de minéraux cristallisés provenant de l'action des eaux sur le béton. Ces minéraux sont différents pour les briques et pour la chaux. Ceux qui sont dans le ciment sont à base de chaux, et ceux des briques contiennent surtout de la potasse et de la soude. Ils ne proviennent donc pas d'un simple dépôt; ils sont dus à une réaction chimique de l'eau sur les briques et leur ciment.

**Dépôts formés par les eaux minérales. — Eaux incrustantes.** — Les sources calcaires ne tiennent en dissolution le carbonate de chaux qu'à la faveur d'un excès d'acide carbonique. Celui-ci se dégage quand l'eau arrive à l'air et le calcaire se dépose. Il encroûte ainsi les parois du ruisseau et les objets qu'on y dépose (œufs, nids, paniers tressés). C'est ce qu'on appelle des *pétrifications* ou *incrustations*. Les sources incrustantes les plus connues sont celles de Saint-Allyre et de Saint-Nectaire, près de Clermont-Ferrand; les sources d'Hamman-Mes-Khoutine, dans la province de Constantine, et de Tivoli en Italie.

**Travertin.** — Le calcaire des sources incrustantes qui se dépose sur les parois des ruisseaux et les plantes qui s'y trouvent finit par former une pierre d'un blanc grisâtre, criblée de cavités, appelée *tuf calcaire* ou *travertin*. Cette pierre est souvent presque entièrement composée de mousses incrustées. On cite pour leurs dépôts de travertin les sources de Tivoli et d'Hamman-Mes-Khoutine.

**Pisolithes.** — Les grains de sable tenus en suspension par le courant se recouvrent successivement de plusieurs couches calcaires et grossissent ainsi peu à peu. Quand on les casse, on voit au centre le grain de sable entouré de couches calcaires concentriques. Ces petits corps, qui atteignent souvent la grosseur d'un pois, s'appellent pour cette raison *pisolithes* (pierres-pois, en grec); d'autres, plus petits, n'ayant que la grosseur d'un grain de millet, sont comparés à des œufs de poisson et sont appelés *oolithes* (pierres-œufs). On cite particulièrement les pisolithes de Carlsbad (Bohême). Les concrétions calcaires ainsi formées par les sources peuvent être réunies entre elles par un ciment et former une roche compacte.

**Filons métallifères.** — Souvent les régions disloquées, comme le Hartz, par exemple, présentent de grandes fentes

verticales ou peu inclinées remplies de substances minérales.
Ces substances sont des *minerais*, c'est-à-dire des composés
chimiques d'où l'on peut extraire des métaux. Les minerais
sont accompagnés de matières pierreuses, appelées *gangues*,
sans grande valeur industrielle. Ces assemblages de minerais
et de gangues sont les filons métallifères.

Ils doivent leur origine aux eaux souterraines chaudes et

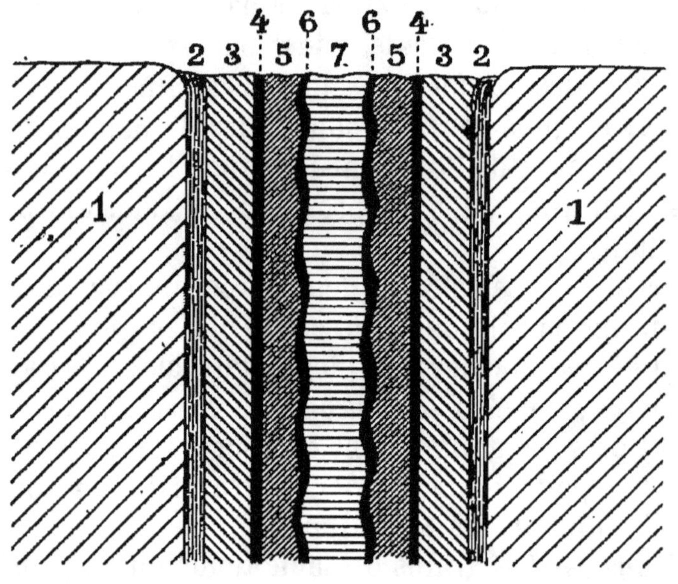

Fig. 40. — Coupe d'un filon métallifère.

chargées de substances minérales. Ces eaux se sont élevées
dans les fentes du sol et y ont déposé peu à peu divers matériaux. Ce qui le prouve, c'est que très souvent les substances
des filons sont disposées symétriquement par rapport aux
parois : elles se répètent exactement des deux côtés (fig. 40).
Il y a donc eu là des dépôts successifs, comme cela a lieu
dans les tuyaux de conduite incrustés de matières pierreuses.
Les filons produits par les eaux sont dits aussi *filons concré-
tionnés*, parce qu'on donne le nom de concrétions aux substances minérales, en général cristallisées peu distinctement,
déposées par les eaux.

Les parois qui encaissent un filon sont appelées *épontes* ;

souvent, entre le filon et les épontes se trouvent des matières argileuses formant une couche nommée une *salbande*.

Les minéraux filoniens principaux sont, comme gangues : le quartz, le sulfate de baryte, la calcite ou carbonate de chaux et la fluorine ; comme minerais : les pyrites (sulfures de fer et de cuivre), la blende (sulfure de zinc), la galène (sulfure de plomb), l'argent rouge (combinaison du sulfure d'argent avec le sulfure d'antimoine ou d'arsenic), les carbonates de fer, de zinc, etc.

**Filons de quartz.** — On trouve aussi des filons composés presque exclusivement de quartz ; ils contiennent cependant parfois des parcelles de minerais métalliques et présentent ainsi des transitions avec les filons métallifères. On les reconnaît souvent à la surface du sol quand les parties quartzeuses, ayant résisté à la dénudation, se montrent sous forme de saillies escarpées. Ces filons sont dus à l'eau surchauffée qui, dans les profondeurs du sol, s'est chargée de quartz aux dépens de la roche encaissante.

Les filons quartzeux de la Sierra-Nevada, en Californie, sont aurifères.

**Amas filoniens.** — Parfois les minerais, au lieu d'occuper des fentes, remplissent des interstices de formes variées et irrégulières. Ce sont des *amas filoniens*. On peut citer les amas de calamine (silicate de zinc et carbonate de zinc hydratés) de la Vieille-Montagne, près d'Aix-la-Chapelle, les mines de zinc, plomb, argent du Laurium, en Grèce, etc.

Tous ces amas sont dus à des eaux métallifères qui ont circulé dans les interstices de roches préexistantes.


## RÉSUMÉ

Les *Geysers* sont des sources bouillantes intermittentes qui rejettent de temps en temps des gerbes d'eau chaude. Celle-ci contient de la silice qui se dépose rapidement sur les bords du bassin et constitue bientôt une sorte de cratère. Les principaux geysers sont ceux d'Islande.

L'eau des geysers est échauffée par des émanations volcaniques. Celles-ci peuvent réduire en vapeur une partie de l'eau qui remplit

le canal du geyser, et cette vapeur acquiert une tension assez grande
pour lancer en l'air toute l'eau placée au-dessus.

On rattache aux geysers les *soufflards* ou *suffioni* de la Toscane.
Ce sont des dégagements de vapeur d'eau et de gaz. La vapeur entraîne avec elle beaucoup d'acide borique.

Les sources chaudes ou *thermales* se trouvent surtout dans les
pays volcaniques et doivent alors être considérées comme un dernier reste d'activité éruptive. Les sources chaudes éloignées des
pays volcaniques sont dans des régions disloquées ; les eaux d'infiltration arrivent facilement dans les profondeurs par les cassures du
sol, et s'y échauffent par suite de la chaleur interne.

Les eaux thermales sont en même temps *minérales*. On distingue
des sources *sulfureuses* (Barèges), *gazeuses, siliceuses, ferrugineuses,
salines, alcalines* (Vichy), *calcaires*.

Ces dernières déposent facilement leur calcaire sur les objets
placés dans leur voisinage, elles sont dites *pétrifiantes* ou *incrustantes* (Saint-Allyre, Saint-Nectaire). Elles donnent lieu à des *tra-
vertins* et à des *pisolithes*.

On trouve souvent dans les régions disloquées de grandes fentes
verticales remplies de substances minérales d'où l'on peut extraire
des métaux. Ce sont les *filons métallifères*. Ils doivent leur origne
aux eaux souterraines chaudes chargées de substances minérales.
Les *minerais* sont surtout des sulfures métalliques. Ils sont accompagnés de substances pierreuse appelées *gangues* (exemples : quartz,
calcite, fluorine).

---

# CHAPITRE VIII

## Chaleur interne du globe terrestre. — Explication des phénomènes volcaniques.

**Élévation de la température avec la profondeur.** — Nous
avons étudié, dans les chapitres précédents, les phénomènes
volcaniques et ceux qui s'y rattachent (geysers, sources thermales). Il s'agit maintenant de découvrir le foyer de chaleur
qui met les laves en fusion, qui échauffe les eaux souterraines, les réduit en vapeur, et produit les dégagements
gazeux.

Quand on s'enfonce dans le sol, on constate qu'à une faible profondeur les variations de température de l'air extérieur ne se font presque plus sentir ; c'est pour cette raison que nos caves nous paraissent chaudes en hiver et fraîches en été. A une certaine profondeur la température reste constante toute l'année. Ainsi à Paris, dans les caves de l'Observatoire qui sont à 27$^m$,60 au-dessous du sol, un thermomètre placé, en 1783 par Lavoisier, marque depuis cette époque 11°,8 ; ses variations n'atteignent pas un quart de degré. Cette température diffère peu de la température moyenne annuelle, 10°,8, de l'air à Paris.

Il y a donc, en chaque point du globe et à une faible distance de la surface, une couche à température invariable. Si on continue à s'enfoncer, à partir de cette couche, on constate que la chaleur augmente constamment. L'eau du puits de Grenelle qui vient d'une profondeur de 548 mètres, a une température de 27°,7. Depuis longtemps on a remarqué que, dans les galeries de mines, la température est plus élevée qu'au jour ; si deux galeries sont à des niveaux différents, la galerie inférieure est plus chaude que la supérieure. On peut encore citer le fait suivant. A Jakoutsh, en Sibérie, la température moyenne à la surface est de —10°. On creusa le sol afin de trouver de l'eau liquide toute l'année ; à 115 mètres le sol était encore gelé, mais la température était de —0°,6 ; il y avait donc accroissement notable avec la profondeur.

**Degré géothermique.** — La profondeur dont il faut s'abaisser dans le sol pour que le thermomètre monte de 1° s'appelle le *degré géothermique*. Les observations faites ont conduit à des nombres différents pour ce degré, mais sa valeur moyenne est de 30 à 32 mètres.

Ainsi le puits de Grenelle, qui a une profondeur de 548 mètres et dont l'eau a au fond une température de 27°,7, donne pour valeur du degré géothermique 32 mètres. Les observations ont été faites avec des thermomètres à *maxima*, c'est-à-dire construits de telle sorte que, remontés à la surface, ils indiquent la température la plus élevée à laquelle ils aient été soumis dans la profondeur.

On a fait récemment à Sperenberg près de Berlin un trou de sonde à 1,267 mètres de profondeur. On y a introduit de l'eau dont on a pris avec soin la température à différentes profondeurs, avec des thermomètres à *maxima* perfectionnés. L'eau, au bout d'un certain temps, avait pris évidemment la température des couches du sol qui l'entouraient. La valeur obtenue pour le degré géothermique a été de 32$^m$,5 — Le sondage le plus profond effectué jusqu'à présent est celui de Schlagdebach près de Leipzig (1675 mètres). Il a donné le même résultat que le précédent.

Les observations faites dans les mines ont donné des résultats très variables. Pour les mines de Cornouailles, en Angleterre, on trouve 19 mètres; pour celles de Minas-Jeraes, au Brésil, 86.

Ces variations s'expliquent cependant par la conductibilité différente des roches pour la chaleur venant de l'intérieur et le froid venant de l'extérieur. Plus le terrain est conducteur, plus il faut s'abaisser pour trouver une augmentation de 1°, c'est-à-dire plus le degré géothermique est grand. Il faut tenir compte surtout des résultats donnés par les soudages et les puits artésiens.

**Hypothèse d'un noyau fluide.** — On peut donc admettre d'après ce qui précède que, quand on s'enfonce dans le sol d'environ 30 mètres, la température s'élève de 1°. Si cette progression se poursuivait d'une manière régulière, la température à 3,000 mètres serait de 100°, à 30 kilomètres de 1000°, température des laves en fusion, à 60 kilomètres de 2,000°, température de fusion du platine qui est cependant l'un des corps les plus réfractaires. Comme le rayon terrestre est de 6,366 kilomètres, la température du centre de la terre serait énorme, en admettant que la progression soit continue.

Les déductions précédentes font supposer que le centre de la terre est occupé par une masse en fusion, et que la partie solide du sol a seulement une épaisseur d'environ 30 kilomètres. Cette hypothèse est désignée sous le nom d'hypothèse de la *chaleur centrale* ou du *noyau fluide*.

Il est possible cependant que tout le noyau ne soit pas

fluide. A cause de l'énorme pression exercée par les parties supérieures, la fusion des parties les plus profondes doit être entravée. Les expériences de physique nous démontrent, en effet, que le point de fusion d'une substance s'élève avec la pression qu'elle supporte. Des considérations de ce genre ont fait émettre l'hypothèse suivante soutenue par plusieurs géologues :

Sous la croûte superficielle solide du globe, se trouverait une couche en fusion, et le noyau interne serait solide et chaud.

**Explication des phénomènes volcaniques.** — Quoi qu'il en soit, la chaleur interne du globe permet d'expliquer les phénomènes volcaniques. A l'intérieur du sol il existe, comme le montrent les éruptions, des matières en fusion. On admet que la croûte superficielle n'a pas en tous les points la même épaisseur et la même résistance. La pression qu'elle exercerait sur les masses fondues placées au-dessous ne serait donc pas également répartie ; ces masses fondues pénétreraient dans les fissures de la croûte superficielle pour faire éruption au dehors. Telle serait la cause de l'émission des laves par les volcans.

On s'est demandé aussi d'où provenaient la vapeur et les gaz dégagés dans les éruptions.

Comme les volcans sont situés généralement au voisinage de la mer, qu'ils rejettent en outre beaucoup de vapeurs d'eau et des vapeurs de sel marin, l'idée suivante a été émise : L'eau de la mer arrive par les fissures du sol au contact de la lave et se vaporise. Il faut remarquer cependant que les volcans les plus actifs, comme ceux des Andes, sont à deux ou trois cents kilomètres de la mer. Il est probable que la plus grande partie des gaz et des vapeurs émis par les volcans proviennent de l'intérieur du sol, et qu'ils y sont mélangés aux matières fondues.

Comme les éruptions des divers volcans ne concordent pas, comme leurs laves sont souvent de composition différente, on en a conclu parfois que la couche fluide n'est pas continue. A chaque volcan correspondrait un réservoir particulier de laves. On s'explique bien ainsi que le volcan doit s'éteindre quand son réservoir est épuisé, mais pourquoi rentrerait-il en activité? Il vaut mieux admettre que les volcans s'alimentent à un foyer commun mais à des parties plus ou moins profondes de ce foyer. Les couches de matières fondues sont évidemment superposées dans le sol par ordre de densité; on comprend ainsi que la composition des laves puisse varier d'un volcan à un autre.

## RÉSUMÉ

Quand on s'enfonce dans le sol, on constate qu'à une faible profondeur les variations de température de l'air extérieur ne se font plus sentir; on arrive à une couche dont la température est invariable. A Paris, elle se trouve à 28 mètres de profondeur.

Au-dessous de cette couche, si l'on continue à s'enfoncer, on trouve que la température augmente en moyenne de 1 degré par 30 mètres. Cette profondeur dont il faut s'abaisser pour voir le thermomètre monter de 1° s'appelle le *degré géothermique*.

D'après ce qui précède la température à 3000 mètres de profondeur serait de 100°; à 30 kilomètres de 1000°; à 60 kilomètres de 2000°. On suppose par suite que le centre de la terre est occupé par une masse en fusion et que la partie solide du sol est une sorte de croûte d'une épaisseur de 30 kilomètres. Cette hypothèse de la *chaleur centrale* explique les phénomènes volcaniques et les sources thermales. Les masses en fusion pénètrent dans les fissures de la croûte et font éruption au dehors, de là les volcans.

# CHAPITRE IX

## Tremblements de terre.

**Définition.** — On appelle tremblements de terre des ébranlements brusques du sol. Ils consistent en secousses qui se succèdent souvent à de courts intervalles.

**Phénomènes précurseurs.** — Un tremblement de terre est précédé habituellement de bruits sourds qui tantôt ressemblent à un grondement lointain, tantôt sont stridents comme le bruit de chaînes violemment agitées ou d'un train de chemin de fer en marche. Le bruit précède ordinairement de très près les secousses. Parfois les tremblements de terre se font en silence ; ainsi celui de Rio-Bamba (Colombie), en 1797.

Outre ces bruits, le seul signe précurseur des secousses qu'on possède aujourd'hui est la terreur manifestée par les animaux avant l'apparition du phénomène. C'est ainsi qu'à San Pedro d'Alcantara, en Andalousie, lors du tremblement de terre de 1884, un quart d'heure avant la secousse, tous les animaux des fermes cherchaient à fuir en poussant des mugissements d'angoisse. Cette agitation est due sans doute à des frémissements trop faibles du sol, précédant les grandes secousses et que l'homme ne perçoit pas.

**Nature des secousses.** — D'ailleurs des instruments spéciaux, très sensibles, dont nous parlerons plus loin, permettent de reconnaître que le sol est soumis presque constamment à des secousses très faibles ne pouvant causer aucun accident.

Les secousses proprement dites, celles qui donnent lieu à des désastres trop fréquents, sont de plusieurs sortes.

Elles sont *verticales,* dans le cas de tremblements de terre violents. Alors le sol est agité de bas en haut. Dans le tremblement de terre des Calabres, en 1783, le pavé des rues fut soulevé, quelques pavés retombèrent retournés. Certaines de ces secousses verticales ressemblent à des explosions ; des maisons sautent en l'air, des personnes sont projetées à une hauteur de 20 mètres et plus. L'un des tremblements de terre les plus violents, à ce point de vue, fut celui de Rio-Bamba, en 1797.

Les secousses peuvent être *ondulatoires ;* alors le sol oscille comme une mer houleuse. On voit des arbres se pencher, puis se redresser ; des fentes s'ouvrent dans le sol, puis se referment.

Enfin l'on cite quelques exemples de *mouvements rotatoires,* d'objets tournant sur eux-mêmes. Ainsi, en 1883, à Casamicciola, dans l'île d'Ischia, une statue de la Madone se retourna ; en 1851, une statue de Minerve, placée devant l'École polytechnique d'Aix-la-Chapelle, tourna sur elle-même.

**Propagation des secousses.** — L'ébranlement qui constitue un tremblement de terre se produit dans la profondeur du sol et se propage jusqu'à la surface. La région très limitée où il rencontre la surface s'appelle l'*épicentre*. C'est en ce point, tout naturellement, que les secousses sont les plus violentes ; elles y sont verticales.

Puis, à partir de l'épicentre, l'ébranlement se propage dans toutes les directions à la surface du sol sous forme de secousses ondulatoires, de la même manière que l'ébranlement produit par une pierre dans l'eau se propage concentriquemeut autour du point ébranlé.

Si deux mouvements ondulatoires partis de centres différents se rencontrent, ils se combinent, et il en résulte un mouvement rotatoire.

**Vitesse de propagation.** — Pour connaître la vitesse de propagation des secousses à partir de l'épicentre, il suffit de calculer le temps qui s'écoule entre les apparitions du phénomène en deux points dont la distance est connue. On divise cette distance par le temps évalué en secondes ; on a ainsi la vitesse. Il faut nécessairement que les horloges soient bien réglées, comme cela a lieu en France, où les horloges des gares donnent toutes l'heure de Paris.

On trouve ainsi des nombres assez différents, mais qui, en moyenne, se rapprochent de 5 à 600 mètres par seconde. Ainsi la vitesse du tremblement de terre des bords du Rhin en 1846 était de 434 mètres par seconde ; celle du tremblement de terre de 1880, aussi sur les bords du Rhin, était de 550.

La vitesse de propagation des secousses lors du tremblement de terre d'Andalousie (1884-85) a été évaluée à 1,500 mètres ; mais les horloges en Espagne sont mal réglées, et le résultat obtenu est discutable.

D'ailleurs, la vitesse de propagation dépend de la nature du sol ; elle est plus faible dans les terrains meubles, comme les sables, que dans les roches compactes, comme le granit.

Pour étudier la propagation des secousses, pour apprécier l'étendue d'un tremblement de terre, il est bon de joindre, sur une carte, d'un trait continu, tous les points où les secousses sont arrivées en même temps. On obtient ainsi des courbes concentriques, le centre commun étant l'épicentre. Ces courbes sont dites *homoséistes* (en grec : de mêmes secousses). Comme la composition du sol est variable, elles ne sont pas généralement circulaires ; souvent ce sont des ellipses, et parfois elles sont sinueuses.

Les ondulations se propagent bien, suivant les fentes du sol et le long des chaînes de montagnes ; mais, si elles rencontrent une chaîne normalement à leur direction, elles sont arrêtées. Ainsi les Andes arrêtent les tremblements de terre, si fréquents sur le littoral du Pacifique ; les Pyrénées protègent la France contre les tremblements de terre du versant espagnol.

**Nombre des secousses.** — Il n'y a pas d'exemple de tremblements de terre composés d'une seule secousse. Les secousses se répètent toujours, mais leur nombre est variable. La durée totale varie de quelques jours à quelques mois. Parfois même les secousses se répètent pendant des années. En Calabre, elles commencèrent le 5 février 1783, et durèrent jusqu'à la fin de 1786.

Quand les secousses sont très rapprochées, elles sont petites ; lorsqu'elles sont plus rares, il y en a habituellement de plus fortes que les autres.

Comme exemple du premier cas, on peut citer le tremblement de terre de la Viège (Valais) ; il consista en une série de petites secousses faisant simplement vibrer les carreaux et osciller les corps suspendus. Il n'y eut aucun maximum sensible. Ce tremblement de terre débuta le 25 juillet 1855 et se prolongea jusqu'en 1857.

Au contraire, le tremblement de terre de l'Andalousie nous offre un exemple du second cas. Il y eut une première et forte secousse, le 22 décembre 1884, en Espagne et en Portugal ; puis une secousse formidable le 25 décembre, qui, en dix secondes, couvrit de ruines les provinces de Malaga et de Grenade ; enfin, depuis ce jour jusqu'au 9 mars 1885, des secousses incessantes plus ou moins fortes.

**Séismographes**. — Il y a des instruments qui permettent d'apprécier la direction et l'intensité des secousses. On les appelle *séismographes* ou *sismographes* (ce qui veut dire en grec : qui inscrit les secousses).

L'un des plus simples est celui de *Cacciatore*. Il se compose d'une coupe en fer à bords peu élevés et remplie de mercure. Au moindre choc, le liquide se déverse dans des godets, par des rainures pratiquées suivant les principales directions de l'espace. On peut juger du sens de la secousse par la direction du godet, et de son intensité par la quantité de mercure déversée.

On se sert aussi de pendules, ou balanciers d'horloge, qui peuvent osciller dans toutes les directions de l'espace et portent à leur extrémité inférieure une pointe effilée. Cette pointe touche une surface plane couverte de sable fin. Au moindre choc, le pendule oscille et sa pointe trace sur le sable un sillon qui indique la direction du mouvement.

D'autres instruments, très perfectionnés et très compliqués, enregistrent les moindres secousses. Quand l'usage des séismographes sera plus répandu, on pourra prévoir les tremblements de terre assez tôt pour prendre d'utiles mesures de précaution.

Les régions exposées aux tremblements de terre, comme l'Italie, la Suisse, le Japon, possèdent d'assez nombreux observatoires munis de séismographes.

**Propagation des secousses dans les océans**. — Les secousses, en se propageant, peuvent arriver à la mer ; elles y produisent alors des vagues énormes qui se meuvent avec une grande vitesse. Quand l'ébranlement initial s'est produit tout près de la côte, les mouvements de la mer qui en résultent sont particulièrement redoutables. La mer commence par se retirer, puis revient et se précipite vers l'intérieur des terres sous forme d'une vague de 10 à 30 mètres de hauteur. C'est ce qu'on appelle un *raz de marée*.

Un exemple curieux en fut fourni lors de l'explosion du

olcan de Krakatoa, dans le détroit de la Sonde (27 août 1883).
L'ébranlement causé par cette explosion produisit une grande
vague qui pénétra dans les terres, dévasta ainsi la côte de Java
et de Sumatra. Elle lança même à Sumatra, en pleine forêt,
un vapeur à trois kilomètres dans l'intérieur des terres.

**Principaux tremblements de terre.** — Les tremblements
sont fréquents sur le littoral méditerranéen. On cite, en par-
culier, le tremblement de terre d'Antioche (526), où une secousse fit périr, dit-on, 200,000 habitants, et les tremblements
de terre de la Calabre, qui se prolongèrent de 1783 à 1787, rui-
nant toutes les villes et causant la mort de 60,000 personnes.

Un des plus violents fut celui de Lisbonne. Il eut lieu le
1er novembre 1755. La plupart des monuments et des maisons
s'écroulèrent, plus de 30,000 personnes périrent. Le feu des
maisons se communiqua aux matières combustibles renver-
ées parmi les décombres, de sorte qu'un incendie vint ajouter
ses ravages à ceux des tremblements de terre. Il se produisit,
en outre, un raz de marée qui envahit une partie de la ville.

Le tremblement de terre de Chio (3 avril 1881) fit plusieurs
milliers de victimes. Celui de l'île d'Ischia (28 juillet 1883)
détruisit, par une seule secousse, 1,200 maisons à Casamicciola et fit 2,300 victimes.

Le tremblement de terre d'Andalousie, dont nous avons
déjà parlé, fit de grands ravages. Il détruisit, le 25 décembre 1884, la localité d'Arenas del Rey; sur 1,500 habitants, il y eut 135 morts et 253 blessés.

Le 23 février 1888, un tremblement de terre ravagea les
Alpes-Maritimes et le golfe de Gênes. Il y eut trois secousses
principales : la première, qui fut la plus forte, à 6 heures 22
du matin; la seconde, à 6 heures 31; la troisième, à
6 heures 53.

Les tremblements de terre sont très fréquents aux Antilles,
au Pérou, au Chili.

**Étendue des tremblements de terre.** — **Tremblements
de terre volcaniques.** — L'étendue des tremblements de terre
est très variable. Certains, qui se produisent dans les régions
volcaniques, comme l'Italie, ne se font sentir qu'en un petit

nombre de points. Le plus souvent, ils précèdent ou suivent les éruptions. On doit les attribuer probablement aux efforts que font les laves et les gaz pour sortir. Les éruptions du Vésuve, de l'Etna, sont pour la plupart accompagnées de tremblements de terre. Les secousses ne se propagent pas très loin. Celles du Vésuve ne se font pas sentir à Naples; celles de l'Etna ne se font généralement pas sentir sur les côtes d'Italie.

L'île d'Ischia présente de fréquents tremblements de terre, qui sont aussi d'origine volcanique. Elle renferme, en effet, un volcan, le Monte Epomeo, aujourd'hui inactif, et des sources thermales. Les secousses ne se propagent que sur une faible étendue. En 1855, elles furent très violentes dans l'île; mais à Procida, qui n'en est séparée que par un bras de mer de deux kilomètres, les secousses furent très faibles; à Pouzzoles, qui se trouve en face sur la côte napolitaine, elles agitèrent seulement les cloches des églises.

**Tremblements de terre non volcaniques.** — Certains tremblements de terre se propagent au contraire sur une grande étendue. Celui de Lisbonne (1755) se fit sentir du Maroc jusqu'en Norvège; les lacs de la Suisse et de la Suède furent ébranlés, bien qu'il n'y eût pas de vent. On a évalué la vitesse de propagation des secousses à 540 mètres par seconde.

Le tremblement de terre de la Viège, dans le Valais (1855), caractérisé par ses nombreuses et faibles secousses, se fit sentir dans toute la Suisse et jusqu'à Paris.

Ces tremblements de terre très étendus ne sont pas en rapport avec les phénomènes volcaniques. Ils sont éloignés des volcans actifs, et quand ils s'en approchent ils paraissent amener une diminution dans l'activité volcanique. On a remarqué que le tremblement de terre de Lisbonne a coïncidé avec un ralentissement des éruptions du Vésuve.

**Régions exposées aux tremblements de terre.** — Les régions exposées aux tremblements de terre sont les régions disloquées, celles où le sol présente des fractures; ainsi l'Italie, l'Espagne, l'Archipel grec, les côtes du Pacifique, comme l'Amérique centrale, le Chili, le Pérou, le Japon. Il faut y ajouter la Suisse et les pays situés au bord des Alpes, comme le bassin de Vienne en Autriche.

.Dans toutes ces régions, le sol est bouleversé ; ses assises, au lieu d'être horizontales, sont relevées, ployées, contournées. Au contraire, les pays où les assises sont horizontales, comme les plaines de la Russie, de l'Allemagne du Nord, les pampas de l'Amérique du Sud sont exempts de tremblements de terre.

Dans les pays menacés, il faut prendre diverses précautions pour assurer la solidité des édifices. Les façades doivent être alignées dans la direction habituelle des secousses ; il faut éviter de bâtir au contact de deux sols de composition différente, et surtout sur un terrain meuble reposant sur une roche solide. En effet, la vitesse de propagation des secousses est ralentie dans les terrains meubles, mais l'ébranlement produit est plus considérable. A Lisbonne, les maisons bâties sur du calcaire restèrent debout ; celles bâties sur le sable ou l'argile s'écroulèrent.

Les cavités du sol opposent un obstacle à la propagation des secousses. Ce fait a été remarqué par les habitants de Saint-Domingue, qui creusent des trous profonds au voisinage de leurs maisons pour en assurer la stabilité.

**Action des secousses sur le sol Crevasses.** — Les tremblements de terre produisent dans le sol des fentes, des crevasses, où ils élargissent des crevasses anciennes. Parfois les fissures se referment après avoir englouti ce qui se trouvait à la surface.

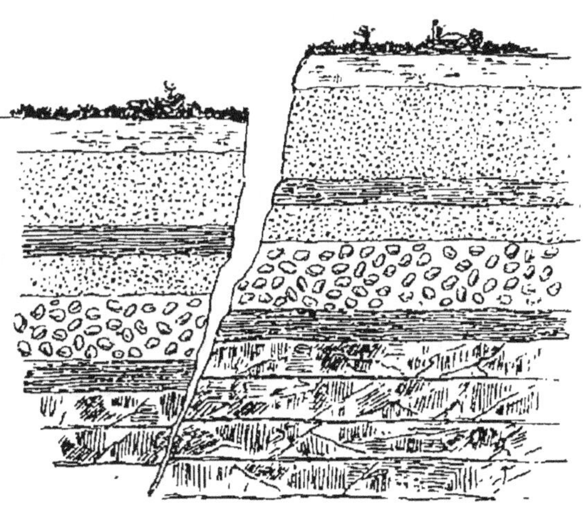

Fig. 41. — Faille.

Les tremblements de terre ont fortement disloqué le sol en Calabre ; on y voit des crevasses de plusieurs mètres de largeur et de 40 mètres de profondeur.

**Failles.** — Parfois l'un des bords de la crevasse s'affaisse et l'autre s'élève. On donne le nom de failles à ces fentes, accompagnées d'un changement de niveau (fig. 41). En Calabre, il y en a de nombreux exemples et, en particulier. celui fourni par la tour de Terra-Nova ; elle se fendit, et l'une des moitiés fut soulevée tout en restant appuyée sur l'autre.

**Glissements.** — Il peut arriver aussi que les secousses fassent glisser des couches de terrain détrempées par les eaux d'infiltration. Souvent les mouvements du sol ont fait glisser ainsi des couches argileuses sur les roches solides servant de soubassement. Un fait de ce genre s'est produit en Andalousie, à Garo et Guévéjar, lors du dernier tremblement de terre. L'argile a glissé et s'est crevassée dans sa chute, en donnant lieu à des fentes nombreuses mais peu profondes.

**Effondrements.** — Il peut aussi se produire des gouffres. C'est ce qui a eu lieu près d'Oppido, en Calabre ; un effondrement y fit naître un gouffre circulaire de 160 mètres de diamètre et de 65 mètres de profondeur. Le tremblement de terre de 1861, aux environs du lac Baïkal, en Sibérie, produisit une grande dépression où la rivière Selenga a formé un nouveau lac.

**Exhaussements du sol.** — Les secousses du sol ont quelquefois pour effet d'exhausser les côtes et d'accroître ainsi le domaine de la terre ferme. On cite en particulier le Chili, où, dit-on, en 1837, à la suite d'un tremblement de terre, le fond de la mer se releva de 2$^m$,60. Cet exemple est contesté ; suivant plusieurs géologues, la plage basse qui s'est formée le long des côtes du Chili n'est pas due à un exhaussement brusque du sol, mais à des marées qui, au début du tremblement de terre, ont arraché les matériaux du fond de la mer et les ont poussés sur le rivage.

Cependant en 1861, lors du tremblement de terre qui précéda l'éruption du Vésuve, un relèvement de la côte se produisit le long de la côte de Torre del Greco ; on vit surgir des récifs couverts de mollusques.

**Temple de Sérapis.** — Le temple de Sérapis fournit un

exemple bien connu des mouvements du sol produits par les tremblements de terre. On trouve près de Pouzzoles trois colonnes de marbre reposant sur un dallage également en marbre. Sous ce premier dallage se trouvent les restes d'un autre plus ancien. Ces ruines s'élèvent tout près de la mer, qui vient même couvrir le dallage. On les regarde comme les restes d'un temple dédié par Marc-Aurèle à Jupiter Sérapis. Les colonnes présentent sur une partie de leur longueur de nombreux trous qui ont été creusés par des pholades, mollusques perforants, dont les coquilles se trouvent même encore dans les cavités. Ce fait prouve que les colonnes ont été immergées assez longtemps et au moins sur $6^m,50$, car jusqu'à $3^m,50$ de la base les colonnes sont lisses, et les trous des pholades s'étendent ensuite sur trois mètres (fig. 42).

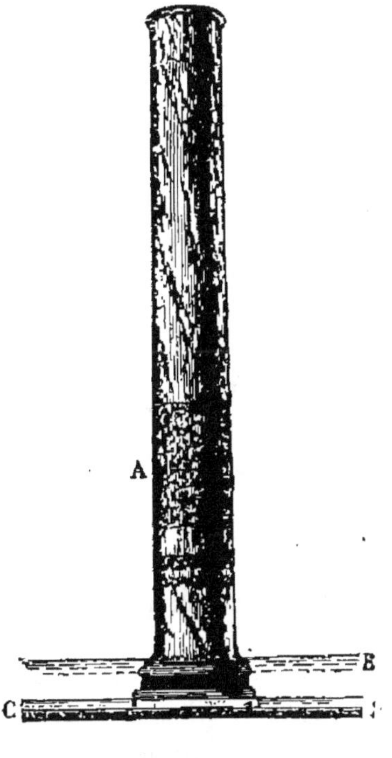

Fig. 42. — Colonne de marbre du temple de Jupiter Sérapis.

A, incrustations des pholades;
BB', niveau de l'eau en hiver;
CC', dallage supérieur;
DD', dallage inférieur.

On croit que le temple de Sérapis s'est affaissé en 1198, lors de l'éruption de la solfatare de Pouzzoles, et qu'il a émergé lors de l'éruption du Monte-Nuovo (1538).

**Trouble des sources.** — Les tremblements de terre troublent aussi le régime des sources, qui peuvent diminuer ou augmenter de volume. Cela tient à ce que les secousses, à cause des dislocations qu'elles produisent, changent le parcours des eaux. Pour la même raison, les eaux peuvent se charger de matières nouvelles, perdre leur limpidité et devenir laiteuses.

**Profondeur du foyer d'ébranlement.** — Si, après avoir étudié la répartition géographique et les effets des tremblements de terre, on veut se rendre compte de leurs causes, on est conduit à se poser la question suivante : à quelle profondeur se produit l'ébranlement dont les secousses arrivent ensuite à la surface du sol?

Pour déterminer cette profondeur, on peut employer le procédé suivant. On considère les crevasses du sol, les fentes des murs produites par les secousses. Ces fentes, *cd*, *ef*, sont normales à la direction des ébranlements. Le point de rencontre des normales *ag*, *bh*, sera le foyer cherché (fig. 43).

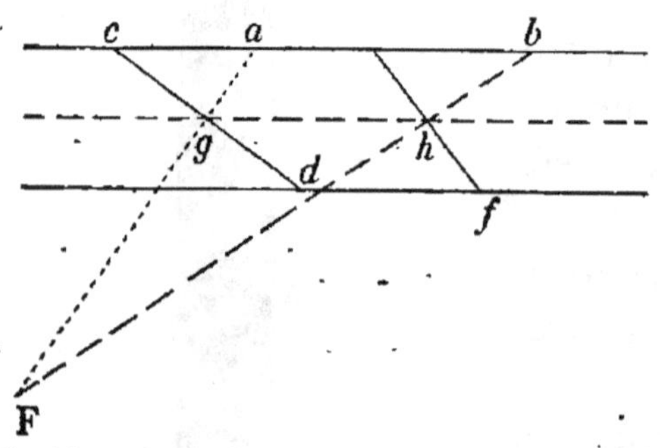

Fig. 43. — Profondeur du foyer F d'ébranlement.

Ainsi, en déterminant l'inclinaison des crevasses. on pourra calculer la profondeur du centre d'ébranlement. Le procédé n'est pas très exact, car l'inclinaison des lézardes des murailles dépend beaucoup du mode de construction et de la nature des matériaux. On emploié surtout maintenant, des méthodes plus précises et plus compliquées. Toutes ces méthodes ont conduit à cette conclusion que le centre d'ébranlement est relativement peu profond. Sa distance à la surface ne dépasse guère une douzaine de kilomètres. On l'a même évaluée, pour le tremblement de terre d'Ischia de 1888, à 1,200 mètres seulement.

**Hypothèses sur les causes des tremblements de terre.** — On a cherché à expliquer de bien des façons les tremblements de terre.

Ceux des régions volcaniques, qui se manifestent au commencement des éruptions, s'expliquent assez facilement. On peut les attribuer aux efforts que font la lave et surtout les gaz pour sortir.

D'autres tremblements de terre locaux, comme ceux de la Suisse, peuvent être attribués à la circulation des eaux d'infiltration. Dans les pays où ils se produisent, le sol contient du gypse, du sel gemme que l'eau dissout facilement. Il doit en résulter dans les profondeurs du sol des cavités dont la voûte en s'écroulant provoque un ébranlement.

Mais les tremblements de terre très étendus ne semblent pas en rapport avec les phénomènes volcaniques et ne peuvent être attribués aux infiltrations.

On a voulu les attribuer à des sortes de marées internes. Les matières fluides du noyau central seraient soumises; comme les eaux de la mer, à l'attraction de la lune et du soleil et viendraient ébranler les couches superficielles. Mais les statistiques de tremblements de terre faites avec beaucoup de soin montrent qu'il n'y a pas de relations entre la fréquence des tremblements de terre et les phases de la lune.

Une autre hypothèse est celle de la contraction du noyau interne. Ce dernier se refoidit constamment en rayonnant sa chaleur dans l'espace, et par suite il se contracte. La couche solidifiée superficielle doit, par suite, se plisser pour suivre le mouvement de retrait du noyau, ce qui produit des secousses. Les tremblements de terre seraient ainsi les phénomènes précurseurs de la formation des chaînes de montagnes. On peut faire à cette théorie les objections suivantes : on n'observe jamais, à la suite des tremblements de terre, des changements de niveau considérables du sol ; les crevasses produites sont peu profondes ; enfin il est prouvé que le foyer d'ébranlement est peu distant de la surface.

Beaucoup de géologues admettent la théorie des explosions ; ils pensent que les gaz et les vapeurs émanés des matières fluides internes s'accumulent dans des cavités et des fentes, et que, quand leur tension est suffisante, ils produisent un violent effort contre les parties superficielles. On comprend bien alors que les secousses soient fréquentes dans les pays de montagnes, qui sont des pays fissurés, disloqués, tandis qu'elles sont fort rares dans les pays de plaines.

Les diverses causes invoquées, infiltrations, mouvements de l'écorce, explosions souterraines, agissent peut-être conjointement et combinent leurs effets.

## RÉSUMÉ

Les *tremblements de terre* sont des ébranlements brusques du sol. Ils consistent en secousses qui se succèdent rapidement.

Il y a des *secousses verticales :* le sol se soulève. C'est ce qui se produit au point de la surface du sol où arrive l'ébranlement venu des profondeurs du sol. Ce point s'appelle *épicentre.*

A partir de l'*épicentre* se propage tout autour de lui des *secousses ondulatoires :* le sol oscille comme une mer houleuse. On cite aussi quelques exemples de *mouvements rotatoires.*

La vitesse de propagation des secousses à partir de l'épicentre varie beaucoup avec la nature du sol. Elle est plus faible dans les terrains meubles comme les sables que dans les roches compactes comme le granit.

Certains instruments appelés *séismographes* permettent d'apprécier la direction et l'intensité des secousses.

Ces secousses, quand elles arrivent à la mer, y produisent des vagues énormes qui envahissent les terres. C'est ce qu'on appelle un *raz de marée.*

Les tremblements de terre sont fréquents sur le littoral de la mer et, plus particulièrement, de la Méditerranée. (Lisbonne, 1755. — Calabres, 1783-87. — Ischia, 1883, etc.)

Les tremblements de terre qui se produisent dans les régions volcaniques s'étendent peu. Les tremblements de terre non volcaniques ont au contraire une grande étendue.

Par suite des secousses il se produit dans le sol des crevasses, des glissements de terrain, parfois des effondrements ou, au contraire, des exhaussements. Quand il se forme une crevasse dont l'un des bords s'élève tandis que l'autre s'abaisse, on l'appelle une *faille.*

Le temple de Sérapis près de Pouzzoles fournit un exemple d'affaissement et d'exhaussement alternatifs.

Le foyer d'ébranlement des tremblements de terre est peu profond.

Les tremblements de terre des régions volcaniques sont dus aux efforts que font la lave et les gaz pour sortir. D'autres tremblements de terre locaux sont produits par des effondrements causés par la circulation des eaux souterraines. Les tremblements de terre très étendus sont dus peut-être à des explosions souterraines ou à une contraction interne.

# CHAPITRE X

## Soulèvements et affaissements lents.

**Mouvements lents.** — Outre les mouvements brusques dus aux tremblements de terre, le sol est soumis à des mouvements lents qui se traduisent, au bout d'un certain temps, par des exhaussements ou des affaissements notables.

**Soulèvement de la Suède.** — Deux naturalistes suédois, Celsius et Linné, constatèrent, au siècle dernier, que des rochers du nord du golfe de Bothnie, jadis submergés, se montraient à la surface de l'eau. En 1730, ils marquèrent un point de repère sur un rocher, et treize ans après constatèrent qu'il s'était exhaussé de 0$^m$,18. On peut regarder le niveau de la mer comme invariable, il faut donc conclure que le nord de la Suède s'élève. On évalue ce soulèvement à 1$^m$,50 environ par siècle.

Au contraire, le sud de la Suède s'affaisse sensiblement; plusieurs des anciennes rues de Malmoe et d'Ystad sont maintenant sous les eaux. La presqu'île scandinave est, en quelque sorte, soumise à un mouvement de bascule : le nord s'élève, le sud s'affaisse, et l'axe du mouvement, dirigé de l'est à l'ouest, passe près de la ville de Calmar.

**Soulèvement des régions polaires.** — Les régions polaires sont aussi en voie de soulèvement assez rapide. La côte occidentale du Groënland s'exhausse de 1$^m$,50 par siècle, et au Spitzberg on trouve aujourd'hui, à 50 mètres d'altitude, d'anciennes plages couvertes d'ossements de baleines et de coquilles identiques à celles qui vivent encore dans l'océan Arctique.

**Soulèvement de l'Écosse.** — En certains points des côtes d'Écosse on trouve aussi des plages soulevées couvertes de coquilles actuelles, ce qui montre que le mouvement du sol est relativement récent.

**Soulèvement des côtes françaises de l'Atlantique.** — Les plages du Poitou, de l'Aunis, de la Saintonge présentent des indices de soulèvement. La Rochelle, qui doit son nom à ce qu'elle a été bâtie sur un rocher isolé au milieu des eaux, ne communique plus avec la mer que par un étroit chenal menacé par les vases. L'île de Noirmoutier n'est plus une île qu'à la haute mer ; elle communique à la basse mer avec la côte.

Toutefois ce soulèvement n'existe qu'au nord de la Gironde ; au sud, au contraire, il y a affaissement. A cause de l'abaissement graduel du sol, on a dû exhausser le phare de Cordouan afin de donner à la lumière la même portée qu'il y a un siècle.

**Soulèvement de diverses régions méditerranéennes.** — Certaines parties du littoral méditerranéen éprouvent un soulèvement lent. Les Baléares, la Sicile présentent d'anciennes plages à 55 mètres. En Tunisie, les anciens ports de Carthage, d'Utique, etc., se sont comblés.

En d'autres points du littoral méditerranéen il y a, au contraire, des traces de submersion.

**Affaissement des côtes de la Manche et de la Bretagne.** — Les côtes de la Normandie sont en voie d'affaissement. Les rochers du Calvados, qui ne découvrent plus qu'à marée basse, faisaient autrefois partie de la terre ferme.

Le Mont-Saint-Michel a été construit en 709, à 10 lieues dans l'intérieur des terres, aujourd'hui la mer en bat le pied et les plages qui l'entourent sont inondées.

D'anciennes cartes montrent que les îles Chausey avaient une étendue plus considérable qu'aujourd'hui. Au v$^e$ siècle, Jersey était reliée au continent par un isthme.

Sur tout le littoral du Cotentin, on trouve des forêts submergées dont les débris sont rejetés par les ouragans. Il en est de même en Bretagne. Sous le sable de la plage de Morlaix, on trouve les restes d'une ancienne forêt.

La baie de Douarnenez masque l'emplacement de la ville d'Ys, qui, d'après les chroniques bretonnes, fut détruite par la mer au v$^e$ siècle.

**Affaissement du sol de la Hollande.** — Les phénomènes d'affaissement sont bien marqués sur les côtes de la Hollande. Le Zuyderzée s'approfondit ; une grande partie du pays est au-dessous du niveau de la mer et protégée par des digues. La submersion est très sensible à l'embouchure du Rhin, de la Meuse et de l'Escaut. En 1520, on voyait encore à un kilomètre en mer les ruines du château de Brettenbourg, construit par les Romains à l'embouchure du Vieux-Rhin.

**Affaissement du Pacifique.** — Dans presque toutes les régions, on constate l'existence de mouvements lents. Ils sont bien évidents pour certaines îles du Pacifique. Certaines îles de l'archipel des Carolines sont envahies par la mer, comme l'indique la présence d'anciens édifices dont les eaux baignent aujourd'hui la base. Il est vrai que, pour d'autres parties du Pacifique, l'émersion est manifeste.

**Hypothèses sur les causes des mouvements lents.** — D'une manière générale, on attribue tous ces affaissements et soulèvements lents à la contraction du noyau terrestre, qui entraîne le plissement de la croûte superficielle. Nous avons déjà discuté cette théorie à propos des tremblements de terre. Mais, dans bien des cas, on peut faire intervenir des causes purement locales. C'est ainsi que le sol de la Hollande, formé des alluvions du Rhin, de la Meuse, de l'Escaut, ne s'affaisse peut-être que par suite du tassement graduel de ses matériaux. Ce tassement s'effectue sous l'action du poids du sol lui-même et des digues et autres constructions. — L'invasion de la mer sur les côtes de la Normandie et de la Bretagne n'est peut-être qu'une conséquence de la force croissante des grandes marées. Les alluvions vaseuses qui se font sur le littoral du Poitou et de la Saintonge expliquent aussi le retrait de la mer et l'exhaussement apparent de la côte.


## RÉSUMÉ

Le sol est soumis à des mouvements lents qui se traduisent au bout d'un certain temps par des exhaussements ou des affaissements notables.

Le nord de la Suède s'élève et le sud s'affaisse d'environ $1^m,50$ par siècle. Les régions polaires, les côtes d'Écosse, les côtes françaises de l'Atlantique se soulèvent.

Les côtes de la Normandie sont en voie d'affaissement ; Jersey était autrefois réuni au continent. Les côtes de Bretagne s'affaissent aussi ; il en est de même des côtes de Hollande.

Les causes de ces mouvements paraissent multiples : contraction du noyau terrestre, ce qui produit des plissements de la croûte, tassement des terres, force croissante des marées, etc.

# TROISIÈME PARTIE

GÉOLOGIE PROPREMENT DITE — ROCHES ET FOSSILES

## CHAPITRE PREMIER

### Roches ignées.

**Définition des roches.** — Les matériaux qui constituent la partie solide du globe sont très nombreux et de composition diverse. Ainsi, immédiatement au-dessous de la terre végétale on trouve, suivant les localités, de la craie, des sables, du calcaire, du granit, etc. Tous ces matériaux sont désignés sous le nom général de *roches*. On appelle donc *roches* toutes les grandes masses minérales qui composent le sol, aussi bien le calcaire, qui se compose d'un seul minéral, le carbonate de chaux, que le granit, qui contient au moins, comme nous le verrons, trois minéraux différents.

**Roches ignées ou éruptives.** — Parmi les roches, il en est qui se montrent analogues ou même identiques aux matières fondues ou laves rejetées par les volcans actuels. Comme dans les laves, on y reconnaît l'existence de *cristaux*, c'est-à-dire de minéraux affectant des formes géométriques régulières limitées par des faces planes, en général brillantes.

Ces roches sont arrivées, comme les laves, à l'état de fusion des profondeurs du sol. Pour indiquer ce mode d'origine, on les appelle *roches éruptives*. On les appelle aussi *roches ignées*, pour rappeler que la chaleur est intervenue dans leur formation, qu'elles ont été primitivement à l'état de fusion.

Les roches éruptives sont très nombreuses. Nous étudierons ici les principales, et en particulier celles qu'il est facile d'observer en France. Dans une première division, nous passerons en revue les plus importantes, celles qu'on peut qualifier de *fondamentales*. Dans une autre division, nous rangerons des roches d'importance secondaire.

## I. ROCHES IGNÉES FONDAMENTALES.

**Granit.** — La roche éruptive la plus connue et qu'on exploite souvent comme pierre de construction est le *granit*. Elle mérite bien son nom, car elle se montre entièrement formée de grains cristallins serrés les uns contre les autres.

La roche a une couleur générale habituellement grisâtre, mais on y reconnaît immédiatement trois minéraux distincts : 1° des grains de forme très irrégulière, incolores, transparents, c'est du *quartz* ; 2° des fragments opaques, blancs ou légèrement teintés de rose, formés de *feldspath orthose* ; 3° de petites paillettes noires, brillantes, faciles à détacher au couteau, composées du *mica noir*.

Ces trois minéraux méritent, à cause de leur importance, de nous arrêter un moment.

Le *quartz* ou cristal de roche est la silice (acide silicique : $SiO^2$) cristallisée. Il se présente en cristaux limpides ayant souvent la forme de prismes à six faces portant sur chacune de leurs bases une pyramide hexagonale (fig. 44 et 45).

Ces cristaux sont parfois très volumineux ; c'est ce qui arrive pour les échantillons qui tapissent les cavités que présentent certaines roches. Lorsque le quartz est d'un blanc limpide, on lui donne le nom de *quartz hyalin* ; quand il contient en très petite proportion certaines substances, il prend diverses

Fig. 44.
Quartz (cristal de roche).

couleurs. Ainsi le *quartz enfumé* est noirâtre ; il doit cette couleur à des matières charbonneuses. Le *quartz améthyste* doit sa teinte violette à de l'oxyde de manganèse. Le quartz du granit se présente en gros grains vitreux à contours irréguliers.

Les *feldspaths* sont des silicates contenant de l'alumine et une autre base qui est la potasse, la soude ou la chaux. Ils ont

Fig. 45. — Cristaux de quartz (cristal de roche).

un éclat nacré et une couleur blanche ou légèrement teintée de rouge, de jaune, de vert, à cause d'impuretés.

On distingue immédiatement, parmi les feldspaths qui sont assez nombreux, une espèce appelée *orthose* à cause de la propriété suivante. La plupart des minéraux se laissent facilement diviser en lames parallèles sous le choc ou sous l'action du canif. Cette propriété s'appelle le *clivage*, et on appelle direction de clivage les directions suivant lesquelles les minéraux se laissent ainsi diviser. Ces directions varient avec les formes cristallines affectées par les minéraux. L'*orthose* présente deux directions différentes de clivage faisant entre elles un angle droit, c'est précisément ce qu'exprime ce mot d'orthose (du grec *orthos*, droit). Au contraire, les autres feldspaths sont réunis sous le nom général de *plagioclases* (de *plagios*, oblique), parce que les deux clivages ne sont pas à angle droit.

Les cristaux d'orthose présentent assez souvent la forme représentée (fig. 46). Les cristaux d'orthose du granit sont blancs ou rose de chair; leurs contours sont rarement bien réguliers.

L'orthose est un feldspath à base de potasse [1].

Les *micas* sont des silicates d'alumine et de potasse qui contiennent en outre du sesquioxyde de fer et de la magnésie en plus ou moins grande quantité. Plus il y a de magnésie et de fer, et plus le mica est coloré. On distingue ainsi le *mica noir* ou *biotite*, commun dans le granit et riche en magnésie et en fer, et le *mica blanc* ou

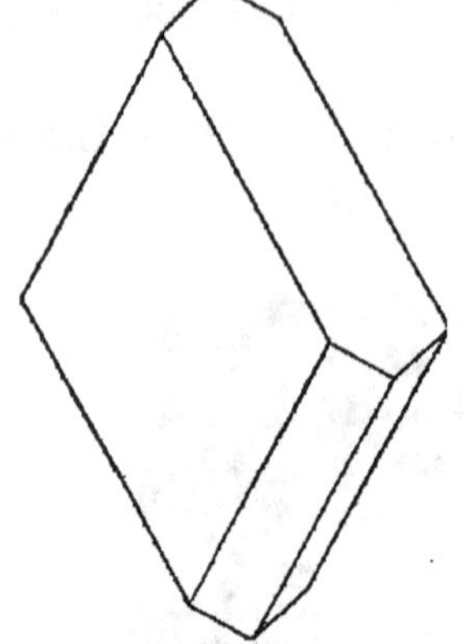

Fig. 46.— Feldspath orthosé.

*muscovite*, qui est surtout riche en potasse. Les micas ont un éclat métallique très vif auquel ils doivent leur nom (du mot latin *micare*, briller).

Les cristaux ont la forme de tables hexagonales (fig. 47) qui se laissent cliver en lamelles excessivement minces. C'est ce qui fait que les micas se présentent dans les roches en paillettes très fines. On utilise ce clivage facile des micas ; en effet, on les emploie en tabletterie et on se sert du mica blanc comme verre à vitre.

Le granit peut contenir, outre ces trois éléments principaux, d'autres minéraux, mais en petite quantité.

Le granit est une roche

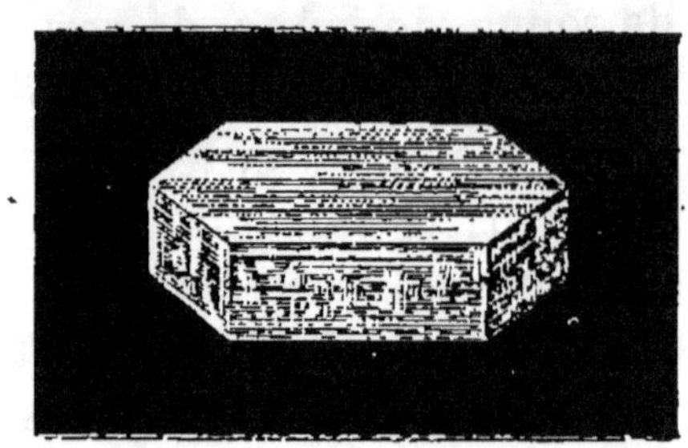

Fig. 47. — Mica.

très commune en Bretagne, dans le Cotentin et dans le plateau central de la France (Auvergne, Limousin). Il forme aussi la partie centrale des grands massifs montagneux (Alpes, Pyrénées, Vosges).

_______________

1. Sa formule chimique est : $KoAl^2O^3(SiO^2)^6$.

Il présente d'ailleurs plusieurs variétés. Quand les trois minéraux qui le composent sont d'égale dimension, la roche est dite à *grain fin*. Tel est le granit de Vire, employé pour les trottoirs de Paris. Lorsqu'au contraire il présente de grands cristaux de feldspath tranchant sur le reste de la masse, le granit est dit à *grandes parties;* exemple : le granit de Cherbourg et de beaucoup de localités de Bretagne.

Malgré sa dureté, le granit s'altère rapidement sous l'action de l'eau. Celle-ci agit surtout par l'acide carbonique qu'elle tient en dissolution. L'orthose, qui est du silicate double d'alumine et de potasse, est décomposé; le silicate de potasse est transformé en carbonate de potasse, lequel se dissout. Le silicate d'alumine reste intact et constitue une argile pure, blanche, le *kaolin*[1].

Le quartz qui reste se désagrège, et il en résulte une sorte de sable ou *arène.* Dans les pays granitiques, la transformation du granit en arène se constate parfois jusqu'à une profondeur de 15 à 20 mètres.

Le *kaolin* se trouve en grande abondance à Saint-Yrieix près de Limoges, en Saxe, etc. Le gisement de Saint-Yrieix est spécialement exploité pour la fabrication de la porcelaine de Sèvres.

Dans certaines variétés de granit, le mica noir est remplacé en partie par un autre minéral : *l'amphibole.*

On donne le nom d'*amphiboles* à des minéraux qui ont pour formule générale : $MO. Si O^2$. La base est un mélange de magnésie ($Mg O$), d'oxyde de fer ($Fe O$) et de chaux ($Ca O$). Il y a en outre un peu d'alumine. Les cristaux sont allongés et prismatiques et présentent deux clivages se coupant sous un angle de 124°.

Il y a plusieurs espèces d'amphiboles. Celle qui se trouve dans le granit, et qui est de beaucoup la plus commune, est l'amphibole *hornblende.* Elle contient beaucoup de fer et se

---

1. La formule de la réaction est la suivante :

$$KO. Al^2 O^3. (Si O^2)^6 + CO^2 + 2 HO = KO. CO^2 + Al^2 O^3. 2 Si O^2 + 2 HO + 4 Si O^2.$$

Feldspath.           Kaolin.

présente dans la roche sous l'aspect de fibres d'un noir verdâtre striées longitudinalement.

Le granit amphibolique a une couleur générale rouge, de là le nom de *granit rouge* qu'on lui donne souvent. Il doit cette couleur à un feldspath plagioclase qui accompagne presque toujours l'orthose, qui a la même composition chimique et n'en diffère que par l'obliquité de ses clivages. Ce feldspath est le *microcline*.

Le granit rouge est également appelé granit égyptien, car il est abondant en Égypte, près de Syène. Les Égyptiens l'ont employé pour la construction de beaucoup de leurs obélisques.

**Syénite.** — Quand le mica noir est entièrement remplacé par l'amphibole et que le quartz manque, on donne au granit le nom de *syénite*. La syénite a une belle couleur rouge qu'elle doit au feldspath et sur laquelle tranchent les fibres noirâtres de l'amphibole. Elle se trouve particulièrement dans les Vosges.

Il existe aussi des syénites contenant un peu de quartz et de plus un minéral appelé le *zircon*, de couleur jaune ou brune. Ces syénites zirconiennes sont communes en Norwège. Leur orthose est remarquable par son reflet bleu chatoyant. Ces roches sont intéressantes parce qu'elles présentent à l'état de silicates un certain nombre de métaux très rares comme le zirconium (le zircon est le silicate de l'oxyde de zirconium; sa formule est $Zr\,O^2$. $Si\,O^2$), le thorium, le cérium, etc.

**Granulite.** — Une roche très voisine du granit est la granulite. Elle contient encore, comme le granit, de l'orthose, du quartz et du mica. Mais son mica est blanc et le quartz, au lieu de se présenter avec des contours mal définis comme celui du granit, se présente en petits cristaux bipyramidés bien nets.

La granulite ou granit à mica blanc est abondante dans le Limousin et le Morvan. Elle forme aussi le rocher du Mont Saint-Michel.

**Porphyres.** — Les roches que nous venons d'étudier sont entièrement cristallisées; elles sont constituées par des cristaux serrés les uns contre les autres. Il y a des roches se présentant sous un autre aspect. Si on les examine à l'œil nu ou même à la loupe, on constate qu'elles consistent en une pâte compacte dans laquelle sont enchâssés çà et là des cristaux plus ou moins volumineux. C'est ce qui a lieu pour les roches appelées *porphyres*.

La pâte qui sert de ciment est généralement d'une couleur foncée et les grands cristaux se détachent bien sur ce fond sombre.

Beaucoup de ces roches ont été employées dans l'antiquité pour l'ornementation ou la construction des édifices. Tels sont : le *porphyre vert antique* de la Morée, présentant des cristaux de feldspath dans une pâte d'un vert violacé, et le *porphyre rouge antique* d'Égypte dans lequel des cristaux d'amphibole et de feldspath se détachent sur une pâte rouge de sang.

D'autres porphyres présentent des cristaux de quartz dans une pâte de couleur variable ; ce sont les *porphyres quartzifères*. Certains même ne laissent pas discerner de cristaux et paraissent réduits à une pâte feldspathique compacte. Ces roches communes, dans les Vosges, sont les *porphyres pétrosiliceux*.

Les roches dont nous allons maintenant nous occuper sont moins anciennes que toutes les précédentes et sont pour la plupart encore rejetées à l'époque actuelle par les volcans.

**Trachytes.** — Ils consistent en une pâte grisâtre ou violacée, terne, et contenant de grands cristaux d'orthose ayant un aspect vitreux particulier. Cette variété d'orthose est appelée *sanidine*. La roche est rude au toucher et son nom tiré du grec rappelle cette particularité.

Les trachytes sont répandues en Auvergne et une variété spéciale, qui est poreuse, constitue le Puy-de-Dôme, ce qui lui a valu le nom de *domite*.

**Obsidiennes. — Ponces.** — Les obsidiennes sont des roches ressemblant à du verre, le plus souvent noires. On leur donne aussi le nom de verre des volcans. Elles se rattachent aux trachytes. Il en est de même des *pierres ponces*, qui sont des obsidiennes poreuses et très légères.

**Basaltes.** — Des roches très répandues sont les basaltes.

Elles sont noires, compactes et paraissent formées d'une pâte où se trouvent disséminés des cristaux visibles à l'œil nu. Ces cristaux sont formés d'un minéral vert appelé *péridot* ou *olivine*. On appelle ainsi un silicate de magnésie ($2\,Mg\,O.\,Si\,O^2$) contenant un peu de fer qui remplace une partie de la magnésie.

La pâte renferme des feldspaths, particulièrement un feldspath riche en chaux, le *labrador*, et en outre du fer oxydulé ou magnétique ($Fe^3\,O^4$). C'est ce dernier qui donne à la masse sa forte densité et sa coloration noire. De plus, à cause de cet oxyde de fer, les basaltes produisent une déviation de l'aiguille aimantée.

Les basaltes, en se refroidissant, ont subi un retrait qui les a souvent découpés en prismes réguliers réunis en colonnades. Ces colonnades sont communes en Auvergne et dans l'Ardèche. On cite, comme exemple de beaux prismes de basalte, les *orgues d'Espaly*, près du Puy-en-Velay. Aux basaltes correspondent des obsidiennes à olivine.

**Composition des laves actuelles.** — Les laves que rejettent les volcans actuels ont la plus grande analogie avec les trachytes et les basaltes.

Les laves du Vésuve sont des basaltes où les feldspaths sont remplacés par un minéral appelé l'*amphigène* ou *leucite* (du grec *leucos* : blanc). C'est un silicate d'alumine et de potasse qui se présente en cristaux blancs à contours octogonaux ou arrondis. Il y a en outre de l'augite, du fer oxydulé, de l'olivine.

Les laves de l'Etna, de Santorin, d'Islande, sont des roches ressemblant aux basaltes, contenant du fer oxydulé, du pyroxène, mais pas de péridot.

## II. — Roches ignées d'importance secondaire.

**Diorites.** — Souvent les feldspaths plagioclases s'associent à l'amphibole pour former des roches d'un noir verdâtre présentant des taches blanches qui répondent aux feldspaths. Ces roches blanches et noires sont appelées *diorites*. — Les feldspaths plagioclases qui s'y trouvent sont de diverses sortes ;

parfois domine un feldspath riche en soude : *l'oligoclase;*
d'autres fois un feldspath riche en chaux : le *labrador* [1].

Les diorites sont communes en Bretagne, particulièrement
dans le Finistère.

Une variété de diorite qu'on trouve en Corse est la *corsite*
ou *diorite orbiculaire,* ainsi appelée parce que les minéraux de
la roche se groupent pour former des cercles de couleurs tranchées, qu'on voit surtout quand on a poli la roche.

**Diabases.** — Des roches d'un vert sombre ressemblant aux
diorites sont les diabases, communes aussi en Bretagne.

Comme les diorites elles résultent du mélange d'un feldspath plagioclase et d'un minéral d'un noir verdâtre. Ce dernier
n'est plus l'amphibole, c'est un pyroxène.

On appelle *pyroxènes* des silicates de chaux avec fer et
magnésie ayant, comme les amphiboles, la
formule Mo. Si $O^2$, se présentant comme elles
en cristaux prismatiques (fig. 48). Mais les
deux clivages se coupent sous un angle
de 87°. Plus le fer domine sur la chaux et
la magnésie et plus le minéral est foncé.
C'est ce qui a lieu pour le pyroxène de
la diabase. Ce pyroxène appelé *augite* est
extrêmement répandu dans les roches
éruptives; il est si abondant dans les laves
qu'on l'a appelé aussi *pyroxène des volcans.*

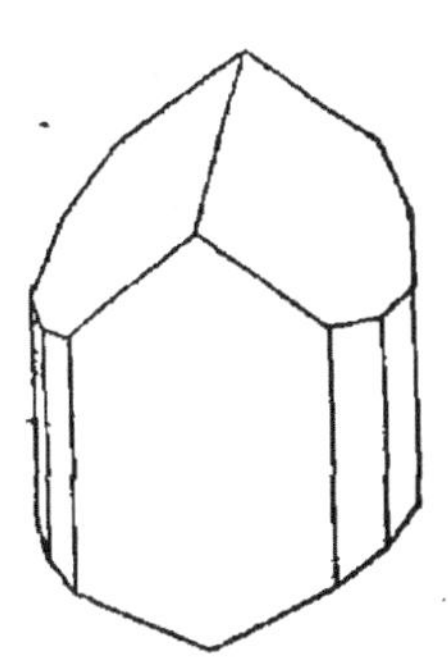

Fig. 48.
Pyroxène augite.

**Euphotide.** — Une autre roche verte est l'euphotide. Elle
contient une variété d'augite, la *diallage,* qui est vert foncé, et
du feldspath *labrador* auquel une altération a donné une
teinte verdâtre. L'euphotide constitue le mont Genèvre dans
les Alpes. A la partie extérieure des massifs d'euphotide se
trouve une roche verte de même composition présentant de
grandes taches blanches arrondies qui lui ont valu le nom de
*variolite.* Les cailloux roulés par la Durance sont en variolite.

**Serpentine.** — Une roche en général verte ou parfois

1. L'oligoclase a pour formule : [$(Na^2 Ca)^2 O^2$. $2 Al^2 O^3$. $9 Si O^2$], et le labrador : $(Ca Na^2) O$. $Al^2 O^3$. $3 Si O^2$.

brune est la serpentine. Elle a une structure feuilletée ou fibreuse et n'est pas cristallisée. Elle est composée d'un hydrosilicate de magnésie [1] et provient de la décomposition de roches éruptives riches en magnésie. Son nom lui vient de ce qu'elle ressemble à la peau d'un serpent à cause du mélange de teintes vert clair et de teintes vert foncé. Les anciens la regardaient comme un antidote contre la morsure des serpents venimeux.

**Protogine.** — Dans la granulite, le mica peut être remplacé par un minéral se divisant comme lui en feuillets, mais qui présente une belle couleur verte, d'où lui est venu le nom de *chlorite*. La roche a alors une teinte verte très prononcée. Elle est abondante dans les Alpes, particulièrement au mont Blanc. On lui a donné le nom de *protogine* (en grec : première formée), parce qu'on la regardait autrefois comme la roche la plus ancienne.

**Pegmatites.** — Il existe des roches ressemblant aux granulites, mais où le quartz et l'orthose prédominent. Le mica blanc, beaucoup moins abondant, est concentré en masses en certains points. Ces roches sont appelées *pegmatites*. — Elles sont de couleur claire, blanches ou rosées. On les trouve particulièrement dans les Pyrénées, le Puy-de-Dôme.

Dans une variété de pegmatite les petits cristaux de quartz qui se détachent sur le feldspath affectent l'apparence de lettres hébraïques ; de là le nom de *Pegmatite graphique* ou *hébraïque*.

**Andésites, Phonolithes.** — A côté des Trachytes étudiés plus haut se placent les andésites et les phonolithes.

Les *Andésites* diffèrent des trachytes en ce que le feldspath au lieu d'être l'orthose est l'oligoclase. On les trouve en Auvergne, en Hongrie, et elles constituent les laves des volcans des Andes, ce qui leur a valu leur nom.

Les *Phonolithes* sont des sortes de trachytes qui se divisent en lames minces qu'on peut utiliser souvent comme ardoises. Ces lames rendent au marteau un son clair. Phonolithe, en grec, veut dire pierre sonore. On trouve beaucoup de phono-

---

1. Formule chimique : $2\,MgO.SiO^2 + MgO\,2HO$.

lithes en Auvergne et dans la Haute-Loire. Elles constituent le massif du Mezenc.

**Examen microscopique des roches.** — Pendant longtemps on n'a étudié les roches qu'à l'œil nu ou à l'aide de la loupe. Maintenant on applique à leur étude le microscope. Au moyen d'une meule on réduit les roches à l'état de plaques extrêmement minces. On arrive à obtenir des plaques dont l'épaisseur ne dépasse pas 2 ou 3 centièmes de millimètre. Elles sont transparentes et peuvent dès lors être observés au microscope.

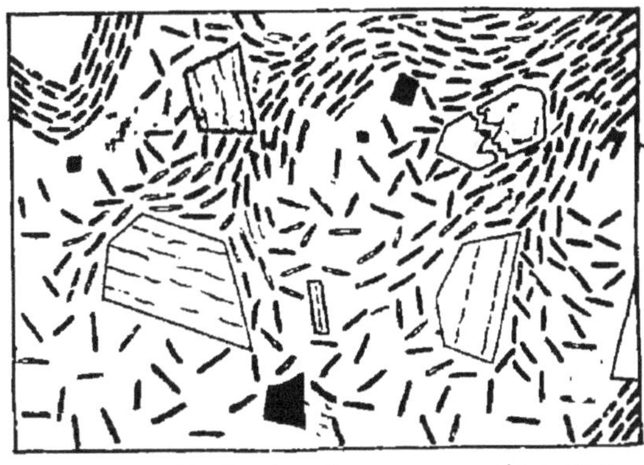

Fig. 49. — Roche éruptive, vue au microscope (grands cristaux et microlithes).

On a reconnu ainsi que les roches qui paraissent composées d'une pâte non cristalline, présentant çà et là de grands

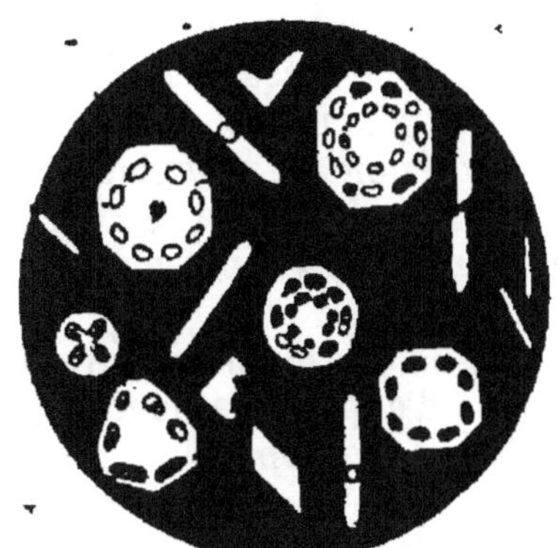

Fig. 50. — Lave leucitique du Vésuve, vue au microscope.

Fig. 51. — Lave trachytique de l'île d'Ischia, vue au microscope.

cristaux, comme les porphyres, les trachytes, etc., sont en réalité entièrement cristallisées. La pâte d'apparence amorphe est formée d'une grande quantité de très petits cristaux appelés pour cette raison *microlithes*, formés des mêmes minéraux que les cristaux volumineux (fig. 49).

Un autre fait remarquable révélé par le microscope est celui-ci. Les cristaux bien définis contiennent souvent des matières étrangères, qu'ils ont enfermées au moment de leur formation. C'est ce qu'on appelle des *inclusions* (fig. 50 et 51). Ainsi le quartz des granits renferme souvent de petites gouttelettes d'eau. D'autres fois il renferme un liquide qui se réduit facilement en vapeur et qu'on a reconnu comme étant de l'acide carbonique liquide. Cela montre que ces cristaux se sont formés sous de très hautes pressions.

On trouve aussi des inclusions ayant l'apparence du verre et qui montrent que la cristallisation s'est opérée dans un mélange en fusion.

## RÉSUMÉ

Les grandes masses minérales qui composent le sol sont appelées *roches*.

Certaines roches se montrent analogues aux laves rejetées par les volcans. Elles contiennent des *cristaux*. Ce sont les roches *éruptives* ou *ignées*.

L'une des plus répandues est le *granit*. On y trouve trois éléments fondamentaux : le *quartz*, le *feldspath orthose* et le *mica noir*. Le granit s'altère sous l'action de l'eau et il en résulte le *kaolin*, argile blanche, employée pour la fabrication de la porcelaine.

Dans certaines variétés de granit le mica noir est remplacé par un autre minéral : l'*amphibole*. Quand ce remplacement est complet et que le quartz manque, il en résulte une roche appelée *syénite*. La *granulite* contient du mica blanc.

Les *porphyres* sont des roches éruptives dans lesquelles on trouve de grands cristaux disséminés dans une pâte d'apparence homogène.

Les *trachytes* présentent une pâte grisâtre contenant de grands cristaux de sanidine. Les *obsidiennes* ressemblent à du verre. Les *ponces* sont des obsidiennes poreuses et très légères.

Les *basaltes* sont noirs et présentent à l'œil peu de cristaux, formés surtout d'un minéral vert : l'*olivine*. Il y a beaucoup de fer magnétique.

Les laves actuelles sont trachytiques ou basaltiques.

Des roches éruptives moins importantes sont les *diorites*, les *diabases*, les *andésites*, les *phonolithes*, etc.

En étudiant au microscope les roches éruptives on constate que celles qui présentent une pâte d'apparence non cristalline, comme les porphyres, sont en réalité composées de cristaux très petits (*microlithes*).

# CHAPITRE II

## Roches stratifiées ou sédimentaires. Gneiss et Micaschistes.

**Définition des Roches stratifiées.** — Quand on examine une tranchée de chemin de fer, une carrière, un ravin, on est frappé de ce fait que les roches mises à nu sont disposées le plus souvent en couches parallèles ou *strates*. On dit que ces roches sont *stratifiées*.

Mais les matériaux en suspension dans les eaux de la mer se déposent aussi sur les plages en couches parallèles ; il en est de même des alluvions des fleuves et des lacs. Comme les dépôts formés par les eaux sont appelés *sédiments*, les roches stratifiées, qui présentent le même aspect, que ces dépôts, sont appelées aussi *roches sédimentaires*.

Dans les alluvions de la mer, des fleuves, des lacs, on trouve des débris des animaux ou des végétaux qui ont vécu dans les eaux ou dans leur voisinage, particulièrement des coquilles. On trouve de même dans les roches stratifiées qui composent le sol des débris de ce genre. Ce sont les restes des êtres qui vivaient dans les eaux au moment du dépôt des roches considérées. Tous les débris d'origine organique ensevelis dans les roches, sont désignés sous le nom de *fossiles* (du latin *fossilis*, ce qu'on tire de la terre).

Les roches sédimentaires se distinguent bien des roches éruptives par la présence des fossiles et la disposition en couches parallèles.

Les éléments minéraux des roches sédimentaires sont peu nombreux ; ce sont : la *silice*, le *carbonate de chaux* (calcaire), l'*argile*. On doit y ajouter quelques autres, comme le *gypse*, le *sel gemme* et aussi les dépôts de *combustibles*. Si l'on met à part ces derniers éléments, on peut diviser les roches sédimentaires en *roches calcaires*, *roches argileuses*, *roches siliceuses*.

**Roches calcaires.** — Les roches calcaires de carbonate de chaux ($Ca\,O.\,Co^2$) se reconnaissent facilement. Si l'on prend un morceau de craie ou de marbre et si l'on verse sur lui une goutte d'acide, par exemple d'acide chlorhydrique, il y a *effervescence* : il se dégage de l'acide carbonique. Ce sont des calcaires. Tous les calcaires sont attaqués par les acides, de plus ils sont rayés par le canif.

Le carbonate de chaux se présente parfois en cristaux et cela sous deux formes distinctes (fig. 52). La première, est

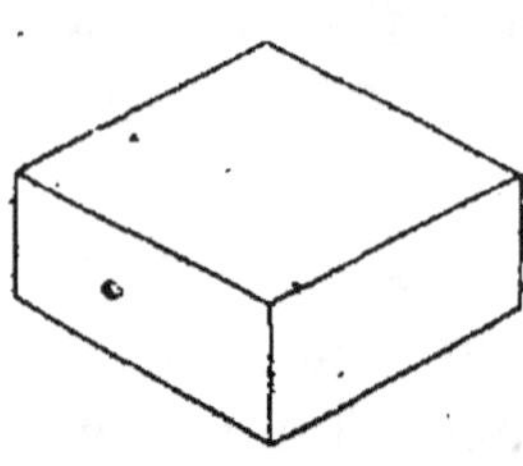

Fig. 52. — Spath d'Islande.

celle d'un rhomboèdre, c'est-à-dire d'un parallélipipède limité par des faces qui sont toutes des losanges égaux ; la seconde, est celle d'un prisme droit à base rectangle. La première variété de calcaire cristallisé est appelée *spath d'Islande* ; on en trouve des gisements dans cette île, qu'on exploite pour la fabrication des instruments d'optique, à cause de la grande limpidité des cristaux ; la seconde variété appelée *aragonite*, est ainsi désignée parce que beaucoup des plus beaux cristaux des collections viennent d'Espagne.

Le spath d'Islande présente une particularité intéressante. Quand on regarde un objet à travers un cristal de spath, l'objet est vu double. Ce phénomène porte le nom de *double réfraction*.

*a.* **Calcaire cristallin.** — Parfois de petits grains de spath s'associent et donnent lieu ainsi à une roche dont la cassure est grenue comme celle du sucre, de là le nom de *calcaire saccharoïde*. C'est ce calcaire qui forme le *marbre blanc* ou *statuaire*. On le trouvait à Paros ; on emploie maintenant le marbre de Carrare. Des impuretés communiquent souvent au marbre saccharoïde des teintes variées. Ainsi le marbre *bleu turquin* est gris bleuâtre ; le marbre du Pentélique est blanc avec des zones verdâtres.

*b.* **Calcaires compacts.** — **Marbres.** — Certains calcaires compacts, durs, sont formés de grains cristallisés ténus qu'on ne voit bien qu'à un fort grossissement. Ils sont susceptibles d'un beau poli et doivent souvent à de petites quantités de matières colorantes des teintes éclatantes. On leur donne le nom de *marbres*. Ils sont employés pour l'ornementation.

On peut citer : le *marbre de Sainte-Anne* et le *marbre petit granit*, noirs ou gris avec des veines blanches, qu'on exploite en Belgique et dont on se sert pour décorer les cheminées, le *marbre griotte* à fond brun parsemé de taches rouges, contenant de l'argile, et exploité près de Carcassonne, à Caunes; le *marbre sarrancolin* isabelle et rouge des Pyrénées, etc.

*c.* **Calcaires lithographiques.** — Certains calcaires compacts ont une texture serrée, bien homogène, leur éclat est terne, leur teinte est grisâtre. Ce sont les calcaires lithographiques. On les emploie pour la reproduction des dessins et des écritures. Les meilleurs viennent de Solenhofen et de Papenheim, en Allemagne. Il y en a aussi en France, dans le département de l'Ain (Belley, Cérin).

*d.* **Calcaires oolithiques.** — On appelle ainsi des calcaires compacts formés de grains arrondis, ressemblant à des œufs de poisson (de là leur nom, qui signifie pierre à œufs) et constitués par des couches concentriques superposées. Ces calcaires fournissent de belles pierres de construction (Lorraine, Normandie).

*e.* **Calcaire grossier.** — Le calcaire grossier est la pierre à bâtir de Paris. Il est criblé de trous qui sont des empreintes de coquilles. Certaines variétés sont poreuses et ne peuvent servir comme matériaux, parce qu'elles éclatent par l'effet de la gelée (*pierres gélives*). Le calcaire grossier est activement exploité autour de Paris dans de nombreuses carrières.

*f.* **Calcaire bréchoïde.** — **Poudingues.** — Très souvent des morceaux de calcaire sont soudés par un ciment formé de carbonate de chaux pur ou mélangé de silex. Quand les morceaux de calcaire ont été roulés par les eaux et ont ainsi perdu leurs angles, la roche est un *poudingue*, quand les fragments de calcaire sont au contraire à angles vifs, la roche est une *brèche*.

*g.* **Calcaires tendres.** — Certains calcaires sont très peu résistants, friables et se laissent rayer par l'ongle. Telle est la *craie*. Si on la réduit en poudre et si on examine cette poudre au microscope, elle se montre formée de grains amorphes de carbonate de chaux et de débris de coquilles de foraminifères, animaux de très petite taille qui vivent encore aujourd'hui dans les eaux et dont le corps gélatineux pousse de fins prolongements par des ouvertures très fines de leur coquille. La craie constitue les falaises de Normandie. Elle est abondante aux environs de Paris, et s'y présente bien blanche et bien pure. Elle est particulièrement exploitée à Meudon sous le nom de *blanc d'Espagne*.

**Roches siliceuses.** — Les roches siliceuses sont essentiellement formées de silice. Elles ne font pas effervescence avec les acides et ne se laissent pas rayer au canif.

La silice pure et cristallisée est le *quartz* ou *cristal de roche* dont nous avons parlé plus haut à propos des roches éruptives. Le mélange du quartz et de silice non cristallisée s'appelle la *calcédoine*, dont une variété est l'*agate*.

Les principales roches siliceuses sont les suivantes :

*a*. **Silex.** On appelle *silex* des mélanges de silice non cristallisée et de silice cristallisée. Ce sont des calcédoines compactes, de structure grossière. Ils sont plus ou moins purs, et de couleurs variées, bruns, gris, jaunes, noirs.

Le principal est le *silex pyromaque* ou *pierre à fusil*, qui fait feu au briquet. C'est le caillou ordinaire. La cassure est conchoïdale, c'est-à-dire qu'elle est concave comme une coquille. C'est ce silex qui forme des bancs dans la craie et constitue les galets des plages de Normandie.

Les silex noirs, impurs, mélangés d'argile, sont appelés *jaspes*. Telle est la *pierre de touche* employée pour les essais des alliages d'or.

*b*. **Sables.** Les sables sont formés de petits grains de quartz isolés et irréguliers. Ils sont souvent colorés en rouge ou en jaune par des oxydes de fer. Dans les régions granitiques le sable est mélangé de feldspath, de mica ; il provient de la décomposition du granit ; nous avons déjà vu que ce sable particulier porte le nom d'*arène*.

*c*. **Grès.** — Les grès sont des sables dont les grains sont agglutinés par un ciment qui peut être soit siliceux, soit calcaire ou argileux. Les grès calcaires sont tendres et font effervescence; les grès siliceux sont résistants et servent au pavage.

On peut citer comme exemple de grès ceux de Fontainebleau, dont les uns sont à ciment calcaire et les autres à ciment siliceux.

Les grès siliceux à grain extrêmement fin sont appelés *quartzites*.

*d.* **Meulières.** — On appelle ainsi des silex tout criblés de trous. Ces roches sont abondantes aux environs de Paris (Brie, Beauce) et les variétés compactes sont employées pour faire des meules (Ex. : La Ferté-sous-Jouarre).

*e.* **Tripoli.** — Il existe de petites algues appelées *diatomées*. Elles sont couvertes d'une carapace siliceuse. Leurs débris s'accumulent au fond des eaux et constituent une poussière, une sorte de farine, dont chaque grain est une carapace de diatomée. Cette farine siliceuse est appelée *tripoli*. On s'en sert particulièrement pour polir les métaux à cause de sa dureté. Il existe en Allemagne surtout d'abondants dépôts de tripoli, provenant de diatomées fossiles. Il y en a aussi en France; ainsi à Randan et à Ceyssat, en Auvergne.

**Roches argileuses.** — L'argile, connue sous le nom de *terre glaise*, est cette terre qui adhère fortement aux pieds. Elle se délaye dans l'eau tout en étant imperméable et développe par l'insufflation une odeur particulière, celle de la terre après la pluie. Elle se laisse rayer à l'ongle et ne fait pas effervescence avec les acides.

L'argile pure est un silicate d'alumine ($Al^2 O^3 2 Si O^2 + 2 HO$). Elle est blanche. On l'appelle *kaolin* ou terre à porcelaine; nous avons vu plus haut qu'elle provient de la décomposition du feldspath. On en trouve près de Limoges, en Saxe, en Chine, au Japon, etc.

Le plus souvent les argiles sont colorées en rouge ou en jaune par de l'oxyde de fer. On s'en sert alors en peinture sous le nom d'*ocres*, de *terre de Sienne*.

Quand les argiles forment avec l'eau une pâte liante, on les appelle *argiles plastiques*; elles servent à faire des poteries, des briques réfractaires, parce qu'elles résistent à de hautes températures.

*L'argile smectique* ou *terre à foulon* se délaye mal dans l'eau ; elle est grise ou verdâtre, se polit facilement à l'ongle, et elle est plus ou moins translucide sur les bords. Elle absorbe les corps gras. On l'emploie pour le dégraissage des étoffes de laine.

Souvent les argiles se disposent en feuillets parallèles facilement clivables ; ce sont les *schistes argileux*. Les plus purs et les mieux clivables, à grain fin et homogène, sont les *ardoises*, exploitées dans les Ardennes et aux environs d'Angers. Lorsque les schistes contiennent des éléments cristallins (mica, pyrite, quartz, etc.), on les appelle des *phyllades*, nom qui indique la facilité qu'ils montrent à se diviser en feuillets minces. Les ardoises sont de véritables *phyllades* durs en lits très minces.

Les argiles sont souvent mélangées de calcaire et font alors effervescence avec les acides. Ces argiles calcaires sont appelées *marnes*. On s'en sert pour amender les terres.

**Autres roches sédimentaires.** — Il y a des roches sédimentaires moins répandues que les précédentes, mais qu'il faut connaître.

*a*. **Dolomie.** — La dolomie (ainsi appelée du nom du géologue français Dolomieu), est un carbonate double de chaux et de magnésie ($Mgo. CaO. C^2 O^4$). Elle a une rugosité particulière, sa dureté est plus grande que celle du calcaire et elle se dissout plus lentement dans les acides. Souvent la dolomie est toute criblée de trous ; cela tient à l'action des eaux qui entraînent le carbonate de chaux, lequel est plus soluble que le carbonate de magnésie.

De même qu'il y a des calcaires saccharoïdes, il y a des dolomies saccharoïdes, aussi blanches que le marbre mais à grains plus fins.

*b*. **Gypse.** Le gypse est le sulfate de chaux hydraté ($Cao. SO^3 + 2 HO$). Il ne fait pas effervescence avec les acides, se laisse rayer à l'ongle, se réduit en une poussière blanche, qui est le plâtre, sous l'influence de la chaleur. Il se clive facilement en lamelles. On le trouve souvent en cristaux groupés (fig. 53) deux à deux sous la forme de fer de lance, ou sous forme de lentilles aplaties. Il est très abondant aux environs de Paris.

Le gypse est parfois d'un blanc pur, compact et susceptible d'un beau poli ; on l'appelle alors *albâtre gypseux*. Il ne faut pas le confondre avec l'albâtre calcaire qui est le calcaire des stalactites.

Le sulfate de chaux anhydre s'appelle *anhydrite* ou *karstenite* et se raye plus difficilement que le gypse.

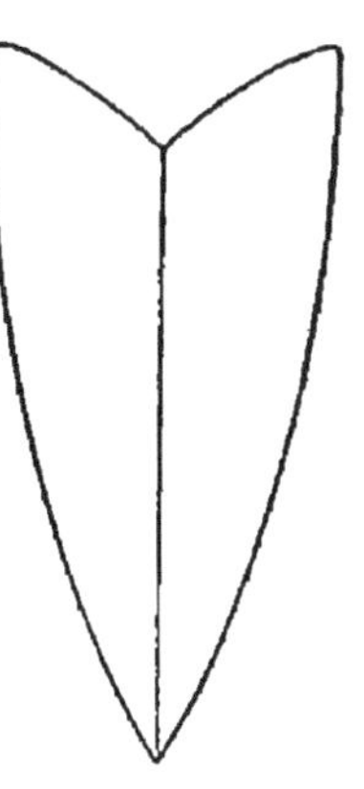

Fig. 53.
Gypse fer de lance.

*c.* **Sel gemme.** — Le chlorure de sodium (nacl) ou sel marin, se trouve parfois en masses épaisses dans le sol. On l'appelle alors *sel gemme*. Il est toujours compris entre des couches imperméables, argileuses ou marneuses, qui le protègent contre l'action des eaux d'infiltration. On le reconnaît à sa saveur et à sa facile solubilité. Les mines de sel de la Lorraine et de la Pologne sont très riches et activement exploitées.

**Gneiss et Micaschistes.** — Outre les roches éruptives et les roches sédimentaires, il y a d'autres roches qui tiennent à la fois des deux catégories précédentes. D'une part elles sont formées de cristaux comme les roches éruptives et, d'autre part, elles sont plus ou moins stratifiées comme les roches sédimentaires. Pour rappeler leurs caractères mixtes on peut les appeler *roches feuilletées cristallines* [1].

Les plus importantes sont les *gneiss* et les *micaschistes*.

Les *gneiss* présentent les mêmes éléments que le granit, c'est-à-dire le quartz, le feldspath et le mica noir, mais les lamelles de mica sont disposées en lits parallèles, ce qui donne à la roche une apparence statifiée. Dans certaines variétés, l'arrangement du mica est peu net, de sorte que ces gneiss

---

1. C'est l'équivalent du nom de *roches cristallophylliennes* qu'on leur donne souvent.

ressemblent beaucoup au granit; de là le nom de *gneiss granitoïde* qu'on leur a donné.

La stratification est beaucoup plus frappante dans les *micaschistes*. Ce sont des roches sans feldspath, formées de quartz et de mica. Les lits de mica, formés de lamelles empilées, sont séparés par de minces couches de quartz. Ces roches ont par suite un aspect feuilleté caractéristique.

Les gneiss et micaschistes sont particulièrement développés en Bretagne et dans le plateau central.


## RÉSUMÉ

Les roches *stratifiées* ou *sédimentaires*, se sont déposées dans l'eau; elles sont disposées en couches parallèles. Elles contiennent des *fossiles*, c'est-à-dire des restes d'animaux et de végétaux.

On distingue : 1° les *roches calcaires*, formées de carbonate de chaux. Elles font effervescence avec les acides. Il y a deux formes de carbonate de chaux cristallisé : le *spath d'Islande* et l'*aragonite*.

Le *marbre blanc* ou *calcaire saccharoïde* est formé de petits grains de spath. Parmi les calcaires compacts, se trouvent les *marbres*, susceptibles d'un beau poli, les *calcaires lithographiques*, *oolithiques*, le *calcaire grossier* ou pierre à bâtir de Paris.

La *craie* est un calcaire tendre contenant des coquilles microscopiques.

2° Les *roches siliceuses* ne font pas effervescence, elles ne se laissent pas rayer au canif. Tels sont les *silex*. Les *sables* sont formés de grains de quartz isolés. Les *grès* sont des sables dont les grains sont réunis par un ciment. Les *meulières* sont des silex tout criblés de trous.

3° Les *roches argileuses* ne font pas effervescence, se laissent rayer à l'ongle. On distingue, parmi les argiles, l'argile pure ou *kaolin*, les *ocres*, les *argiles plastiques*, etc. Les *schistes* sont des argiles disposées en feuillets parallèles; les plus purs sont les *ardoises*, à grain fin et homogène. Les *marnes* sont des argiles mélangées de calcaire.

D'autres roches sédimentaires sont le *gypse* ou pierre à plâtre et le *sel gemme*.

Il y a des roches formées de cristaux comme les roches éruptives et qui, d'autre part, sont plus ou moins stratifiées. Ce sont des *roches feuilletées cristallines*. Le *gneiss* présente les éléments du granit, mais les lames de mica forment des lits parallèles. Cette stratification est plus nette dans les *micaschistes* formés de mica et de quartz.

# CHAPITRE III

## Stratification. — Roches ignées intercalées. — Métamorphisme.

**Stratification.** — On appelle *stratification* la manière dont les roches sédimentaires se superposent. L'étude de leur mode de superposition et de leur succession dans le temps et dans l'espace constitue la partie principale de la géologie, ce qu'on nomme la *Stratigraphie*.

**Divers modes de stratification. — Stratification concordante.** — Les roches sédimentaires, s'étant déposées au fond des eaux, ont dû y former originellement des couches horizontales absolument parallèles (fig. 54).

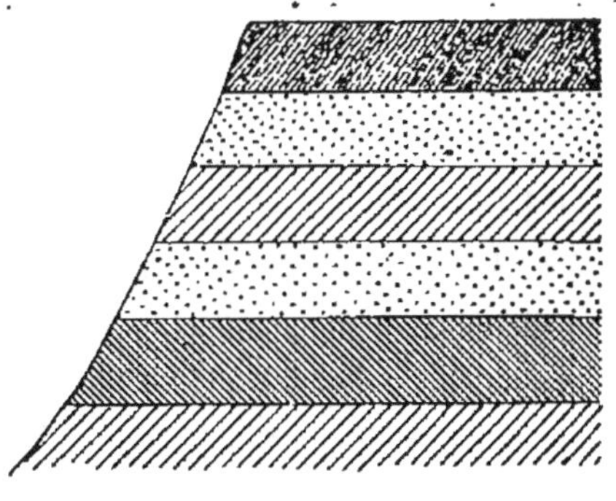

Fig. 54. — Couches parallèles horizontales.

Cependant il arrive souvent, quand on examine les *coupes géologiques* que fournissent les falaises, les carrières, les tranchées, de voir les couches inclinées, tout en gardant leur parallélisme (fig. 55). Cela s'explique ainsi : les couches ont été primitivement horizontales, mais il s'est produit des mouvements du sol plus ou moins analogues à ceux qui se manifestent de nos jours,

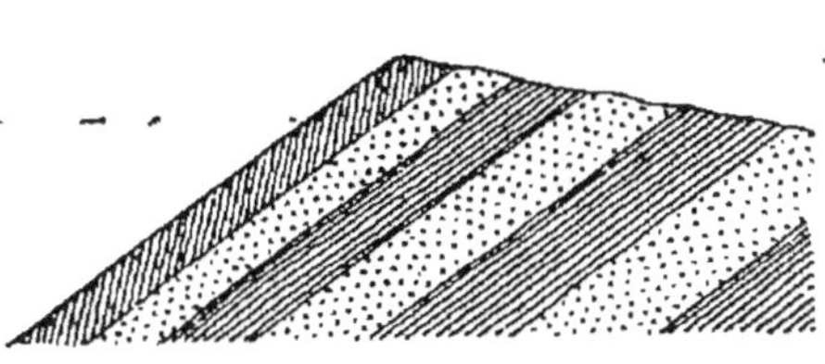

Fig. 55. — Couches parallèles inclinées.

mouvements qui ont eu pour effet d'incliner les couches (fig. 56). Il peut se faire aussi que l'inclinaison soit due à des roches éruptives qui sont venues s'intercaler au milieu des couches sédimentaires. Un fait qui montre bien que les couches aujourd'hui inclinées se sont déposées horizontalement est le suivant : les fossiles, c'est-à-dire les débris animaux ou végétaux qu'on y trouve, sont toujours disposés suivant le sens des couches ; ils ont été redressés en même temps qu'elles.

Enfin, il peut se faire que les couches soient plissées, ondulées comme si elles avaient été refoulées latéralement, et pré-

Fig. 56. — Roche éruptive intercalée formant massif.

sentent des parties saillantes et des parties rentrantes (fig. 57). Les premières s'appellent plis *anticlinaux*, parce qu'à partir du point A, les couches prennent deux inclinaisons opposées ; les secondes s'appellent *plis synclinaux*, parce que les couches s'inclinent de manière à se rencontrer en B.

Dans tous les cas qui précèdent, les couches, qu'elles soient

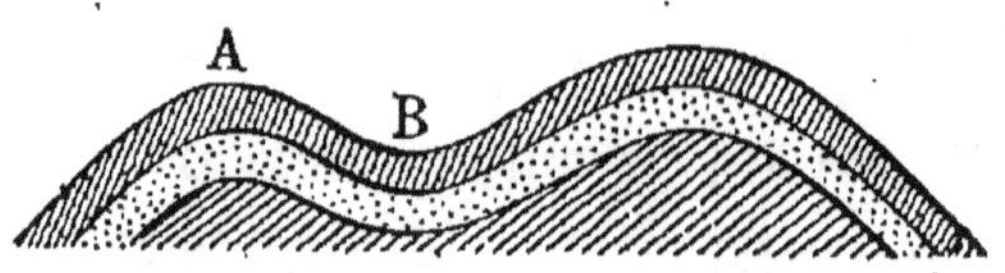


Fig. 57. — Couches plissées.

horizontales, inclinées ou ondulées, sont cependant parallèles entre elles. On dit que la *stratification* est *concordante*.

**Stratification discordante.** — Il peut arriver, au contraire, que, sur un système de couches parallèles entre elles, se trouve un second système de couches aussi parallèles entre elles, mais dont l'inclinaison est différente de celle des premières. Par exemple. (fig. 58), sur des couches inclinées (A), on trouvera des couches disposées horizontalement (B).

On dira que la *stratification* est *discordante*. Ce fait s'expliquera ainsi : les couches A se sont déposées horizontalement au fond de la mer, puis il s'est produit un mouvement du sol ; les couches se sont inclinées et ont émergé. La mer, enfin, est revenue occuper la localité qu'elle avait abandonnée, et y a déposé de nouveaux sédiments B.

**Stratification transgressive.** — Un autre cas remarquable est le suivant. Il peut se faire, quand on explore une région, qu'on trouve une couche B ayant une certaine épaisseur et caractérisée par

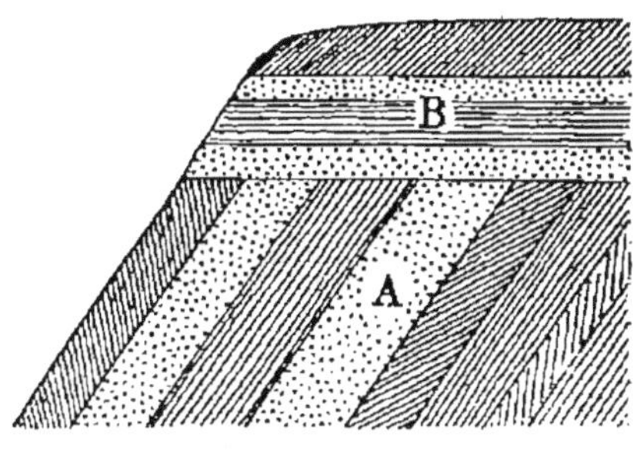

Fig. 58. — Stratification discordante.

sa constitution minéralogique et ses fossiles; mais, à mesure qu'on avance du point M vers le point N, on voit l'épaisseur de cette couche diminuer, et enfin la couche disparaît en P. On voit alors la couche C, qui recouvrait en M la couche B, recouvrir directement la couche A. En d'autres termes, il y a des *lacunes* dans la série des couches. Ces faits s'expliquent en admettant que la mer s'est alternativement reculée et avan-

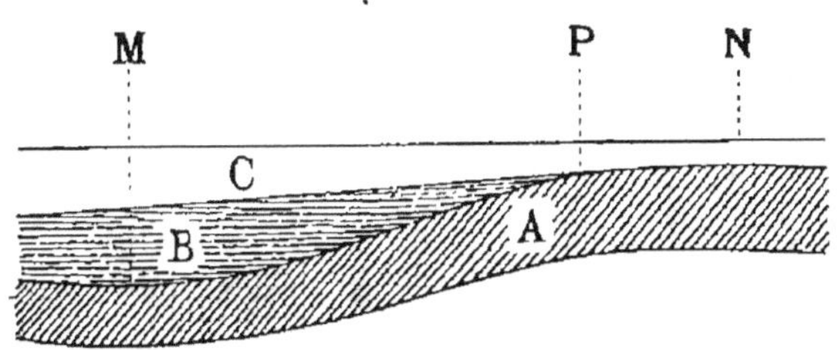

Fig. 59. — Stratification transgressive.

cée. Il y a stratification *transgressive*. Ce mode de stratification est encore en rapport avec des soulèvements et affaissements alternatifs du sol (fig. 59).

**Cassures.** — **Failles.** — Souvent les couches sédimentaires, à la suite de mouvements qu'elles ont subis, se sont brisées ; et on constate l'existence de cassures. Un cas remarquable de cassure nous est présenté par les *failles* (fig. 60). Il y a eu fracture et ensuite soulèvement d'un des bords de cette fracture.

Les couches ne se correspondent plus des deux côtés. Ainsi la couche A, par exemple, qu'on reconnaît, comme on

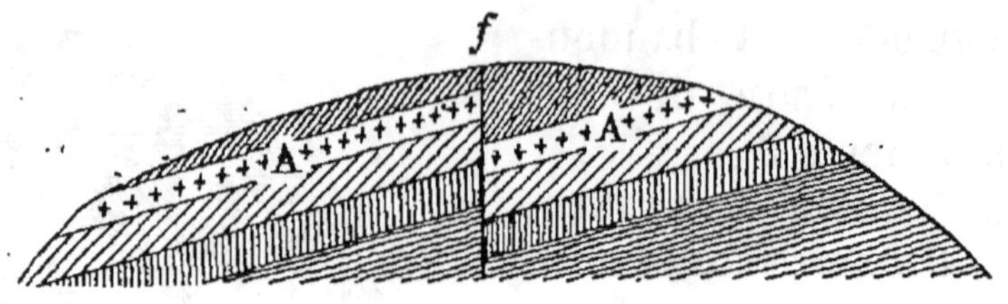

Fig. 60. — Faille.

le verra plus tard, par les fossiles qu'elle renferme, se trouve plus élevée du côté gauche que du côté droit.

Le plus souvent les cassures sont remplies de débris de roches qui sont venus s'y accumuler.

Nous avons vu plus haut que les tremblements de terre produisaient parfois des failles. Nous avons cité celles de la Calabre.

**Roches ignées intercalées.** — Les roches éruptives sont venues à l'état de fusion des profondeurs du sol, et se sont intercalées au milieu des roches stratifiées.

Elles sont disposées de diverses manières. Parfois on trouve les roches ignées à l'état de grandes masses, portant sur leurs flancs les roches stratifiées qu'elles ont

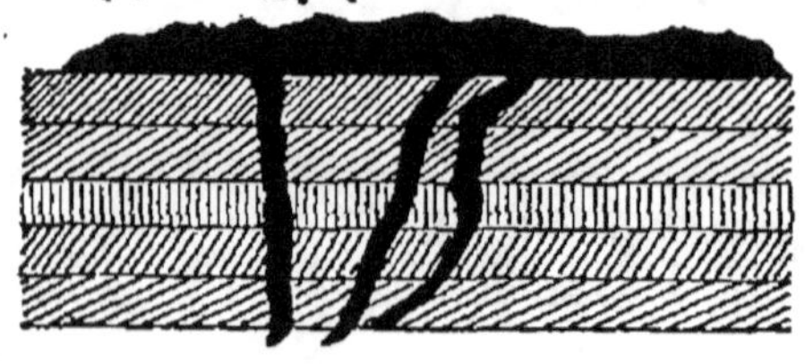

Fig. 61.
Filons de roche et nappe d'épanchement.

soulevées et disloquées. On dit alors qu'elles forment des massifs (fig. 56).

Ailleurs on trouve, au milieu des roches stratifiées, des fentes remplies par les roches éruptives. C'est ce qu'on nomme des *filons de roches* (fig. 61). Souvent les filons, une fois arrivés à la surface du sol, s'y épanchent ; ce qui forme des *nappes* ou *coulées*. Le basalte se présente souvent avec cet aspect sur les calcaires.

Les roches éruptives résistent mieux que les roches stratifiées aux agents atmosphériques. Par suite, il peut arriver que les roches stratifiées disparaissent en partie sous l'action des eaux ; les filons de roches forment alors, à la surface du sol, des saillies présentant l'aspect de murailles irrégulières ou *dykes* (mot anglais signifiant digue).

Les laves des volcans actuels, comme nous l'avons vu plus haut, se présentent souvent à l'état de filons et de dykes.

- **Métamorphisme.** — Les roches éruptives font le plus souvent subir aux roches stratifiées qu'elles traversent des modifications profondes. C'est ce qu'on nomme le *métamorphisme.*

La modification subie par la roche encaissante, c'est-à-dire traversée par la roche ignée, peut être purement physique. Elle peut consister en une calcination, un durcissement, dus à la chaleur. Souvent, au voisinage des roches éruptives, les calcaires sont transformés en marbre, les argiles en terre cuite ou en une sorte de porcelaine.

Mais, en général, il s'est produit des actions chimiques, et la roche stratifiée contient des minéraux silicatés dont les éléments sont fournis par la roche ignée et le terrain encaissant. On peut citer l'exemple suivant: Le Vésuve rejette souvent des calcaires provenant du sous-sol et qui ont été soumis, dans l'intérieur du volcan, à l'action des laves et des gaz. Ces calcaires sont devenus cristallins. On y trouve, entre autres, de la magnésie cristallisée (*périclase*), du *zircon*, du *grenat* (silicate d'alumine, de chaux et de fer), un autre silicate d'alumine et de chaux : *idocrase*, minéral vert, si commun au Vésuve, qu'on l'a appelé *vésuvienne;* le *mica noir*, l'*augite*, etc.

Les couches traversées par le granit contiennent des minéraux analogues. On y trouve aussi du *grenat*, des *micas*, un silicate d'alumine cristallisé : l'*andalousite*, etc.

Cette action, due à la roche elle-même, ne s'étend pas à une grande distance de celle-ci ; elle ne s'exerce souvent qu'à quelques décimètres. On l'appelle, pour cette raison, *métamorphisme de contact.* Mais, en outre, les gaz qui accompagnaient la roche à sa sortie ont pu agir sur les couches encaissantes et à une distance assez grande, parfois à plusieurs centaines de mètres. C'est ce qu'on nomme le *métamorphisme périphérique*. Il produit aussi un durcissement des terrains et une production de minéraux cristallisés.

Les eaux minérales donnent lieu également à des phénomènes de métamorphisme dans les roches qu'elles traversent. Les sources de Plombières nous en ont fourni un exemple cité plus haut (voir le chapitre relatif aux sources thermo-minérales).

## RÉSUMÉ

On appelle *stratification* la manière dont les roches sédimentaires se superposent.

Les couches se sont déposées parallèlement; mais, par suite des mouvements du sol, elles ont pu depuis se redresser ou se plisser; si malgré cela elles sont parallèles entre elles, on dit que la stratification est *concordante*.

Quand un système de couches parallèles entre elles repose sur un autre système d'inclinaison différente, la stratification est *discordante*.

Les couches sédimentaires peuvent présenter des cassures ou des *failles*, c'est-à-dire des cassures dont l'un des bords est relevé par rapport à l'autre.

Les roches éruptives sont arrivées des profondeurs du sol et se sont intercalées au milieu des roches stratifiées. Elles y forment des *massifs*, des *filons*, des *coulées*.

Les plus souvent les roches sédimentaires sont modifiées dans leur structure, leur composition, par le voisinage des roches éruptives. C'est ce qu'on nomme le *métamorphisme*. Les eaux minérales donnent lieu aussi à des phénomènes de métamorphisme dans les roches qu'elles traversent.

# CHAPITRE IV

## Fossiles.

**Fossiles d'origine animale ou végétale.** — Les fossiles, comme nous l'avons vu déjà, sont les débris d'origine animale ou végétale qu'on trouve dans les couches du sol. Ils nous renseignent sur l'état de la faune et de la flore qui existaient au moment du dépôt de ces couches.

Il est rare que les animaux ou les végétaux se retrouvent avec toutes leurs parties. Le plus souvent on ne retrouve que les parties les plus dures, comme les coquilles, les ossements. Cependant il y a des exceptions. Ainsi dans les glaces de la Sibérie on a découvert, au siècle dernier, des éléphants fossiles : les mammouths, très bien conservés, encore couverts de leur chair et de longs poils. Dans l'ambre jaune, sorte de résine fossile qu'on recueille sur les bords de la Baltique, sont inclus des insectes qui s'étaient englués dans la résine encore liquide.

Quant aux coquilles, aux ossements, ils ont subi des altérations dans leur composition. La matière organique a souvent complètement disparu, le carbonate de chaux a été dissous plus ou moins complètement par les eaux d'infiltration, et la coquille ou l'os est devenu poreux, friable, et happe à la langue. Très souvent, dans les gisements de fossiles, les coquilles sont si peu résistantes qu'elles se brisent au moindre contact. Les dents sont les parties qui résistent le mieux.

Il arrive souvent que les coquilles ont été remplies par les sédiments encore tendres, sable ou limon, dans lesquelles elles se sont déposées. Ensuite elles se sont dissoutes, et il n'est resté que le sédiment intérieur qui s'est durci. Ce sédiment constituera un *moule interne* de la coquille reproduisant les détails de l'ornementation extérieure d'une manière quelquefois parfaite. C'est à l'état de moule interne qu'on retrouve surtout les coquilles que nous apprendrons à connaître sous le nom d'ammonites.

D'autres fois la coquille enveloppée par le sédiment a été ensuite dissoute par les eaux d'infiltration et a laissé à sa place une cavité. On a alors un *moule externe*. C'est ainsi que, dans le calcaire grossier ou pierre à bâtir de Paris, on trouve souvent les empreintes allongées de coquilles appelées cérithes. On peut citer encore comme exemple le calcaire de Sézanne. Ce calcaire est tout criblé de cavités. On eut l'idée d'y couler du plâtre, puis de dissoudre la roche dans l'acide chlorhydrique. Le plâtre n'est pas attaqué et reste seul. On put voir alors qu'il reproduisait les moules de différents animaux délicats, crustacés, insectes et même de fleurs, de boutons et de fruits.

Il peut se faire que le sédiment enveloppe la coquille et en même temps y pénètre ; si la coquille disparaît plus tard et si le sédiment s'est durci, on aura à la fois un moule externe et un moule interne séparés l'un de l'autre. C'est ce qui arrive pour des cérithes.

Les eaux d'infiltration chargées de différentes substances minérales peuvent aussi changer peu à peu la composition chimique de la coquille sans modifier sa forme. De cette manière, le calcaire de la coquille peut être remplacé petit à petit par du carbonate de chaux cristallisé, de la silice, de la pyrite, du phosphate de chaux, etc. Il y a alors *fossilisation par substitution*.

Quand le sédiment est argileux et qu'il contient en même temps du calcaire, celui-ci tend à s'isoler autour des corps organisés ; de là des masses arrondies ou nodules contenant à leur intérieur un fossile ; exemple : les nodules renfermant chacun un poisson, qu'on trouve en certaines localités.

Tous les cas précédents nous fournissent des *pétrifications*, mais il y a d'autres modes de conservation des fossiles. L'animal peut être enseveli dans une marne argileuse ou calcaire et laisser sur cette vase, avant de disparaître, une empreinte qui persistera, par suite de la solidification de cette vase. Ainsi les plaques de schistes lithographiques de Solenhofen

présentent des empreintes de plumes et même d'animaux
complètement mous, comme les méduses.

Toutes les empreintes laissées par des parties d'organismes
sont dites *empreintes organiques*. Il y a en effet d'autres empreintes qu'on peut appeler des *empreintes physiologiques,* qui
sont des vestiges de l'activité organique d'êtres disparus.

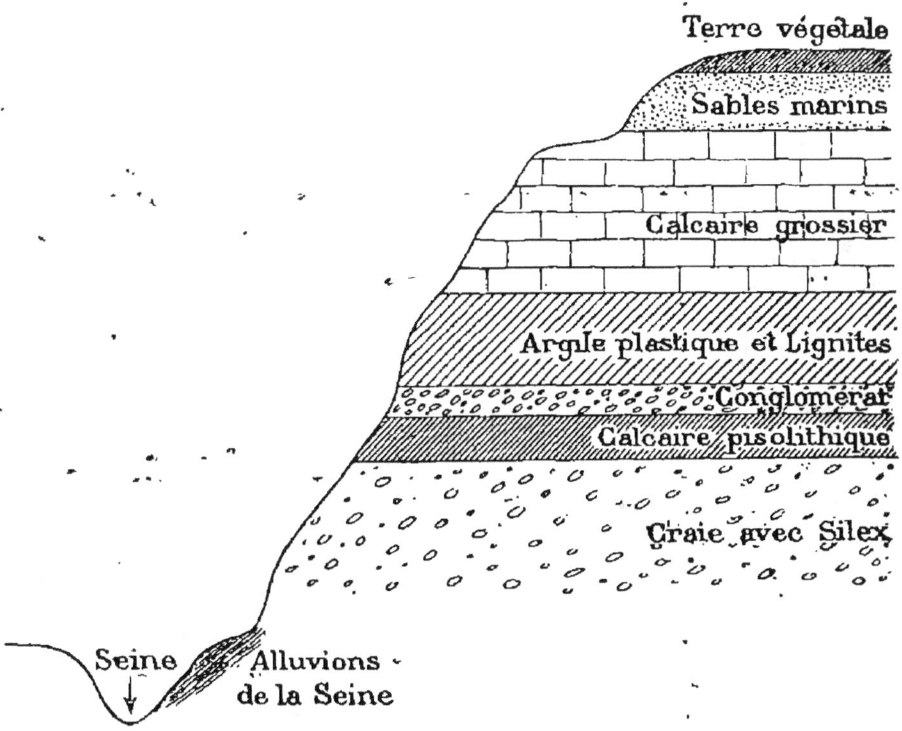


Fig. 62. — Coupe géologique de Meudon simplifiée.

Les animaux qui ont rampé sur la vase, comme les vers,
les crustacés, qui y ont marché, comme les oiseaux, les
mammifères, y ont laissé la trace de leurs pas. Plus tard, la
vase a été recouverte par du sable qui a rempli aussi ces
traces et qui s'est ensuite consolidé en grès. C'est à la face inférieure de ces grès qu'on trouve à l'état de saillies les impres-
sions en creux de l'argile sous-jacente.

**Utilité des fossiles pour distinguer les terrains et pré-
ciser leur mode de formation.** — Quand, dans une région
suffisamment étendue, on examine les diverses couches qui

reposent les unes sur les autres, un fait remarquable se manifeste. Les diverses couches ne renferment pas les mêmes fossiles; chacune a ses fossiles particuliers, ce qu'on nomme sés *fossiles caractéristiques.*

Les fossiles permettent donc de distinguer les unes des autres les différentes assises du sol, et nous verrons plus loin comment on s'en sert pour établir une véritable chronologie des terrains sédimentaires.

De plus, ils permettent de reconnaître si le terrain s'est formé dans l'eau douce ou dans la mer. Prenons un exemple.

A Meudon, près de Paris, si l'on fait une coupe géologique, c'est-à-dire si l'on cherche à représenter les diverses couches du sol, on trouve, en partant de la Seine et en s'élevant (fig. 62) :

1° De la craie, avec des coquilles marines, entre autres des oursins;

2° Un calcaire à petits grains, dit calcaire pisolithique, contenant des fossiles marins;

3° De l'argile plastique et des lignites. On y trouve, entre autres fossiles, des coquilles d'eau douce analogues à celles qui vivent aujourd'hui dans les lacs, comme des planorbes (fig. 64), des paludines (fig. 63), des limnées. Il y a aussi des troncs d'arbre en partie transformés en pyrite;

Fig. 63.
Paludine (mollusque d'eau douce).

4° Le calcaire grossier ou pierre à bâtir, avec de nombreuses coquilles allongées appelées cérithes, et dont certaines espèces se trouvent encore aujourd'hui dans les mers chaudes;

5° Des sables contenant aussi des fossiles d'origine marine, mais différents de ceux du calcaire grossier.

Comme on le voit, la présence des fossiles permet de conclure que la craie est une formation marine, que le calcaire grossier en est une aussi, mais qui s'est constituée plus tard; qu'au contraire, l'argile plastique et les lignites se sont déposés

Fig. 64.
Planorbe (mollusque d'eau douce).

dans les eaux douces. Il résulte aussi de là que Meudon, comme d'ailleurs tout le bassin de Paris, a été, à des époques antérieures à la nôtre, occupé par les eaux de la mer, et que celle-ci, après s'être retirée, est ensuite revenue pour se retirer de nouveau.

**Progrès de la paléontologie.** — L'étude détaillée des fossiles constitue une branche importante de la géologie appelée *paléontologie* (des mots grecs *palaios*, ancien ; *on, ontos,* être ; *logos*, discours, étude).

L'origine des fossiles a été longtemps méconnue. Pendant tout le moyen âge, on les regarda, non pas comme les débris d'êtres ayant autrefois vécu, mais comme des jeux de la nature, comme des minéraux s'étant formés dans le sol sous l'influence des astres ou de forces spéciales, etc. Ces idées eurent cours jusqu'au xvi$^e$ siècle.

Léonard de Vinci et Bernard Palissy soutinrent les premiers que les coquilles fossiles avaient été vivantes et avaient été abandonnées par la mer. Leur opinion rencontra d'abord une grande opposition, parce qu'on trouve des fossiles jusqu'au sommet des plus hautes montagnes, et qu'on ne s'y expliquait pas leur présence ; on n'avait aucune idée nette des mouvements de soulèvement et d'affaissement du sol. Mais l'opinion de Léonard de Vinci et de Palissy fut adoptée par le naturaliste Stenon au xvii$^e$ siècle. Il montra que certains objets fossiles très communs en Italie ne sont que des dents de requins identiques à celles des requins actuels.

L'origine organique des fossiles une fois établie, on se mit de toutes parts à les chercher et à les décrire.

L'un des principaux fondateurs de la paléontologie est le naturaliste français Cuvier. Il étudia les ossements nombreux découverts dans le gypse de Paris, démontra qu'ils appartenaient à des mammifères différents des mammifères actuels, mais qu'on pouvait cependant reconstituer par une comparaison attentive avec les animaux de notre époque.

**Nomenclature des fossiles.** — Les fossiles étant plus ou moins analogues aux animaux et aux végétaux actuels, on se

sert pour les nommer des procédés employés en zoologie et
en botanique et dus à Linné.

Les fossiles qui se ressemblent le plus constituent une
espèce, et les espèces les plus voisines constituent un genre.
Chaque espèce reçoit un nom qui lui est commun avec
toutes les espèces du même genre et un autre qui lui est
propre et qu'on appelle le *nom spécifique*, tandis que le premier est un *nom générique*. Exemple : dans le gypse de
Montmartre, on trouve les ossements d'un animal appartenant
au genre Sarigue, répandu encore aujourd'hui en Amérique.
Ce Sarigue du gypse a été nommé *Didelphys Cuvieri*. *Didelphys* est le nom latin du genre sarigue, *Cuvieri* est le nom
de l'espèce en question et rappelle les travaux de Cuvier sur
les Mammifères fossiles.

Les noms des fossiles, ainsi que ceux des animaux et
végétaux vivants sont exprimés en latin, afin que la même
espèce puisse être désignée par le même nom dans tous les
pays. Le latin joue ici le rôle de langue scientifique univer-
selle.

## RÉSUMÉ

Les fossiles sont les débris d'origne animale ou végétale qu'on
trouve dans les couches du sol. On ne retrouve le plus souvent que
des coquilles, des ossements.

Souvent la coquille a été dissoute, mais le sédiment qui y avait
pénétré s'est durci et forme un *moule interne;* d'autres fois la coquille s'est dissoute, mais a laissé à sa place une cavité : c'est un
*moule externe.* On trouve aussi des empreintes laissées sur une vase
qui s'est ensuite solidifiée.

Les fossiles permettent de distinguer les différentes assises, du
sol, et de reconnaître si elles se sont formées dans la mer ou les
eaux douces.

# CHAPITRE V

## Ordre chronologique des terrains de sédiment
### et des roches éruptives.

**Superposition des couches sédimentaires.** — L'épaisseur totale des couches sédimentaires est évaluée à plus de 50,000 mètres. Le but principal de la géologie est de classer ces couches, d'en faire la chronologie, c'est-à-dire d'établir leur âge relatif.

On doit considérer tout d'abord l'ordre de superposition des couches. Si une couche en recouvre une autre, c'est qu'elle s'est déposée sur celle-ci; elle est donc plus récente. En d'autres termes, dans une localité donnée, les couches les plus profondes sont aussi les plus anciennes.

**Fossiles caractéristiques.** — Mais il s'agit de reconnaître les couches qui se sont formées à la même époque dans deux pays différents. On ne peut compter sur la continuité des couches du premier pays au second, à cause des dislocations du sol, des cassures, des failles. On ne peut s'appuyer non plus sur la composition minéralogique des couches, car nous verrons que des calcaires, des argiles, des grès, etc., se sont déposés à des époques très différentes. Il faut recourir à la paléontologie.

Si l'on examine les diverses assises géologiques d'un pays, on constate que chacune de ces assises possède un certain nombre de fossiles qui ne se trouvent dans aucune autre. Ils permettent donc de les reconnaître ; ce sont des *fossiles caractéristiques*.

Si l'on trouve dans deux pays différents deux couches contenant les mêmes fossiles, on dira qu'elles se sont déposées au fond des eaux à la même époque, qu'elles sont *contemporaines*. On admet donc que chaque époque était caractérisée par un certain nombre d'animaux se trouvant dans des pays différents plus ou moins éloignés les uns des autres, comme on le constate encore de nos jours.

Le principe des fossiles caractéristiques fut établi en France par Alexandre Brongniart en 1808, et en Angleterre par William Smith en 1815. Il fut appliqué ensuite aux autres pays ; c'est ce qui a permis de fixer la succession chronologique des couches sédimentaires.

**Terrains.** — On partage l'ensemble des couches sédimentaires en quatre groupes qui sont, par ordre d'ancienneté décroissante :

Le groupe *primaire*, le groupe *secondaire*, le groupe *tertiaire* et le groupe *quartenaire*.

Chacun des groupes se partage en groupes moins étendus qu'on appelle les *terrains*. C'est pourquoi, au lieu de dire groupe primaire, secondaire, etc., on dit *terrains primaires, terrains secondaires*, etc.

Chaque terrain est caractérisé par un certain nombre de fossiles qui lui sont propres. Il se distingue aussi le plus souvent du terrain qui lui est inférieur et de celui qui lui est supérieur par sa stratification. Il y a généralement discordance de stratification, c'est-à-dire, comme nous l'avons dit plus haut, que l'inclinaison des couches n'est pas la même. Les couches du terrain considéré sont, par exemple, horizontales, et celles du terrain inférieur sont relevées presque verticalement.

Cette discordance de stratification est due à des mouvements du sol qui se sont produits avant le dépôt du second terrain.

Les fossiles animaux ou végétaux qu'on trouve dans un terrain constituent sa *faune* et sa *flore*.

**Étages.** — Un terrain se divise lui-même en plusieurs parties ou *étages* possédant des fossiles spéciaux.

**Périodes et âges géologiques.** — Pour désigner l'intervalle de temps qui correspond à un terrain ou à un étage, on emploie assez indifféremment les expressions d'époque, de période, d'âge. Nous ferons correspondre l'*époque* à l'étage et la *période* au terrain.

L'ensemble des périodes correspondant aux terrains d'un même groupe constituera un *âge* ou une *ère géologique*. Il y aura donc à distinguer l'*ère* ou l'*âge primaire*, l'*ère secondaire*. l'*ère tertiaire* et l'*ère quaternaire*.

**Évolution de la vie.** — La comparaison des fossiles appartenant à ces quatre ères montre que la vie à la surface de la terre a subi une véritable évolution ; depuis l'ère primaire, les animaux et les végétaux se sont rapprochés de plus en plus des animaux et végétaux actuels.

Les êtres vivants de l'ère primaire diffèrent beaucoup des êtres actuels. Les animaux qui dominent sont les Crustacés ; les Vertébrés ne sont guère représentés que par des Poissons. La flore se composait presque uniquement de plantes sans fleurs (*Cryptogames*), auxquelles venaient s'adjoindre des végétaux analogues aux Pins et Sapins actuels (*Gymnospermes*).

Dans l'ère secondaire se développent de nombreux Mollusques, des Reptiles gigantesques. Les Oiseaux et les Mammifères font leur apparition, ainsi que les plantes à fleurs.

L'ère tertiaire est caractérisée par de nombreux Mammifères très voisins des Mammifères actuels.

L'ère quaternaire voit se développer des Mammifères dont les genres, sinon les espèces, vivent encore aujourd'hui. Cet âge, que notre époque ne fait que continuer, est surtout caractérisé par la présence de l'Homme.

**Lacunes.** — L'étude géologique d'un seul pays ou de quelques pays seulement n'eût pas suffi cependant pour conduire aux généralités qui précèdent. En effet, dans aucune région la série sédimentaire n'est complète. Les environs de Paris ne nous présentent pas les terrains primaires ; on ne peut y étudier qu'une partie des terrains secondaires, tertiaires, quaternaires. En Bretagne, au contraire, les terrains primaires sont seuls bien développés ; en quelques points on voit reposer directement sur eux des lambeaux tertiaires. Presque partout la série sédimentaire présente ainsi des *lacunes*. Il faut les attribuer aux mouvements du sol. La mer a couvert pendant un certain temps une région de ses dépôts, puis une émersion s'est produite. La mer s'est retirée, mais a pu revenir à la suite d'un affaissement du pays.

Quand il s'est produit une lacune dans la sédimentation, on en est averti souvent par l'état de la surface des dépôts. La surface est usée, corrodée sous l'influence des agents atmosphériques. Si, par suite de son émersion, elle a été amenée au niveau de la surface de la mer, les mollusques perforants (exemple : les pholades) viennent s'y établir et la roche se montre criblée de trous.

C'est donc par une suite d'observations faites dans tous les pays que, malgré les dislocations du sol et les lacunes, on a pu établir la classification des formations sédimentaires. Ces observations, poursuivies avec zèle, ont permis aussi de fixer l'âge relatif des roches éruptives.

**Ordre chronologique des roches éruptives.** — Pour déterminer l'âge des roches éruptives, on s'appuie sur les règles suivantes :

Si une roche éruptive en traverse une autre ou traverse des couches sédimentaires en y formant des filons ou des nappes, on en conclut qu'elle est venue au jour après le dépôt de celles qu'elle traverse.

Si une roche éruptive contient des fragments d'une autre roche, c'est qu'elle est plus récente ; elle a arraché ces débris, au moment de son éruption, à des roches préexistantes.

Si, au contraire, on trouve dans des couches sédimentaires à l'état de cailloux roulés, des fragments d'une roche éruptive, on doit en conclure que l'éruption et la consolidation de cette roche ont précédé le dépôt de la couche sédimentaire.

Voici une application de ces règles.

Le granit est traversé par toutes les autres roches éruptives et n'en traverse aucune. On voit en particulier le basalte traverser en Auvergne le granit ; il contient des morceaux de granit ; sans aucun doute il est postérieur au granit.

Des remarques de ce genre ont conduit à cette conclusion importante qu'il y a eu deux séries d'éruptions.

La première série s'est poursuivie pendant toute la durée de l'ère primaire. C'est à elle qu'appartiennent le granit, la granulite, les porphyres, etc. L'activité des éruptions a presque entièrement cessé au début de l'ère secondaire. Elle s'est réveillée au commencement de l'ère tertiaire et continue de nos jours. A cette seconde série appartiennent les basaltes, les trachytes, les phonolites.

**Terrain primitif.** — Outre les roches sédimentaires et les roches éruptives, nous avons distingué une autre catégorie de roches, de nature intermédiaire. Ce sont les roches feuilletées cristallines (gneiss, micaschistes). Quel est leur âge ?

Partout où on peut les observer, on voit qu'elles supportent toute la série sédimentaire. Elles sont donc plus anciennes. Elles constituent le premier terrain formé. C'est ce qu'on appelle le *terrain primitif*. Nous devons en faire l'étude avant d'aborder celle des terrains primaires.


## RÉSUMÉ

Pour établir la succession chronologique des terrains de sédiment on s'appuie sur les principes suivants :

1º Les couches les plus profondes sont les plus anciennes.

2º Chaque couche a ses fossiles spéciaux (*fossiles caractéristiques*).

L'ensemble des couches sédimentaires se divise en quatre groupes : le groupe *primaire*, le groupe *secondaire*, le groupe *tertiaire*, le groupe *quaternaire*. Chacun de ces groupes se divise en groupes moins étendus appelés *terrains*. Chaque terrain a ses fossiles caractéristiques. Il se partage lui-même en *étages*.

Aux grands groupes, aux terrains, aux étages correspondent les *ères*, les *périodes*, les *époques*.

Depuis l'ère primaire les animaux et les végétaux se sont rapprochés de plus en plus des animaux et végétaux actuels.

Si une roche éruptive traverse une roche sédimentaire ou une autre roche éruptive, on en conclut qu'elle est plus récente que ces dernières. Si une couche sédimentaire renferme à l'état de cailloux des cailloux roulés, des fragments d'une roche éruptive, on doit en conclure qu'elle est plus récente que celle-ci.

Au-dessous de la série sédimentaire ou trouve les gneiss et micaschistes. Ils forment le *terrain primitif*.

# CHAPITRE VI

## Terrain Primitif.

**Constitution du terrain primitif.** — Le terrain primitif, qui est le support commun de toutes les couches sédimentaires, ne présente pas de fossiles. Ce terrain se compose essentiellement de *gneiss* et de *micaschistes*.

Le gneiss présente les trois éléments fondamentaux du granit : feldspath, quartz, mica ; mais ce dernier, au lieu d'être distribué au hasard dans la roche, y forme des bandes plus ou moins marquées. La roche, par suite, présente une sorte de stratification.

A la partie la plus inférieure du terrain primitif se trouve un gneiss où l'alignement du mica est peu accusé. Ce gneiss ressemble donc beaucoup au granit ; on l'appelle *gneiss granitoïde*. Sa présence au bas de la série primitive explique cette idée, parfois soutenue encore aujourd'hui, que la partie la plus ancienne de l'écorce du globe est formée par le granit.

Au-dessus du gneiss granitoïde se trouvent le *gneiss proprement dit*, où le mica est bien aligné, et les *micaschistes*. Ceux-ci ne contiennent que du quartz et du mica noir. Ils sont très feuilletés, parce que le mica forme des plaques séparées par de petits lits de quartz. Souvent, dans le gneiss, il y a des micaschistes interposés, mais on les trouve surtout bien développés au-dessus du gneiss. Ils constituent donc un étage moins ancien.

Au sommet de la série des micaschistes se trouvent des schistes contenant beaucoup de minéraux très bien développés. Ce sont les *schistes à minéraux*. On y remarque particulièrement le *grenat*, la *tourmaline*, l'*andalousite*, la *staurotide*. Accidentellement s'y rencontrent la *topaze*, le *corindon*, l'*émeraude*. C'est dans cette zone aussi que se trouve l'or à l'état natif. Les alluvions qui renferment l'or sont formées de détritus provenant de la zone des schistes à minéraux.

La partie la plus élevée du terrain primitif est constituée par des schistes cristallins appelés *amphiboloschistes, chloritoschistes, schistes à séricite*. Les premiers sont riches en amphiboles ; les seconds contiennent du mica presque entièrement altéré et transformé en *chlorite*, minéral vert à paillettes ; les derniers, enfin, contiennent un mica hydraté, verdâtre, d'un toucher onctueux ; on l'a appelé *séricite*, mais on l'a pendant longtemps confondu avec le talc. Il y a, d'ailleurs, des intermédiaires entre les trois espèces de schistes ci-dessus désignées, et ils sont associés de diverses manières.

Dans le terrain primitif on trouve, et surtout dans les gneiss, des gisements de *fer magnétique* qu'on exploite comme minerais de fer. Ils sont bien développés en Suède.

Il y a aussi des marbres, c'est-à-dire des calcaires cristallins, très imprégnés de mica blanc et autres minéraux. Ce sont les *calcaires cipolins*.

**Roches éruptives du terrain primitif.** — On voit le *granit* traverser en filons le gneiss et les micaschistes. En bien des endroits aussi, des morceaux de gneiss et de micaschistes se trouvent au milieu de granit. Cela montre bien que les gneiss et micaschistes s'étaient formés avant la sortie du granit.

Les filons de *granulite*, ou granit à mica blanc, sont parfois très abondants au milieu des couches du terrain primitif.

**Métamorphisme du terrain primitif.** — Des gneiss et micaschistes ont été modifiés au contact des roches éruptives ; il y a eu *métamorphisme*. C'est surtout la granulite qui a exercé une action énergique sur les roches qu'elle a traversées. Ainsi le gneiss est traversé souvent par des veines très nombreuses de granit et il s'y est formé beaucoup de mica blanc. Ce gneis *granulitisé* s'appelle aussi *gneiss rouge* à cause de sa couleur dominante.

Les schistes à minéraux et les cipolins doivent aussi les minéraux nombreux qu'ils renferment à l'action des roches éruptives.

**Répartition géographique du terrain primitif.** — Le terrain primitif, partout où l'on peut l'observer, se montre avec les mêmes caractères. Il est bien développé en Bretagne, dans le Cotentin, les Vosges, les Alpes, et forme presque tout le plateau central de la France. Ce dernier, qui comprend le Limousin, l'Auvergne, la Haute-Loire, l'Ardèche, etc., a une élévation d'environ 750 mètres au-dessus de la mer ; il est formé de gneiss et de granit ; sur les bords, il y a des micaschistes. Il supporte plusieurs chaînes montagneuses dont certaines, comme la chaîne des Puys, celle du Cantal, sont dues à des éruptions volcaniques relativement récentes.

Le terrain primitif est aussi bien net sur les bords de la Méditerranée, dans le massif des Maures, où abondent les schistes à minéraux. Les gneiss, les micaschistes ont une grande puissance en Saxe, en Scandinavie et surtout dans l'Amérique du Nord. Au Canada, ils ont une grande épaisseur et constituent un terrain étendu qu'on appelle le *Laurentien*, ainsi nommé du fleuve Saint-Laurent.

**Hypothèses sur la formation du terrain primitif.** — On admet généralement que la terre a été tout d'abord à l'état fluide. Les preuves de cet état primitif sont : 1° la forme même de la planète. Le globe terrestre n'est pas une sphère parfaite ; il est aplati aux pôles. C'est précisément la forme que prendrait une masse liquide tournant, comme la terre, autour de son axe.

2° Il y a encore à l'intérieur du globe des matières fluides, comme le démontrent la chaleur interne et l'émission de laves et de gaz.

3° La terre s'est refroidie constamment depuis les temps les plus anciens. Nous verrons, en effet, plus tard, qu'autrefois les régions polaires possédaient une flore telle qu'en ont aujourd'hui les pays chauds ; que les Palmiers et autres végétaux des tropiques croissaient aux environs de Paris, etc.

On admet donc que la terre, primitivement à l'état fluide, était entourée d'une atmosphère qui contenait à l'état de vapeur toute l'eau et tous les sels des océans actuels. Elle a perdu par rayonnement une partie de sa chaleur ; sa surface, dès lors, s'est solidifiée ; il s'est formé une première croûte superficielle de gneiss granitoïde. L'atmosphère, étant ainsi séparée de l'intérieur du globe, a subi une première condensation. Il en est résulté une eau très chaude tenant en dissolution un grand nombre de composés chimiques, et qui, par suite, a pu agir énergiquement sur l'écorce solide. Celle-ci devait s'épaissir graduellement par suite des progrès du refroidissement, mais, sous l'action de l'eau, elle a subi un commencement de stratification en même temps que des cristallisations s'effectuaient. C'est ainsi qu'on peut expliquer l'origine des gneiss feuilletés, micaschistes, chloritoschistes, etc.

Mais bientôt des éruptions de granit se sont fait jour à travers la croûte primitive et ont produit les premières saillies de cette croûte, les premiers îlots au milieu d'un vaste océan. Enfin cet océan, arrachant aux rivages des matériaux, les triturant et les déposant ensuite autour des premières saillies du globe, a commencé la série des formations sédimentaires. En même temps, à cause de la diminution de la température, la vie est devenue possible, et les premiers fossiles, uniquement marins, se sont déposés avec les premiers sédiments.

Il ne faut regarder tout ce qui précède que comme une hypothèse permettant d'expliquer l'origine du terrain primitif.

Bien d'autres ont été faites, entre autres celle suivant laquelle le terrain primitif serait formé de couches sédimentaires modifiées après coup sous l'action métamorphique des roches éruptives.

Quoi qu'il en soit, un fait indiscutable est aujourd'hui établi : la série sédimentaire a pour soubassement un terrain de gneiss et de micaschistes.


## RÉSUMÉ

Le *terrain primitif* se compose de gneiss et micaschistes. A sa base on trouve le *gneiss granitoïde* qui ressemble beaucoup au granit. Au sommet, il y a des schistes cristallins souvent riches en minéraux.

Il y a des calcaires cristallins (*cipolins*) et des gisements de fer magnétique.

Les gneiss et micaschistes sont traversés par le *granit* et la *granulite*. Il y a eu métamorphisme au contact de ces roches éruptives.

Le terrain primitif est bien développé surtout en Bretagne et dans le plateau central.

On admet que la terre était primitivement à l'état fluide, qu'elle s'est refroidie et s'est alors couverte d'une croûte solide. Telle serait l'origine du terrain primitif.

# CHAPITRE. VII

## Terrains Primaires. — Leur faune.

**Division des terrains primaires.** — Les terrains primaires sont de bas en haut, c'est-à-dire du plus ancien au plus récent :

Le Silurien,
Le Dévonien,
Le Carbonifère,
Le Permien.

Nous donnerons plus loin l'explication de ces noms.

Autrefois, on appelait les terrains primaires, et plus particulièrement le Silurien et le Devonien, les *terrains de transition*. En effet, les roches qui les composent présentent souvent un état cristallin et constituent ainsi un passage entre le terrain primitif et les formations sédimentaires.

**Trilobites.** — Les animaux qui caractérisent surtout les terrains primaires sont des Crustacés appelés les *Trilobites*. On leur donne ce nom (animaux à trois lobes) parce que leur corps se divise en trois lobes aussi bien dans le sens longitudinal que dans le sens transversal (fig. 65). Les trois lobes transversaux sont : la *tête*, le *thorax*, divisé en anneaux plus ou moins nombreux, et l'*abdomen*. La tête présente une partie renflée, la *glabelle*, et deux parties latérales ou *joues* qui se terminent souvent par deux longues pointes, les *pointes génales*. Les anneaux du thorax présentent des appendices appelés *plèvres*. C'est à cause de ces plèvres que le corps présente longitudinalement trois lobes.

Les empreintes des Trilobites ne nous montrent le plus souvent que la face supérieure de ces animaux. Pendant longtemps on n'a pas connu la face inférieure et les pattes. Celles-ci ne sont connues que depuis peu de temps.

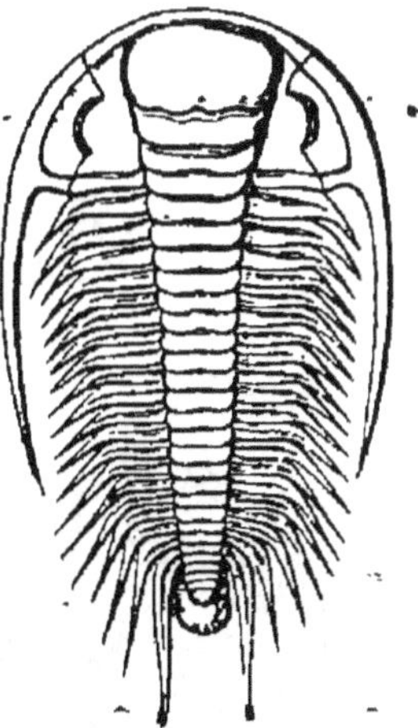

Fig. 65. — Trilobite (*Paradoxides*).

Souvent les Trilobites sont enroulés à la manière des Cloportes actuels.

Les Trilobites vivaient dans la mer, car on ne les trouve que dans des formations marines, en compagnie des Mollusques.

On regardait autrefois les Crustacés voisins des Cloportes comme les proches parents des Trilobites. Il semble cependant que ceux-ci se rapprochent plutôt des Limules (fig. 66) ou Crabes des Moluques, qui vivent encore aujourd'hui dans les mers chaudes, car lorsque les Limules sortent de l'œuf, elles ressemblent beaucoup, par leur bouclier et leurs anneaux, aux Trilobites.

Les Trilobites n'ont existé que dans les temps primaires. Ils apparaissent dans le Silurien, deviennent de moins en moins nombreux, et disparaissent complètement avec le Permien.

**Grands Crustacés primaires.** — Outre les Trilobites, on trouve dans les terrains primaires des Crustacés de grande taille atteignant jusqu'à 1ᵐ,80 de longueur.

Tel est le *Pterygotus anglicus*. Les appendices sont réunis autour de la bouche comme chez les limules actuelles. Comme chez celles-ci, les appendices portent des épines servant à broyer les aliments.

Le nom de *Pterygotus* fait allusion aux grandes pattes formant des sortes d'oreilles.

Chez l'*Eurypterus*, le corps se termine par une sorte de glaive analogue à celui des Limules (fig. 67), tandis que chez le *Pterygotus* l'extrémité du corps est en forme de rame. Il y a des pattes larges, ce que rappelle le nom d'*Eurypterus*.

Fig. 66. — Limule.

Ce qui précède montre bien que nos Limules reléguées sur les côtes des îles Moluques et sur les côtes occidentales de l'Amérique du Nord représentent un groupe de Crustacés très florissant pendant la période primaire.

**Articulés aériens.** — Les continents primaires, surtout les continents siluriens et dévoniens, étaient peu étendus ; la plupart des formations sédimentaires sont marines. C'est ce qui explique qu'on ne trouve guère que des articulés aquatiques, comme les crustacés. Les Articulés aériens se sont montrés cependant dès la fin du Silurien. On a trouvé récemment (1884), dans des couches de cette époque, un Scorpion assez bien conservé. Sa peau, dure et brunâtre, était intacte ; son corps se terminait par un dard venimeux comme chez les

Scorpions actuels; il avait de fortes pinces. On a même reconnu les stigmates de l'animal, ce qui prouve que sa respiration était bien aérienne.

Les Insectes apparaissent dès le Dévonien; ils y sont représentés par de grandes Libellules. Pendant la période carbonifère, ils sont assez nombreux et rappellent par leurs formes les Libellules, les Sauterelles, les Blattes de la nature actuelle.

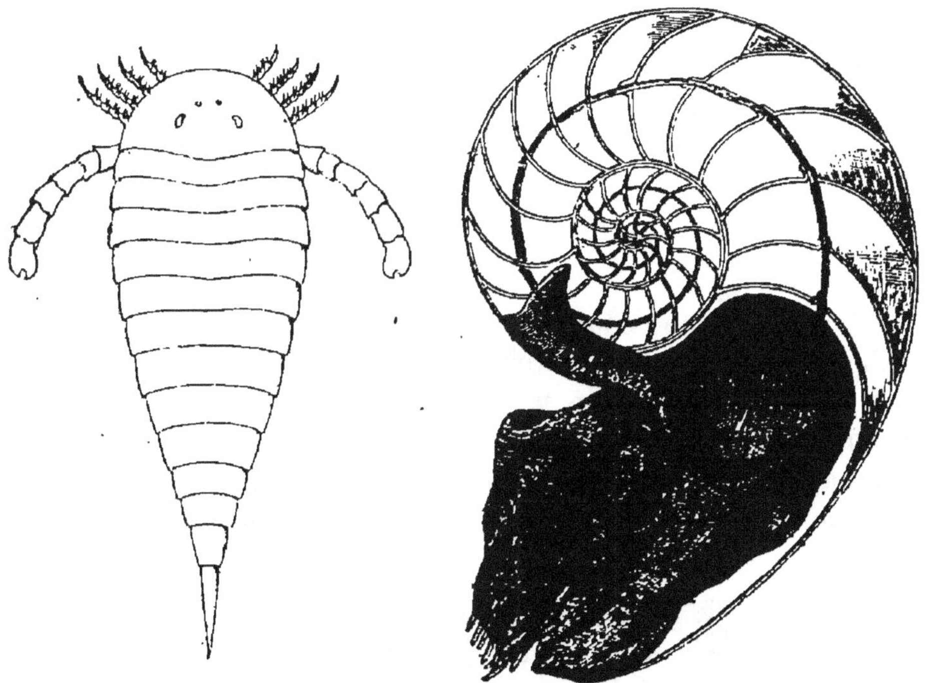

Fig. 67. — Eurypterus.          Fig. 68. — Nautile

**Mollusques Céphalopodes.** — On appelle ainsi des Mollusques qui ont la tête entourée de bras ou tentacules. Exemples : le Poulpe, la Seiche. Dans la mer des Indes, on trouve un Céphalopode appelé le *Nautile* (fig. 68). L'animal possède une coquille enroulée divisée par des cloisons en plusieurs chambres de plus en plus petites à mesure qu'elles s'éloignent de l'ouverture. La chambre la plus grande, qui est près de l'ouverture, est occupée par l'animal. Celui-ci a de nombreux tentacules; il possède quatre branchies, tandis que les autres n'en ont que deux. Les chambres qui viennent ensuite sont remplies d'air ; elles sont traversées par un tube appelé *siphon* contenant un prolongement du corps de l'animal.

Les Nautiles, aujourd'hui si rares, étaient au contraire très nombreux pendant la période primaire. Certains d'entre eux,

Fig. 69. — Gyroceras.

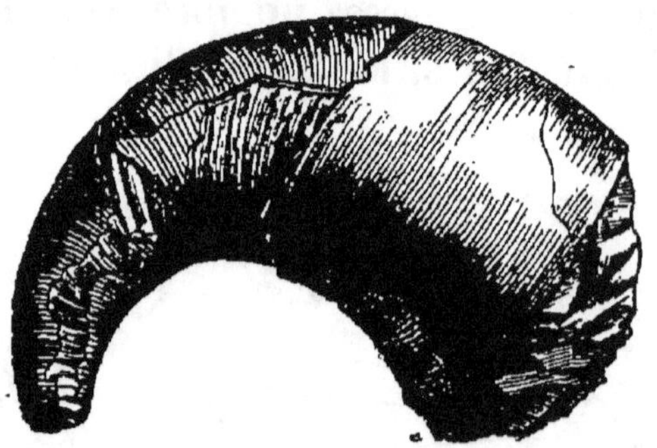

Fig. 70. Cyrtoceras.

au lieu d'avoir une coquille enroulée à tours contigus comme celle des Nautiles ordinaires, avaient une coquille en partie déroulée, ce qui leur a valu le nom de *Gyroceras* (en grec : corne circulaire) (fig. 69). Chez d'autres, la coquille est simplement arquée, ce qu'exprime leur nom de *Cyrtoceras* (corne courbe) (fig. 70). Enfin, beaucoup d'entre eux ont une co-

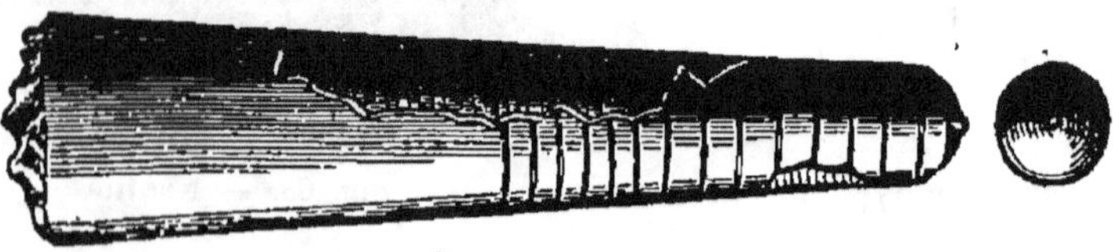

Fig. 71. — Orthoceras.

quille absolument droite, d'où le nom d'*Orthoceras* (corne droite) (fig. 71). En un mot, de l'Orthoceras au Nautile on trouve tous les degrés de l'enroulement.

D'autres Céphalopodes ont été appelés *Goniatites* (fig. 72). Les cloisons de la coquille, au lieu d'être droites comme chez les Mollusques de la famille des Nautiles, étaient sinueuses. En effet, les moules internes que l'on a recueilli présentent comme traces des cloisons des lignes en zigzag dont les angles sont très aigus (le nom de Goniatite vient du mot grec *gonia*, angle).

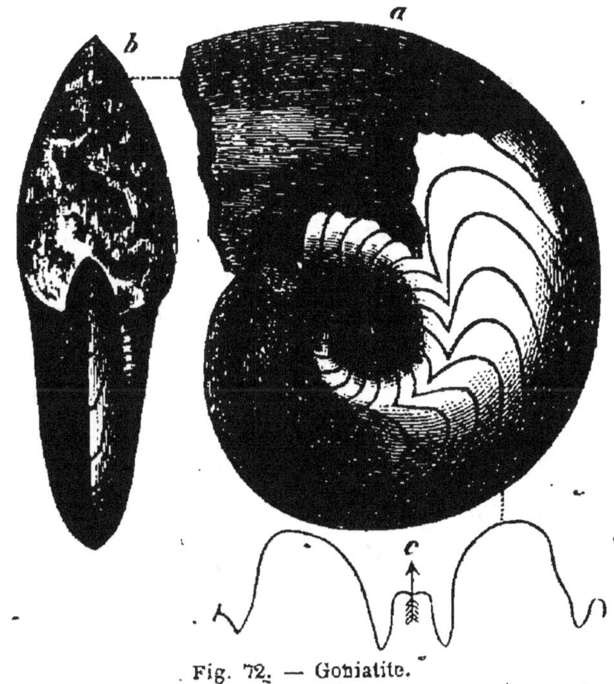

Fig. 72. — Goniatite.

**Brachiopodes.** — Les Brachiopodes sont des animaux en-

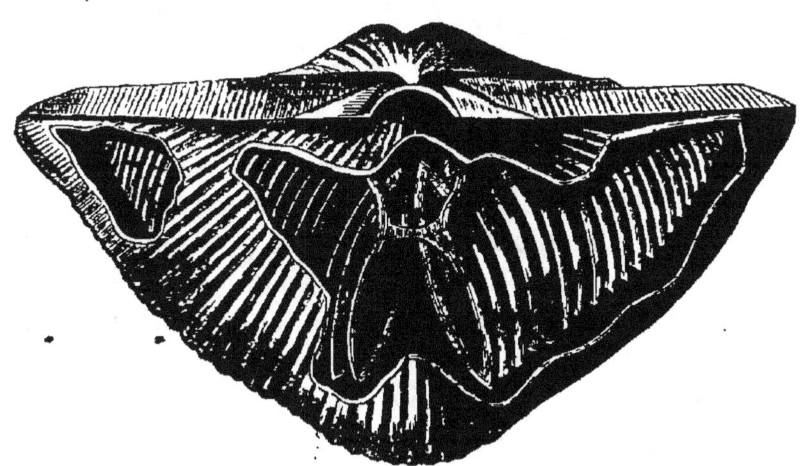

Fig. 73. — Spirifer : Coupe montrant l'appareil interne.

fermés dans une coquille formée de deux valves. Ils n'ont pas de tête distincte et présentent auprès de la bouche deux longs bras enroulés en spirale et couverts de cils extrêmement fins et toujours en mouvement ; grâce à ces mouvements, il se forme dans l'eau des courants qui apportent à l'orifice buccal des particules nutritives. Les deux valves sont inégales ; la grande se termine par un crochet souvent percé d'un trou par lequel sort un pédoncule servant à fixer l'animal aux corps sous-marins.

Les Brachiopodes, aujourd'hui peu nombreux, ont eu tout leur développement à l'époque dévonienne.

Souvent, dans la petite valve, se trouve disposé un appareil calcaire, dit *appareil brachial*, sur lequel s'enroulent les deux bras de l'animal (fig. 73). C'est ce que l'on voit bien chez certains Brachiopodes dévoniens, où l'appareil brachial se compose de deux spirales. Cette disposition a valu à ces Brachiopodes le nom de *Spirifers*.

**Poissons.** — Les Poissons de la période primaire présen-

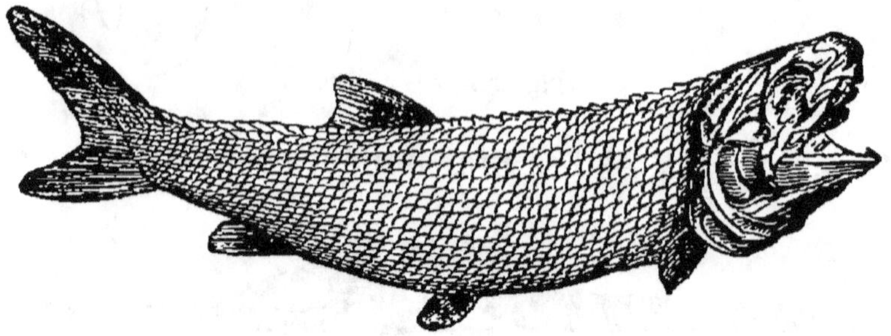

Fig. 74. — Palæoniscus.

tent un caractère général : leur queue se partage en deux lobes inégaux ; la colonne vertébrale se prolonge dans le lobe supérieur, qui est le plus long. A l'époque actuelle, on peut citer les Requins, les Raies, l'Esturgeon comme présentant cette disposition. Les Poissons dont la queue est ainsi divisée en deux parties inégales sont dits *hétérocerques*, tandis que ceux dont la queue est formée de deux lobes égaux sont dits *homocerques* [1].

Les Poissons primaires sont donc hétérocerques. De plus,

---

1. Hétérocerque veut dire en grec : queue différente, et homocerque : queue égale.

leur squelette est très incomplètement ossifié. En revanche, leur corps était protégé par de grandes plaques ou des écailles osseuses couvertes d'un émail brillant. C'est ce qui leur a fait donner le nom de *Ganoïdes* (en grec : apparence éclatante).

Les Ganoïdes ne sont plus guère représentés aujourd'hui que par l'*Esturgeon* dont le corps présente des rangées de grandes écailles émaillées et dont le squelette reste cartilagineux. Ces Poissons ont été au contraire particulièrement nombreux dans la période primaire. On peut citer entre autres le *Palæoniscus* (ce nom signifie : Poisson ancien) (fig. 74).

Beaucoup même avaient, au lieu de simples écailles, de larges plaques émaillées leur formant une vraie cuirasse. Ce

Fig. 75. — *Pterichthys*.

sont les *Ganoïdes Placodermes* (peau avec plaques). Tels sont : le *Pterichthys* (poisson ailé) (fig. 75), dont les nageoires ressem

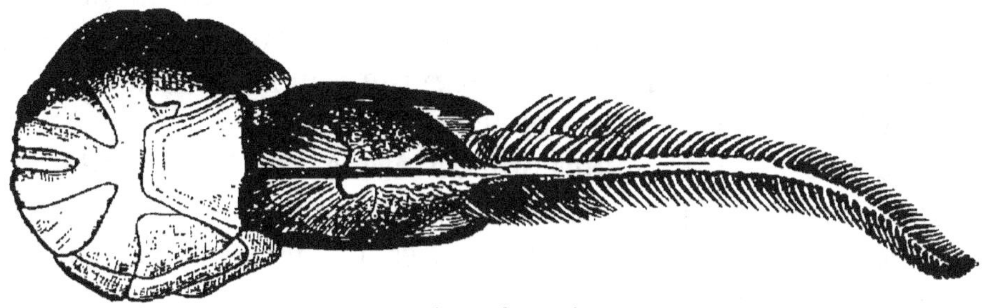

Fig. 76. — *Coccosteus*.

blent à des ailes, et le *Coccosteus* (fig. 76) dont la partie antérieure était seule protégée par une cuirasse. Chez les *Cephalaspis* (tête avec bouclier), il y avait un grand bouclier céphalique (fig. 77).

**Batraciens.** — Les Batraciens et Reptiles primaires ne peuvent être trouvés que dans les dépôts d'eau douce, puisqu'il s'agit de Vertébrés à respiration aérienne. C'est dans les couches carbonifères et permiennes qu'on les rencontre.

Les plus anciens Batraciens sont ceux qui ressemblent aux Salamandres actuelles. Tel est le *Protriton petrolei*; il présente de grandes analogies avec les Tritons ou Salamandres aquatiques, d'où son nom. (*Protriton* signifie : animal précédant le

Fig. 77. — Cephalaspis.

triton). Il a été trouvé à Autun dans des schistes qu'on exploitait pour en tirer du pétrole. Sa longueur ne dépasse pas 5 centimètres. Un autre appelé *Pleuronoura* (queue avec côtes) a une queue plus longue, formée de 16 vertèbres sur les premières desquelles il y a des côtes.

**Labyrinthodontes.** — D'autres animaux de la période primaire font le passage des Batraciens aux Reptiles. Leurs dents ont une structure compliquée; elles sont cannelées et, si l'on fait une section transversale, on y voit souvent de nombreux replis contournés, c'est ce qui a valu à ces animaux leur nom. Labyrinthodonte signifie : dent avec labyrinthe, c'est-à-dire avec replis sinueux.

Les Labyrinthodontes ont un crâne protégé par des plaques osseuses rappelant celles des Ganoïdes ; les vertèbres sont en outre biconcaves comme chez les Poissons. Les jeunes avaient des branchies.

Le crâne repose sur la colonne vertébrale par deux condyles occipitaux, disposition qu'on trouve chez les Batraciens, tandis qu'il n'y a qu'un condyle chez les Reptiles.

Mais la poitrine et le ventre portaient des plaques osseuses rappelant celles des Crocodiles ; comme chez ces derniers, en outre, les dents sont logées dans des alvéoles ; enfin les deux dents antérieures de la mâchoire inférieure sont souvent très

grandes et reçues dans des fossettes de la mâchoire supérieure, ainsi qu'on le voit chez le Crocodile.

Les Labyrinthodontes présentent donc des caractères les
rapprochant à la fois des Poissons Ganoïdes, des Batraciens et
des Reptiles.

L'un des plus curieux est l'*Archegosaurus* (ce qui veut dire :
qui précède les Lézards). Sa tête ressemble beaucoup à celle du

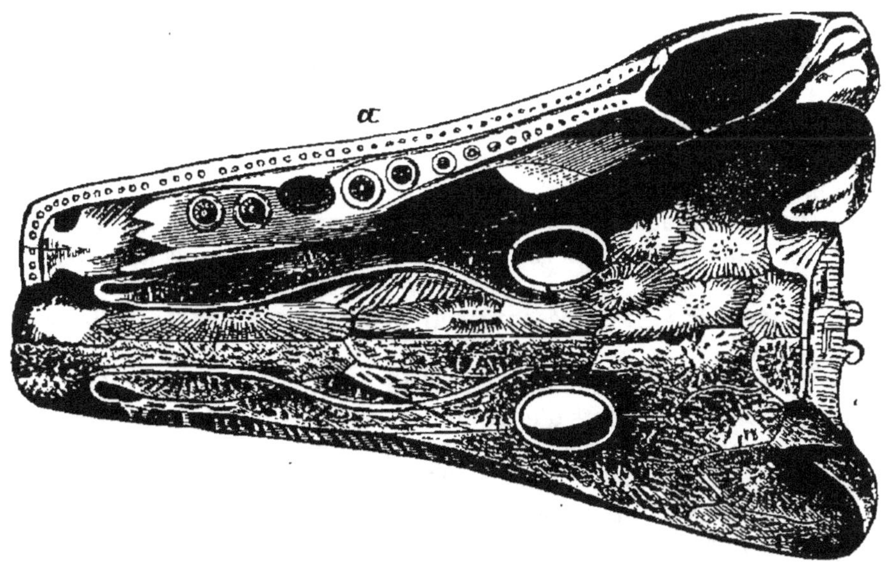

Fig. 78. — Tête d'Archegosaurus.

Crocodile; la face inférieure était couverte de petites écailles
disposées en chevrons. Les membres étaient faibles et dirigés
en arrière comme pour servir à la natation (fig. 78).

On le trouve dans les couches permiennes.

**Reptiles.** — Dans le Permien on a trouvé aussi de véritables Reptiles. Ce sont des Lézards qui ont reçu le nom de *Prote-
rosaurus* (prédécesseur des Lézards). Ils ressemblaient beaucoup
aux Monitors ou Varans qui vivent aujourd'hui sur les bords
du Nil. Mais leurs vertèbres étaient biconcaves, caractère
qu'on retrouve, comme nous le verrons, chez tous les reptiles
des temps anciens.

On ne trouve dans les terrains primaires aucun reste de
Mammifères ni d'Oiseaux.

## RÉSUMÉ.

Les terrains primaires sont, du plus ancien au plus récent : le *Silurien*, le *Dévonien*, le *Carbonifère* et le *Permien*.

Les animaux de l'ère primaire sont très différents des animaux actuels.

Ceux qui caractérisent cette période sont des Crustacés appelés *Trilobites*, parce que leur corps présente trois parties dans le sens longitudinal en trois aussi dans le sens transversal. Il y avait aussi alors des Crustacés gigantesques ressemblant aux Limules actuelles.

Les Articulés aériens sont représentés par des Scorpions qu'on trouve dès le Silurien, et des Insectes abondants surtout pendant la période carbonifère.

Les Mollusques Céphalopodes du groupe des Nautiles sont abondants. Certains dont la coquille est droite au lieu d'être enroulée, sont appelés *Orthoceras*.

Les Brachiopodes, animaux ayant une coquille formée de deux valves, et munis de deux bras enroulés, sont nombreux surtout dans le Dévonien.

Les Vertébrés sont représentés par des Poissons, des Batraciens et des Reptiles.

Les Poissons ont la queue formée de deux lobes inégaux (*hétérocerques*); ils sont couverts d'écailles émaillées (*Ganoïdes*) ou protégés par une cuirasse composée de plaques osseuses.

On trouve des Batraciens voisins des Salamandres actuelles, d'autres animaux dont les dents présentent de nombreux replis ont été appelés *Labyrinthodontes*. Ils font le passage des Batraciens aux Reptiles. Il y a aussi de véritables Lézards.

---

# CHAPITRE VIII

**Terrains Primaires. — Terrain Silurien, terrain Dévonien.**

## I. — SILURIEN

**Principales régions siluriennes.** — Le terrain silurien a été étudié tout d'abord en Angleterre, dans le pays de Galles. / Ce pays fut occupé autrefois par la tribu des Silures ; de là est venu le nom de Silurien.

On trouve les couches siluriennes bien développées, non seulement dans le pays de Galles, mais aussi en Scandinavie, en Russie, en Bohême. La France présente aussi les mêmes couches, surtout en Bretagne et dans les Ardennes. Nous étudierons plus loin en détail le Silurien français. On le retrouve également en Australie, dans les Indes, dans l'Amérique du Nord, où il forme le déversoir de la chute du Niagara, et dans les régions polaires.

Quoique ce soit le terrain le plus ancien et, par suite, le premier où la vie ait apparu, il est très riche en fossiles. Il en contient plus de onze mille espèces.

C'est un terrain d'origine essentiellement marine. Par

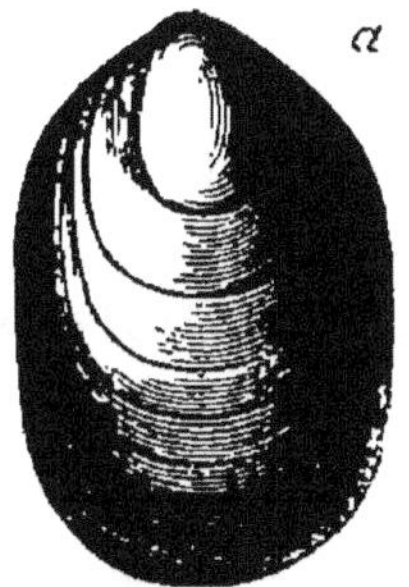

Fig. 79. — *Lingule*. Vue externe et vue interne.

toute la terre il présente la même faune. On trouve partout les mêmes genres et souvent les mêmes espèces. Aujourdhui, au contraire, les faunes marines aussi bien que les faunes terrestres varient beaucoup avec la latitude. Il faut en conclure que, pendant la période silurienne, les climats n'étaient pas tranchés et que les mers possédaient une température uniforme.

**Divisions du Silurien. Caractères généraux.** — On divise les couches siluriennes en trois étages.

L'étage inférieur est appelé terrain *Cambrien*, de l'ancien nom latin *Cambria* du pays de Galles. Il est formé de phyllades, c'est-à-dire d'ardoises riches en minéraux cristallisés, et de schistes habituellement rouges. Les parties les plus inférieures sont dépourvues des fossiles, mais les parties supérieures en présentent de remarquables.

On y trouve en particulier des Brachiopodes appelés (fig. 79) *Lingules*, dépourvus d'appareil brachial. En outre, les valves sont égales, et, au lieu d'être réunies l'une à l'autre par une charnière formée de dents entrant dans des fossettes corres-pondantes, comme cela a lieu chez la plupart des Brachiopodes, étaient sim-plement rattachées l'une à l'autre par des muscles.

Les Lingules existent encore aujour-d'hui dans les mers chaudes; elles se fixent par un long pédoncule. La co-quille des espèces actuelles est presque identique à celles des espèces silu-riennes. Les Lingules se sont donc con-servées jusqu'à notre époque sans chan-gement appréciable.

Les Trilobites apparaissent dans le Cambrien. Ils sont représentés par le genre *Paradoxides*, dont l'une des prin-cipales espèces est le *Paradoxides bohemicus* (qu'on trouve en Bohême). Il se distingue par ses pointes génales très longues, ses plèvres épi-neuses et son abdomen court. Il est re-présenté dans le chapitre précédent.

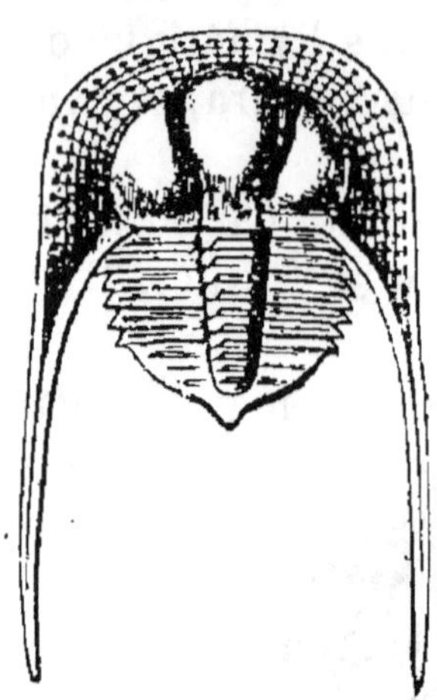

Fig. 80.
Trinucleus ornatus.

L'étage moyen du Silurien contient un très grand nombre d'espèces de Trilobites (fig. 80). L'un des plus remarquables est le *Trinucleus ornatus*. Il tire son nom de ce que sa tête présente trois saillies en forme de noix; de plus, elle est ornée de petites granulations. Les pointes génales sont très longues; les yeux n'existent pas.

Un autre genre du Silurien moyen est le genre *Calymene*, dépourvu de pointes génales, mais possédant des yeux bien développés avec des facettes nombreuses. Une espèce com-mune est la *Calymene Tristani* (Calymène de Tristan). Le plus

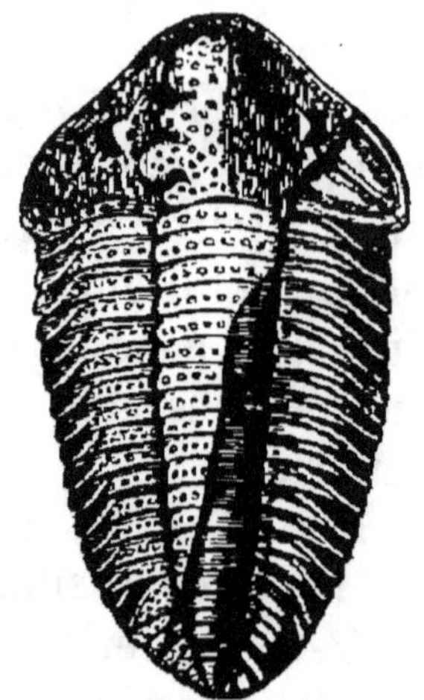

Fig. 81.
Calymene Blumenbachii.

souvent les Calymènes se trouvent enroulés à la manière des Cloportes (fig. 81).

L'étage supérieur du silurien est caractérisé par la *Calymene Blumenbachii*, qui porte le nom du naturaliste Blumenbach. On y trouve aussi des Nautiles et les formes plus ou moins déroulées, *Gyroceras, Orthoceras,* dont nous avons parlé dans le chapitre précédent.

Sur les roches du Silurien moyen et du Silurien supérieur on rencontre souvent des empreintes ressemblant à des traits

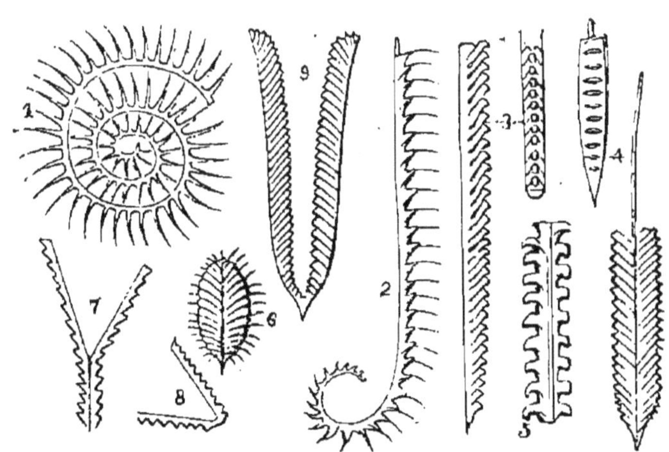

Fig. 82. — Groptolithes de formes diverses.

marqués à la plume, ce qui leur a valu le nom de *Graptolithes* (en grec, pierres écrites) (fig. 82). Pour apprécier leur véritable nature, il faut recourir à l'observation de la nature actuelle. Dans nos eaux douces on trouve souvent de petits êtres consistant en un simple sac dont l'ouverture est entourée de tentacules ; on les appelle *Hydres*, et on donne le nom gégnéral de *Polypes* à toutes les formes analogues. Dans la mer, les Hydres, au lieu de rester isolées, poussent des bourgeons devenant autant de Polypes qui restent unis les uns aux autres. Il en résulte une colonie arborescente soutenue par un axe corné ; chaque Polype est entouré d'un étui également corné. L'ensemble de ces parties dures s'appelle un *Polypier*.

Quand on regarde un Graptolithe à un fort grossissement, on voit qu'il consiste en un axe de ce genre présentant sur le côté une série de petites loges. Les Graptolithes étaient donc des colonies analogues à celles des Hydraires marins actuels.

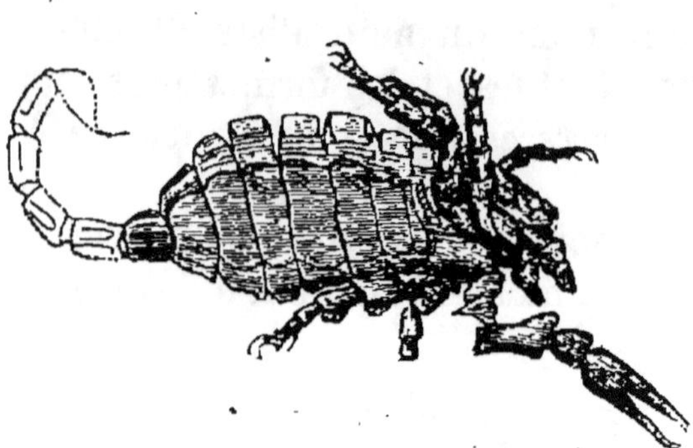

Fig. 83. — Scorpion fossile.

Certains graptolithes sont droits (*Graptolithus priodon*), d'autres en spirale (fig. 83) *Graptolithus spiralis*), d'autres encore enroulés en hélice (*Graptolithus turriculatus*).

Dans le Silurien supérieur de l'île de Gotland, en Suède, on a trouvé le plus ancien animal terrestre connu[1]. C'est le Scorpion, dont nous avons parlé dans le chapitre précédent.

**Base du Cambrien en France. Phyllades, schistes maclifères.** — Dans les Ardennes françaises et belges, le Silurien inférieur ou Cambrien est représenté par un puissant massif de phyllades fournissant des ardoises violacées, particulière-

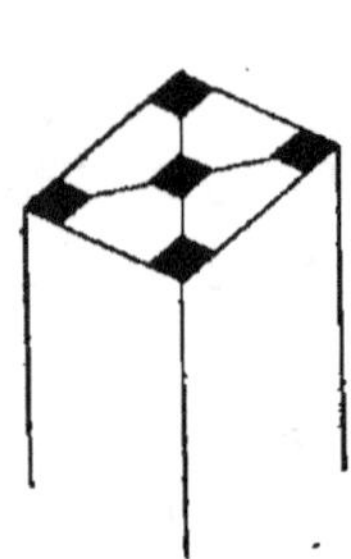

Fig. 84.

Mâcle ou andalousite.

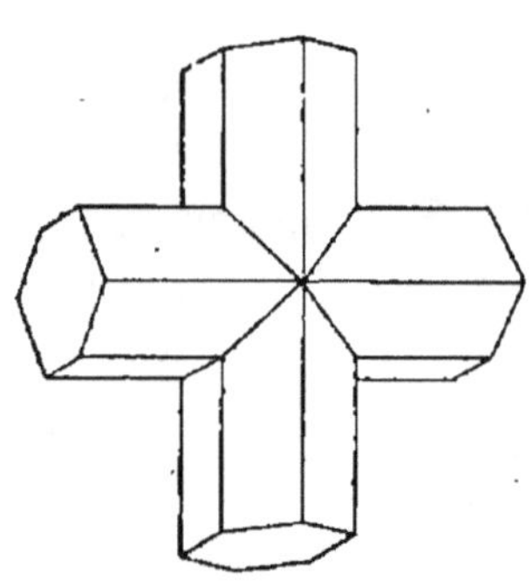

Fig. 85.

Staurotide ou pierre de croix.

ment exploitées à Fumay). On n'y trouve guère d'autres fossiles que des empreintes d'origine problématique.

1. On lui a déjà donné le nom de *Palæophonus nuncius*, ce qui indique qu'il est le précurseur des Scorpions actuels. On l'a trouvé également dans le Silurien d'Écosse.

La base des terrains primaires dans le Cotentin (départe-ment de la Manche) et en Bretagne est formée aussi par des phyllades, c'est-à-dire des schistes bien feuilletés, très durs et contenant des cristaux (exemple : phyllades de Saint-Lô). Sou-vent ces couches schisteuses se chargent d'un minéral cristal-lin appelé *mâcle* ou *andalousite* (fig. 84). C'est un silicate d'alumine qui renferme des particules charbonneuses grou-pées de manière à former une croix. Quand l'andalousite se charge de fer, elle prend le nom de *staurotide* (fig. 85), ce qui veut dire *pierre de croix*, parce que les cristaux sont grou-pés peu à peu en forme de croix rectangulaire.

Les schistes ainsi chargés de mâcle, ou *schistes mâclifères*, doivent le développement de ce minéral au voisinage du granit ; c'est un phénomène de métamorphisme. D'ailleurs, le granit traverse tous ces schistes et en englobe des mor-ceaux qui forment des taches foncées dans la pâte du granit. C'est ce qu'on voit souvent sur les dalles des trottoirs de Paris, faites avec le granit du Calvados et de la Manche.

**Schistes rouges. Grès armoricain à Bilobites.** — Au-dessus des schistes et phyllades de couleur foncée et sans fos-siles, on trouve des *schistes rouges* et des *poudingues pourprés*, formés de gros cailloux de quartz blanc se détachant sur une pâte lie de vin. On n'y trouve pas d'autres restes organiques que des sortes de tubes appelés *Scolithes* et qu'on suppose être des trous de Vers analogues à ceux que les Annélides font sur nos côtes.

Aux schistes succède un grès blanc très répandu en Bre-tagne, où il forme les monts d'Arrée et les montagnes Noires ; c'est ce qui lui a valu le nom de *grès armoricain* (c'est-à-dire breton). On y trouve des empreintes remarquables. A la face inférieure d'une plaque de grès, à son contact avec une couche argileuse se montrent souvent des saillies demi-cylindriques qui ne se prolongent jamais dans la masse du grès. Ces demi-cylindres sont divisés en deux par un sillon médian, ce qui leur a fait donner le nom de *Bilobites* (fig. 86). Des sillons se-condaires placés en chevrons se voient sur les deux lobes et aboutissent au sillon médian. On a pris longtemps ces bilobites pour des empreintes d'Algues. On pense maintenant que des animaux ont laissé une piste en cheminant sur la vase; cette piste a ensuite été remplie par du sable, lequel ensuite est devenu du grès. Cela explique bien la situation des Bilobites à la face inférieure des grès. D'ailleurs, tout récemment, en faisant cheminer des Crustacés, des Vers, etc., sur de l'argile mouillée, on a obtenu des empreintes dont certaines ressemblent à des Bilobites; les sillons secondaires sont dus aux traces laissées par les appendices de l'animal, pattes, branchies, etc.

Fig. 86.

Bilobites du Silurien d'Almaden (Andalousie).

**Silurien moyen. — Ardoises d'Angers. —** Le Silurien moyen succède au grès armoricain. Il est représenté aux environs d'Angers par des ardoises bleues activement exploitées. Elles se divisent en trois minces feuillets sur lesquels on voit souvent du mica et des cristaux jaune d'or de pyrite ou sulfure de fer. — Ces ardoises contiennent beaucoup de Trilobites.

Les ardoises d'Angers sont en couches plissées, contournées, ce qui dénote des mouvements du sol, de plus les fossiles sont déformés, aplatis. Il faut donc admettre une compression énergique. On doit d'ailleurs attribuer la schistosité, c'est-à-dire la faculté des ardoises de se diviser en feuillets à des compressions. Elle est indépendante de la stratification; les plans de stratification sont ployés, contournés, tandis que ceux de clivage restent parallèles entre eux.

On a pu produire la schistosité par de fortes compressions; ainsi de l'argile molle qu'on fait écouler sous la forme d'un

jet au moyen de la presse hydraulique se divise en feuillets
très nets.

Au-dessus des ardoises se trouvent des grès roses bien
développés en particulier à *May*, près de Caen et aussi aux
environs de Rennes. Ils sont surmontés de schistes noirs contenant des *Trinucleus*.

Quand les schistes à Calymènes et à Trinucleus sont en
contact avec le granit ou la granulite, ils se chargent de cristaux de mâcle développés sous l'action des roches éruptives.
On y voit donc à la fois des fossiles et des cristaux. C'est ce
qui a lieu dans le Morbihan aux Salles-de-Rohan. Cette localité est le berceau de la famille de Rohan dont l'écusson est
orné des mâcles si communs dans ces schistes.

**Silurien supérieur de France.** — Le Silurien supérieur
est peu développé en France. On trouve cependant des schistes
à Graptolithes et à Orthoceras, à Feuguerolles (Calvados),
Saint-Sauveur-le-Vicomte (Manche), et aussi dans les Pyrénées,
près de Luchon. La *Calymene Blumenbachii* caractéristique du
silurien supérieur est rare en France; on la trouve cependant
à Erbray (Loire-Inférieure).


## II — Dévonien.

**Principales régions dévoniennes.** — Le terrain dévonien
a été étudié d'abord dans le comté de Devon, au sud de l'Angleterre, ce qui lui a valu son nom. Mais il est aussi très bien
développé dans les Ardennes françaises et belges et dans la
région de l'Eifel et de la Westphalie sur les bords du Rhin.
Cette région possède même deux gisements d'où viennent de
forts beaux fossiles : Paffrath près de Cologne et Gerolstein.

On le trouve aussi en Bretagne, en Normandie, dans les
Pyrénées. Il est représenté en Espagne, en Chine, dans les
Indes, en Amérique, en Australie.

La période dévonienne comme la période silurienne a été
caractérisée par une grande uniformité de climat, car on
trouve les mêmes genres, sinon les mêmes espèces, en tous les
points du globe. Le nombre des espèces est moins grand que

celui des espèces siluriennes et les Trilobites, si communs pendant la période silurienne, tendent à disparaître (fig. 87). Les animaux qui dominent dans le Dévonien sont les Brachiopodes. — On trouve des végétaux et des insectes, ce qui montre que les continents étaient déjà assez étendus.

Pour déterminer les caractères généraux de ce terrain, nous l'étudierons dans les Ardennes.

**Dévonien de la région ardennaise. — Fossiles caractéristiques.** — Le dévonien se montre bien développé dans la vallée de la Meuse entre Fumay et Dinant. On le divise en trois étages.

L'étage inférieur qui repose sur les schistes cambriens est formé surtout d'une roche grossière, schisteuse appelée *grauwacke*. Elle tient le milieu entre les grès et les schistes ; elle se compose de fragments de quartz et de schistes réunis par un ciment argileux. Les principaux fossiles sont les Brachiopodes appelés *Spirifers*. L'appareil brachial se compose de deux cônes enroulés en spirale, et la coquille s'allonge sur les côtés (fig. 88) en forme d'ailes. Exemple : *Spirifer macropterus*.

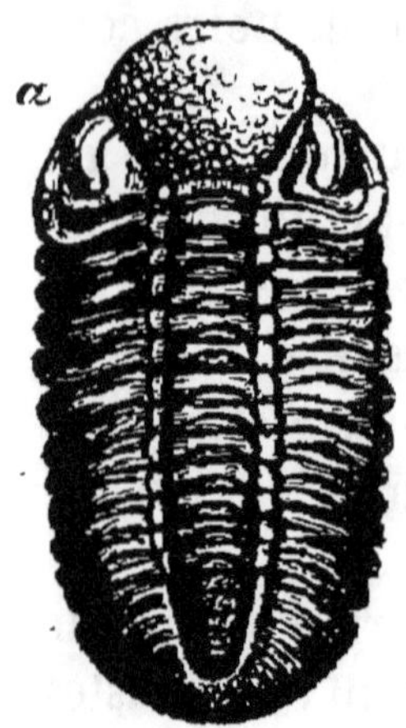

Fig. 87.
Trilobite du dévonien
(*Phacops*).

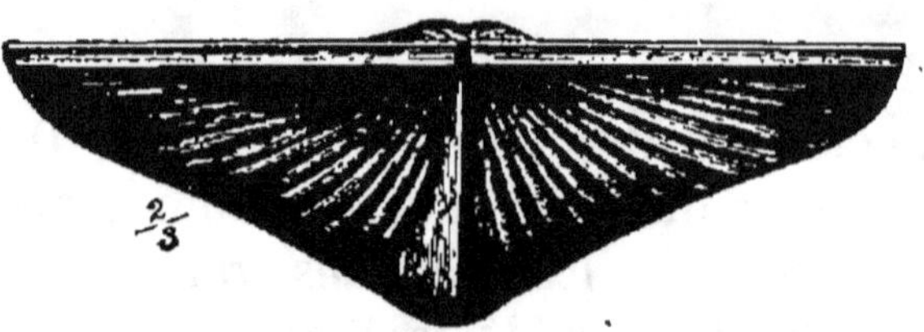

Fig. 88. — Spirifer macropterus.

Un autre fossile très remarquable a reçu le nom de *Pleurodictyum problematicum*. Cette empreinte a une forme ovale ; on y voit un grand nombre de trous figurant des losanges ; au centre se trouve habituellement une sorte d'S. La nature de ce fossile a longtemps été inconnu. Pour la deviner il a fallu recourir à une comparaison avec les êtres actuellement vivants. Beaucoup de polypes comme le corail, les madrépores présentent une sorte de squelette calcaire en forme de coupe, à l'intérieur de laquelle sont disposées des cloisons qui se réunissent au centre. La paroi de la coupe ou *muraille* est souvent percée de pores. On donne le nom de *polypiérites* aux loges des polypes et celui de *polypier* à l'ensemble des loges.

On regarde aujourd'hui le *Pleurodictyum* comme le moule interne d'un polypier dont les murailles étaient perforées. L'S qui s'y trouve est le moule d'un tube tel qu'en ont les Vers marins appelés Serpules, et sur lequel le Polypier se serait fixé (fig. 89).

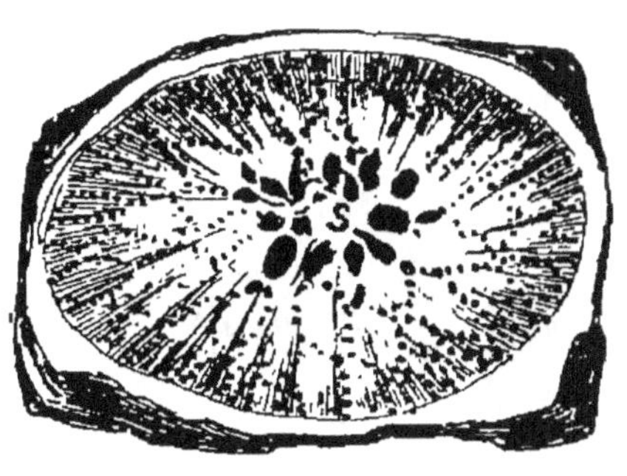

Fig. 89. — Pleurodictyum.

L'étage moyen du Dévonien des Ardennes présente à sa base des schistes contenant un fossile dont la nature a longtemps été controversée. C'est la *Calceola sandalina* ainsi nommée parce qu'elle ressemble à une pantoufle pointue. A l'intérieur de cette espèce de cornet (fig. 90) on voit de petites cloisons ; il y a de plus un couvercle. On regarde, aujourd'hui la *Calceola* comme la loge d'un Polype vivant isolé (polypiérite) et muni d'un opercule lui permettant de se mettre à l'abri des attaques. Au-dessus des schistes à Calcéoles il y a un calcaire qu'on trouve à Givet. Ce calcaire, dit *calcaire de Givet*, fournit des marbres noirâtres. Tel est le marbre *Sainte-Anne* employé pour les cheminées ; il est noir avec des taches blanches dues

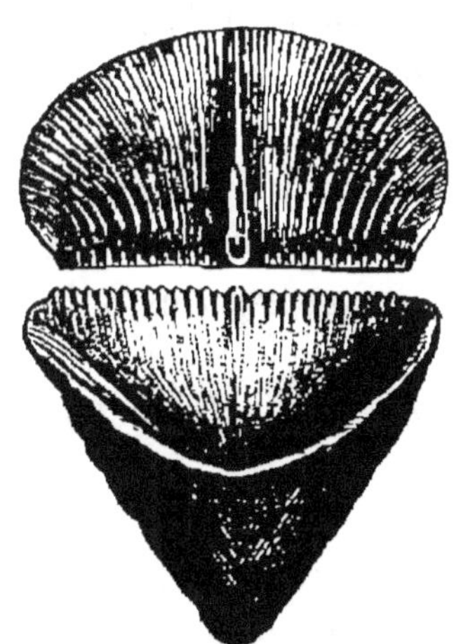

Fig. 90. — Calceola sandalina.

à des polypiers. Le fossile caractéristique de cette couche est un Brachiopode dont la grande valve se termine par un crochet recourbé comme le bec d'une chouette. On lui a donné le nom de *Stringocephalus Burtini*. Le mot de *Stringocephalus* signifie tête de chouette (fig. 91).

Le Dévonien supérieur présente des schistes argileux ayant

pour fossile caractéristique le *Spirifer Verneuili*. (Spirifer de Verneuil). Ce Spirifer a un crochet recourbé. Comme chez tous les Spirifers la coquille présente deux ailes, et une partie médiane qui forme bourrelet dans une valve et sillon dans l'autre. Ici les ailes et la partie médiane présentent des plis égaux. Les ailes sont moins longues que chez les Spirifers du Dévo-

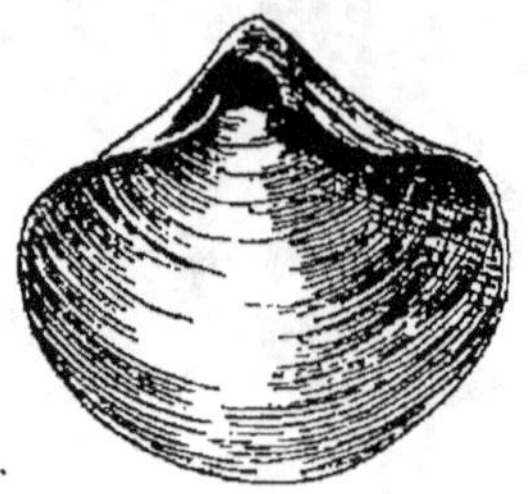

Fig. 91. — Stringocephalus.

Fig. 92. — Spirifer Verneuili.

nien inférieur (fig. 92). Le Dévonien supérieur des Ardennes se termine par des grès micacés appelés *psammites* présentant des empreintes de Fougères.

**Dévonien de Bretagne et de Normandie.** — Le Dévonien est représenté sur les bords de la Bretagne et du Cotentin. Ces régions étaient donc émergées et formaient une île baignée par l'océan dévonien. Les couches dévoniennes consistent surtout en un calcaire noir et en une grauwacke. Les fossiles sont ceux du Dévonien inférieur. On y trouve entre autres des Spirifers et le Pleurodictyum.

Vers l'embouchure de la Loire, les trois divisions du Dévonien sont représentées.

**Marbres des Pyrénées.** — Le Dévonien se trouve représenté dans les Pyrénées par des couches calcaires contenant les Céphalopodes à cloisons sinueuses appelés *Goniatites* (voir le chapitre précédent).

Le calcaire y forme des marbres estimés. L'un d'eux appelé *marbre griotte* est rouge. On l'exploite à Caunes près de Carcassonne. Un autre est vert ; c'est le *marbre Campan* exploité dans la vallée de ce nom.

On trouve aussi des marbres dévoniens dans le nord de la France, près de Boulogne-sur-Mer. Là, on exploite, dans la localité de Ferques, un marbre d'un bleu noirâtre contenant le *Spirifer Verneuili*

**Vieux grès rouge.** — On trouve dans le nord de l'Angleterre et en Écosse un grès rouge que les Anglais appellent Vieux grès rouge (*old red sandstone*) pour le distinguer d'un autre plus récent. Il contient les Poissons Ganoïdes dont nous avons parlé précédemment : *Céphalaspis, Pterichthys, Coccosteus,* etc. Ils ne sont pas dans la masse même du grès. Chaque Poisson est à l'intérieur d'un nodule calcaire. La matière calcaire s'est donc déposée autour du Poisson et l'a préservé ainsi de la destruction.

Avec les Poissons il y a aussi des végétaux, précurseurs de ceux de la houille. Le vieux grès rouge est par suite une formation d'eau douce. Elle est bien dévonienne, car en certains points, particulièrement dans le sud de l'Angleterre et en Russie, on trouve un mélange des couches du grès rouge et des couches marines à Brachiopodes du Dévonien. Le nord de l'Europe était donc occupé par un continent sur les côtes duquel la mer faisait de fréquentes irruptions.

## RÉSUMÉ

Le *Silurien* étudié d'abord dans le pays de Galles, se trouve bien représenté en Scandinavie, en Russie, en Bohême. On y trouve surtout des fossiles marins et qui sont les mêmes sur tout le globe. Le Silurien inférieur ou *Cambrien* présente des Brachiopodes appelés *Lingules* et les Trilobites y apparaissent (*Paradoxides*). L'étage moyen est caractérisé par le *Trinucleus ornatus* et l'étage supérieur par le *Calymène Blumenbachi.* Ce sont aussi des Trilobites.

En France le Silurien inférieur s'étudie bien dans les Ardennes et en Bretagne. On y trouve les *phyllades de Saint-Lô,* les *schistes maclifères,* le *grès armoricain.* Au Silurien moyen appartiennent les *ardoises d'Angers* avec le *Calymène Tristani.* Le Silurien supérieur est mal représenté.

Le *Dévonien* étudié d'abord en Angleterre existe aussi dans les Ardennes, sur les bords du Rhin, en Bretagne, etc. Les Trilobites tendent déjà à disparaître et les Brachiopodes, entre autres les *Spirifers* y deviennent abondants, dans l'étage inférieur on trouve le *Pleurodictyum problematicum,* dans l'étage moyen la *Calceola sanda-*

*lina*, et dans l'étage supérieur la *Spirifer Verneuili*. Au Dévonien appartiennent les marbres des Pyrénées.

Dans le nord de l'Angleterre et en Écosse le Dévonien consiste en un grès rouge (*vieux grès rouge*) qui contient de nombreux Poissons Ganoïdes.

————

# CHAPITRE IX

## Terrains Primaires (*Suite*).— Terrain carbonifère et terrain permien.

### I.— TERRAIN CARBONIFÈRE : ÉTAGE DU CALCAIRE CARBONIFÈRE

**Calcaire carbonifère.** — Le terrain carbonifère tire son nom de ce qu'il contient la houille ou charbon de terre. Il est composé de deux parties :

1° Le *calcaire carbonifère* à la base ;
2° L'étage *houiller* au sommet.

Le calcaire carbonifère est une formation marine, surtout développée en Belgique et en Angleterre. Il est noir et présente des cordons de silex noirs appelés *phtanites*. Il fournit des marbres : tel est le marbre des Écaussines, dans le Hainaut, ou *petit granit*, qui est noir bleu avec des taches blanches dues à des débris d'organismes. Ce calcaire se retrouve près de Boulogne où l'on exploite à Marquise le marbre gris appelé *marbre Napoléon*.

Le calcaire carbonifère a reçu en Angleterre et en Europe le nom de *calcaire de montagne* (*moutain Limestone*), parce qu'il forme les montagnes de ces pays.

**Caractères généraux.** — Les fossiles principaux de cette formation sont les Brachiopodes.

On y trouve encore des *Spirifers*, mais ils ont une forme plus arrondie que ceux du Dévonien et leurs côtes tendent à disparaître. Ainsi le *Spirifer glaber* (fig. 93) est lisse, ce qui lui a valu son nom (glaber : lisse).

Les Brachiopodes les plus communs sont les *Productus*. La grande valve est convexe, la petite est concave. Il n'y a pas d'appareil calcaire pour soutenir les bras. Le crochet de la grande valve ne présente pas l'ouverture nécessaire pour le passage d'un pédoncule. L'animal n'était donc pas fixé. Il est vrai que la coquille présente au voisinage du crochet des épines tubuleuses dont il ne reste en général que la base. Ces

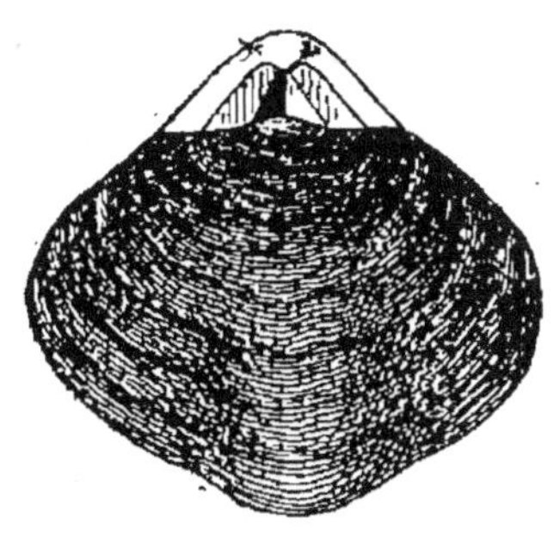

Fig. 93. — Spirifer glaber.

épines lui permettaient peut-être de s'attacher aux herbes marines. Une espèce caractéristique est le *Productus semireticulatus* (fig. 94), qui présente sur la grande valve, près du crochet, un fin réseau de stries.

Les Trilobites ne sont plus représentés que par un seul genre, le genre *Phillipsia*, qui disparaîtra lui-même après le Permien.

Le calcaire carbonifère a dû se former dans une vaste mer qui couvrait le nord de l'Europe et s'étendait dans les régions polaires, car on retrouve le calcaire au

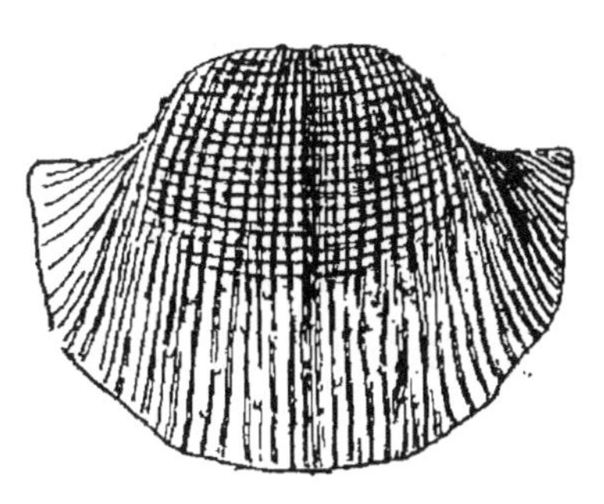

Fig. 94.
Productus semireticulatus.

Spitzberg avec ses Productus et ses Spirifers. Ce fait montre en outre que, par tout le globe, il y avait encore une grande uniformité de température.

**Culm.** — A l'époque du calcaire carbonifère, une émersion du sol, qui sera complète à l'époque houillère, commençait à se produire. En effet, on trouve en certains points, comme dans les Vosges, le Nassau, le Hartz, des dépôts où sont mélangés les fossiles marins du calcaire carbonifère et des végétaux. Ces couches, où l'on trouve une houille sèche appelée *anthracite*, sont connues sous le nom de *Culm.*

## II. — TERRAIN CARBONIFÈRE. — ÉTAGE HOUILLER.

**Houille.** — Le terrain houiller tire son nom de la houille qu'il contient. Celle-ci, appelée aussi charbon de terre, est une substance noire contenant au moins 80 pour 100 de carbone.

La houille se présente en lits superposés ayant de quelques centimètres à deux mètres d'épaisseur. Ils sont séparés les uns des autres par des couches de schistes.

**Origine de la houille.** — A première vue, la houille ne présente d'ordinaire aucune trace d'organisation. Cependant on peut y reconnaître parfois, à l'œil nu, des troncs d'arbres carbonisés, des écorces et des feuilles. En outre, les schistes qui emprisonnent les lits de houille présentent beaucoup d'empreintes végétales.

La houille est due, par suite, à la décomposition lente des végétaux. La succession des lits de houille et des schistes montre qu'il s'agit ici d'une alluvion, et que la décomposition des plantes a eu lieu dans l'eau, à l'abri du contact de l'air.

Mais la houille s'est-elle formée sur place ou est-elle un produit de transport?

Suivant la première opinion, la végétation houillère formait d'épaisses forêts dans des vallées marécageuses. Les débris tombés des arbres s'accumulaient sur un sol que venaient couvrir les eaux d'inondation et s'y carbonisaient lentement. On trouve, en effet, par exemple en Belgique, des racines qui traversent les schistes inférieurs au lit de houille, tandis que les schistes supérieurs renferment des empreintes de feuilles et que la houille interposée présente des tiges. Il s'agit bien alors d'une forêt dont les schistes inférieurs représentent l'ancien sol. Les lits successifs de houille s'expliquent par des affaissements et des exhaussements alternatifs du sol.

On admet maintenant que la houille est plus généralement un produit de transport. Le plus souvent les débris végétaux sont posés à plat, comme s'ils s'étaient déposés dans un liquide ; en outre, on peut trouver, comme à Commentry, dans la houille, des arbres dressés, les racines en l'air. On suppose que des débris de végétaux ont été entraînés par les eaux de ruissellement le long des pentes et se sont déposés dans des dépressions du sol, dans des lacs ou des lagunes. L'alternance de couches de houille et de schistes résulterait de la densité différente des matériaux transportés.

Il est fort probable que les deux cas se sont présentés suivant les pays. Il y a eu, d'une part, submersion des forêts, et, d'autre part, flottage de matières végétales qui se sont accumulées dans des dépressions.

Dans le premier cas, la formation de la houille a dû être très lente ; dans le second cas, au contraire, chaque couche de houille pourrait être le produit d'une seule inondation. Cela explique pourquoi il existe tant de divergences au sujet du nombre d'années nécessaire à la formation de la houille. Suivant certains auteurs, il a fallu un million d'années, suivant d'autres, cinq mille ans seulement.

Un fait remarquable est la présence dans les couches de houille de petits bancs calcaires contenant des fossiles marins, *Productus, Goniatites*, etc. La houille s'est donc formée souvent dans des lagunes où débouchaient des fleuves entraînant à la mer une foule de débris. On peut admettre aussi que les forêts houillères s'étaient établies sur des côtes basses que la mer couvrait parfois de ses eaux. Ces dépôts houillers indiquent donc les limites des continents à l'époque houillère.

**Diverses sortes de houille.** — La houille, comme nous l'avons vu, provient de la décomposition lente des végétaux à l'abri du contact de l'air. Les matières végétales se composent surtout de carbone, d'oxygène et d'hydrogène. Quand elles se décomposent à l'air libre, le carbone et l'hydrogène disparaissent à l'état d'acide carbonique et d'eau. Mais à l'abri de l'air, l'oxydation est nécessairement incomplète, car il n'y a pas dans ces matières assez d'oxygène pour brûler tout le carbone et tout l'hydrogène. Le résultat de cette décomposition lente est un enrichissement progressif en carbone. Ce dernier est accompagné de carbures d'hydrogène volatils. Il y a des différences d'une houille à l'autre qui tiennent à une proportion plus ou moins grande des produits volatils. Ces différences résultent de la nature des débris : écorces, feuilles, plantes de telle ou telle famille, qui forment de la houille ; elles sont dues aussi à une décomposition plus ou moins complète des débris avant leur enfouissement.

Quand il y a beaucoup de produits volatils, la houille peut servir à la fabrication du gaz d'éclairage ; elle donne beaucoup de gaz et de fumée. C'est la *houille grasse*. Quand, au contraire, les carbures d'hydrogène sont peu abondants, la houille brûle avec peu de flamme ; elle est dite *maigre* ou *sèche*.

*L'anthracite* est une houille très sèche, brillante, qui s'allume difficilement et produit beaucoup de chaleur. Elle contient 90 à 92 pour 100 de carbone. La houille renferme souvent de la pyrite ou sulfure de fer, d'un beau jaune d'or. Elle fournit alors, quand on la brûle ou quand on la distille pour la fabrication du gaz, de l'acide sulfureux et de l'acide sulfhydrique dont l'odeur est désagréable.

Souvent aussi on voit sur des fragments de houille de brillantes couleurs, des irisations semblables à celles des bulles de savon. Le phénomène est dû à la même cause que celui présenté par les bulles de savon ; il résulte de la décomposition de la lumière à la surface d'une mince pellicule. Celle-ci provient, dans la houille, d'une légère altération toute superficielle.

**Usages de la houille.** — La houille est une des matières les plus précieuses. Elle sert au chauffage et, dans l'industrie, pour les fonderies, les usines, qui en font une énorme consommation. Elle sert aussi à la fabrication du gaz d'éclairage. En distillant la houille, c'est-à-dire en la chauffant dans des cornues, on en tire des produits volatils dont le mélange constitue le gaz d'éclairage. On doit l'épurer, d'ailleurs, avant de le livrer à la consommation. Comme résidu de la distillation, on obtient un charbon poreux, dur, le *coke*, qui donne beaucoup de chaleur. Les goudrons provenant de l'épuration

du gaz fournissent des substances qui cherchent à préparer
des matières colorantes aujourd'hui très répandues sous le
nom de *couleurs d'aniline.*

**Minerais de fer de la houille.** — La houille contient des
minerais de fer. On y trouve souvent en effet du carbonate
de fer sous forme de rognons aplatis qui contiennent parfois
des fossiles, soit des empreintes de feuilles, soit des restes
d'animaux.

La houille avec minerais de fer se rencontre particuliè-
ment en Angleterre. On trouve réunis en un même lieu le
minerai de fer et le combustible nécessaire pour l'exploiter,
circonstance avantageuse qui explique la richesse de l'industrie métallurgique en Angleterre.

La même circonstance est réalisée en France à Saint-
Étienne et à Alais.

**Exploitation de la houille.** — On peut quelquefois exploiter la houille à ciel
ouvert comme dans
l'Aveyron et à Com-
mentry. Mais le plus
souvent la houille est
à une certaine profon-
deur. Il faut alors re-
connaître sa présence
au moyen de sonda-
ges. Puis l'on creuse

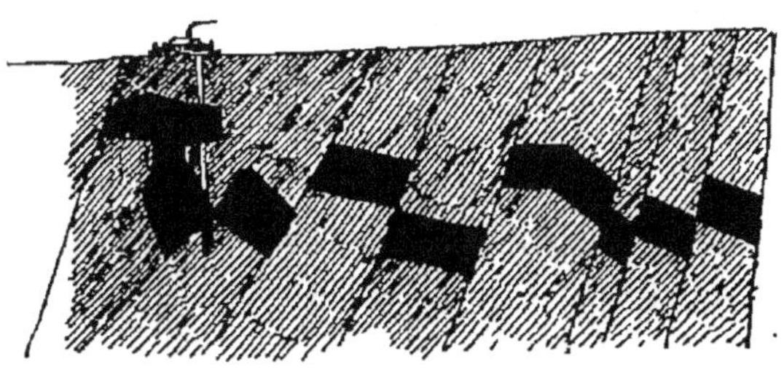

Fig. 95. — Dislocations du terrain houiller.

un puits, travail considérable contrarié par des éboulements
et par les eaux d'infiltration ; des pompes d'épuisement fonc-
tionnent continuellement pour empêcher l'accumulation de
ces eaux.

Une fois que le puits est parvenu à la couche de houille,
on perce dans le plan de la couche une galerie horizontale.
On exploite le fond de cette galerie qui, par suite, s'allonge
au fur et à mesure du travail. On a soin de soutenir le toit et
les parois de la galerie par des boisages.

Les couches de houille sont le plus souvent très contournées, plissées, infléchies sur elles-mêmes. Le même puits

peut traverser plusieurs fois la même couche; il y a donc plusieurs étages de galeries.

L'exploitation de la houille est très laborieuse et en même temps très périlleuse à cause des éboulements, des inondations dues aux eaux d'infiltration et surtout du *grisou*. On appelle ainsi un carbure d'hydrogène gazeux qui se dégage de la houille quelquefois en abondance surtout quand le baromètre a subi une baisse brusque. En se mélangeant à l'air des galeries il constitue un mélange détonant que les lampes des mineurs enflamment. De là, des explosions terribles qui font beaucoup de victimes. On les prévient par une ventilation active et surtout par l'emploi d'une lampe particulière dite *lampe de sûreté.*

**Distribution des terrains houillers.** — Les dépôts houillers ont une grande puissance en Angleterre et en Belgique. Ces derniers se continuent en France dans les départements du Nord et du Pas-de-Calais; mais, tandis qu'en Belgique ils sont visibles à la surface, en France ils s'enfoncent de 100 à 200 mètres sous les terrains secondaires et tertiaires.

On peut citer comme localités importantes du bassin franco-belge, en Belgique Mons, Charleroi, Liège; en France, Anzin, Denain, Bully-Grenay. Dans le Boulonais on trouve de la houille à Locquinghen.

Viennent ensuite les bassins houillers du centre de la France qui occupent des dépressions du terrain primitif. Parmi ceux qui sont sur les bords même du plateau, les plus importants sont les bassins d'Autun, de Saint-Étienne et d'Alais, et ceux de l'Aveyron (Decazeville). D'autres se trouvent à l'intérieur même du plateau, entre autres Commentry.

Des bassins moins importants sont celui de Ronchamps dans les Vosges, de la Maurienne et de la Tarentaise dans les Alpes, où la houille est à l'état d'anthracite, enfin le bassin du Var qui s'appuie sur le massif primitif de l'Esterel.

Il y a quelques gisements houillers dans la Mayenne; tel est celui de Saint-Pierre-la-Cour près de Laval. En Bretagne se trouvent les gisements de Quimper.

La plupart des gisements de la Mayenne, de la Vendée, et

les anthracites de la basse Loire n'appartiennent pas au Houiller proprement dit. Ils font partie du Culm, c'est-à-dire sont de l'époque du calcaire carbonifère.

Le bassin belge qui se prolonge en France se prolonge aussi en Allemagne. Il y a là, dans le bassin de la Rhür (Westphalie), des gisements importants. On en trouve aussi dans le bassin de la Sarre (Sarrebrück).

La Russie possède aussi des bassins houillers. Il en est de même de l'Amérique du Nord, du Spitzberg, de la Chine, de l'Afrique (bassin du Zambèze) et de l'Australie.

**Flore de l'époque houillère.** — Les végétaux qui, en se décomposant, ont produit la houille sont très différents des végétaux actuels. Ce sont des *Cryptogames*, c'est-à-dire des plantes sans fleurs, et des *Gymnospermes*. On appelle ainsi des plantes dont les ovules ne sont pas dans un ovaire clos, et dont les graines, par suite, sont à découvert. Le Cycas, le Pin, le Sapin, etc., en sont des exemples.

Les Cryptogames du Houiller ont des racines et par suite des vaisseaux ; ce

Fig. 96. — Annularia.

sont des *Cryptogames vasculaires*. Ils se rattachent aux trois groupes actuels des Équisétacées, des Fougères et des Lycopodiacées.

Les Équisétacées sont représentées aujourd'hui par les Prêles ou *Equisetum*, bien reconnaissables à leur tige cannelée, entourée de collerettes de feuilles réduites à l'état d'écailles. Ces plantes n'ont jamais qu'une faible hauteur. Au contraire, à l'époque houillère existaient des Prêles atteignant 4 à 5 mètres. Les troncs sont cannelés longitudinalement ; ils ne présentent pas les collerettes des Equisetum. On les a appelés *Calamites*, à cause de leur tige creuse (calamus : chalumeau).

On range aussi parmi les Équisétacées les *Astérophyllites* et les *Annularia*. Les feuilles (fig. 96) forment encore des collerettes autour de la tige mais elles ne sont plus soudées à leur base; elles sont complètement libres. La tige est creuse. Les rameaux sont au nombre de deux pour chaque collerette de feuilles chez les *Annularia;* il y en a plusieurs chez les *Astéro-*

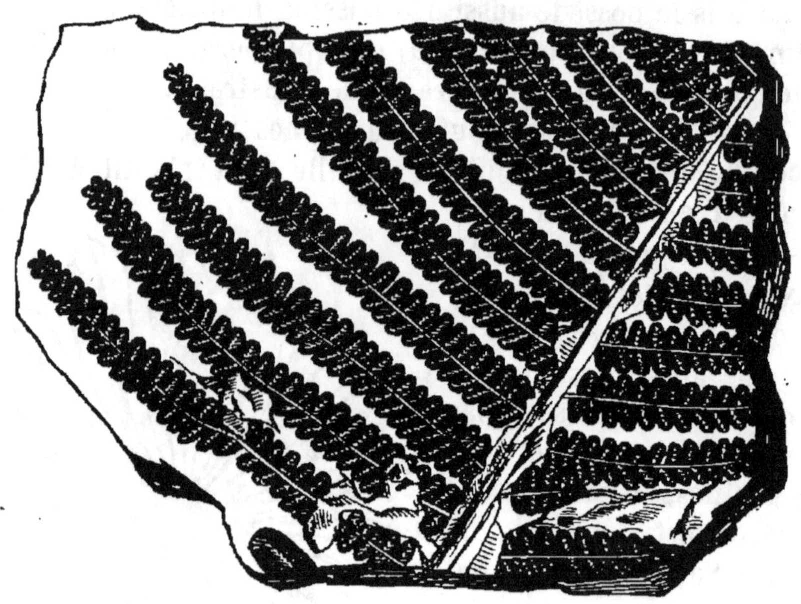

Fig. 97. — Pecopteris.

*phyllites.* Les deux noms d'*Annularia* et d'*Astérophyllites* expriment que les feuilles sont disposées en anneaux, en étoile, (*aster*) autour de la tige. On pense que les *Annularia* étaient des plantes à demi submergées dont les feuilles flottaient à la surface de l'eau, d'ailleurs la présence des Équisétacées indique l'existence de marécages; les Prêles actuelles se trouvent dans les endroits humides.

Les Fougères sont très abondantes dans les houilles. Elles étaient arborescentes, ce qui n'a plus lieu aujourd'hui que dans les pays chauds. Les feuilles ou frondes sont très découpées; on donne le nom de *pinnules* à leurs divisions.

Dans le *Pecopteris* les pinnules s'attachent sur toute leur étendue à la nervure médiane (fig. 97). Elles présentent cha-

cune en leur milieu une nervure d'où partent des nervures
secondaires disposées comme des barbes de plume. Dans le
*Nevropteris* les pinnules présentent à leur base un rétrécis-
sement et leurs nervures se disposent en éventail. Ces fougères
arborescentes atteignaient de 10 à 20 mètres
de hauteur (fig. 98).

Les Lycopodiacées sont représentées à
notre époque par le Lycopode et les Séla-
ginelles qui sont de petite taille. Le caractère de ce groupe est le suivant : les tiges
se ramifient en formant des fourches successives; chaque branche se divise à son
extrémité en deux rameaux qui se compor-
teront de même et ainsi de suite.

A l'époque houillère vivaient des Lycopodiacées atteignant de 20 à 30 mètres de
haut. On les appelle *Lepidodendrons*. Ils portaient de petites feuilles aiguës qui lais-
saient sur l'écorce en tombant une cica-
trice en forme de losange (fig. 99). Le mot
de *Lepidodendron* rappelle les cicatrices ou
écailles de la tige.

On rapproche des Lepidodendron les
*Sigillaires*. La tige présente des cannelures
verticales et des cicatrices arrondies en
forme de cachet; ce qui a fourni le nom
de Sigillaire (*sigillum* : sceau). Ces cicatrices proviennent de la chute des feuilles.

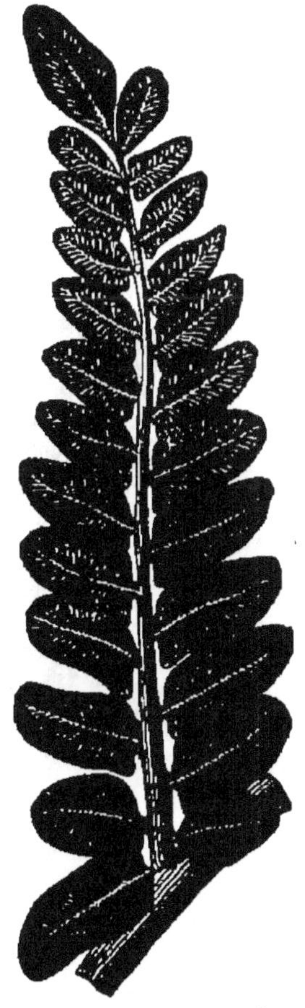

Fig. 98. — Novropteris.

Les rameaux des Sigillaires étaient peu écar-
tés et portaient de petites feuilles. A cause du faible écartement
des rameaux les Sigillaires paraissent terminées par un panache (fig. 100). On a longtemps décrit les racines des Sigillaires
(ou plutôt leurs rhizomes) comme des plantes distinctes sous
le nom de *Stigmaria*. Les Stigmaria se ramifient par bifurca-
tions successives. Bien qu'on place les Sigillaires à côté des
Lycopodiacées leur place est encore discutée, car on ne connaît
pas leurs fructifications; celles qu'on leur rapporte n'ont pas

été rencontrées attachées à la tige. On rapproche quelquefois les Sigillaires des Gymnospermes.

Les Gymnospermes ont aujourd'hui pour familles princi-

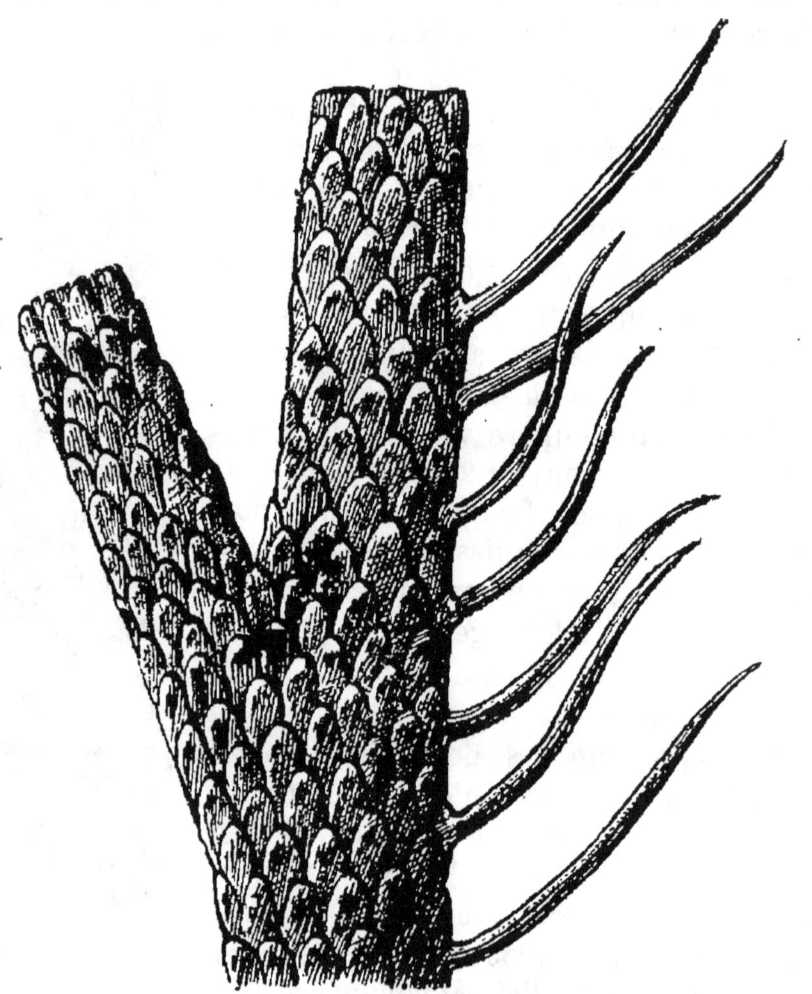

Fig. 99. — Lepidodendron  rameau garni de feuilles.

pales les Cycadées et les Conifères (Pin, Sapin, etc.), qui sont représentées mais faiblement à l'époque houillère. En revanche se développe à cette époque un groupe de Gymnospermes aujourd'hui complètement éteint : ce sont les *Cordaïtes*. Ces végétaux (fig. 101) dont le nom rappelle le souvenir du naturaliste Corda étaient de grands arbres. Ils pouvaient atteindre 30 et 40 mètres de hauteur, ne se ramifiaient que vers le haut et portaient des feuilles rubanées de un mètre de long. Ces feuilles rappellent celles des Dragonniers actuels. Les fleurs et les fruits sont analogues à ceux des divers Conifères, tandis que certains traits de la structure interne rappellent les Cycadées.

La végétation houillère étant très puissante comme l'indique l'immense étendue des dépôts de houille. Elle devait exiger une quantité de chaleur considérable et beaucoup d'humidité. L'atmosphère devait être fortement chargée d'acide carbonique, car celui-ci est indispensable à la végétation et son abondance peut seule expliquer l'énorme

Fig. 100. — Sigillaire.

accumulation de carbone qui forme la houille. Les Fougères, les Lycopodiacées exigent une température uniforme et un ciel nuageux ; elles n'ont besoin que de peu de lumière. Le globe devait donc présenter des conditions de chaleur et de lumière différentes des conditions actuelles. L'uniformité de la flore houillère, du Spitzberg à l'Australie, montre que les mêmes conditions étaient réalisées partout, et qu'il n'y avait pas encore de climats distincts. Les plantes

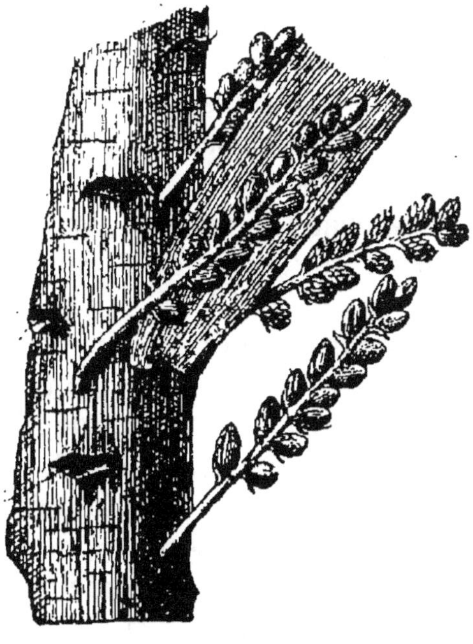

Fig. 101. — Cordaïtes.

de l'époque houillère ne sont pas absolument contemporaines.

Par la considération de la flore, on a pu diviser l'étage houiller en plusieurs zones.

Le Culm, qui appartient à l'époque du calcaire carbonifère, est caractérisé par les *Lepidodendrons*.

Puis viennent : 1° la zone inférieure de l'étage houiller où les *Lepidodendrons* sont en décroissance, tandis que les *Sigillaires*, les *Annularias* se développent ; 2° la zone supérieure caractérisée par les Fougères arborescentes et les *Cordaïtes*.

Le bassin franco-belge appartient à la zone inférieure ; la plupart des bassins du centre de la France à la zone supérieure.

**Faune de l'époque houillère.** — La faune houillère est une faune terrestre. On trouve au milieu des végétaux beaucoup d'Insectes voisins des Libellules, des Blattes, des Sauterelles actuelles. Il y avait des Labyronthodontes et d'autres types se rapprochant davantage des Reptiles actuels. Ces débris de Vertébrés se trouvent surtout dans les houilles d'Amérique.

Fig. 102. — Fusulines.

**Calcaire à Fusulines.** — En Russie, au-dessus de la houille on trouve un calcaire blanc, crayeux contenant des fossiles marins : *Spirifers, Productus*. Il renferme entre autres fossiles des *Fusulines*, petites coquilles en forme de fuseau, ayant de 10 à 12 millimètres de longueur. Ce sont des Foraminifères (fig. 102).

On appelle ainsi des animaux pour la plupart microscopiques, n'ayant pas d'organes distincts. Ils consistent en une petite masse gélatineuse entourée d'une petite coquille calcaire. Celle-ci présente des ouvertures par lesquelles l'animal possède au dehors des prolongements. C'est de là qu'est venu le nom de Foraminifères (*foramen*, ouverture et *fero*, je porte). A l'intérieur de la coquille des Fusulines, comme dans beaucoup de coquilles de foraminifères, il se trouve des cloisons. La coquille est donc divisée en chambres, mais elles communiquent les unes avec les autres.

L'existence de ce calcaire à Fusulines montre que, vers la fin de l'époque houillère, alors que presque toute l'Europe était émergée, la Russie, au contraire, se trouvait sous les eaux de la mer.

### III. — TERRAIN PÉRMIEN.

Le terrain permien a d'abord été étudié en Russie dans le gouvernement de Perm, de là son nom. On l'appelle aussi terrain pénéen (du latin *pene*, à peine) parce qu'il contient fort peu de fossiles ; il renferme environ trois cents espèces d'ani-

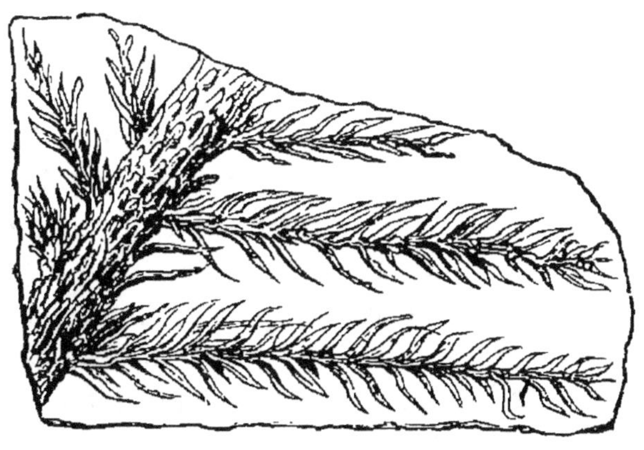

Fig. 103. — Walchia piniformis.

maux fossiles, ce qui est peu de chose, si l'on songe à la faune si riche du silurien.

**Permien d'Allemagne et d'Angleterre.** — Le Permien est très bien développé en Allemagne, dans la Thuringe (Saxe). Il s'y compose :

1° A la base, de *grès rouges* contenant des végétaux. On y trouve, entre autres, la *Walchia piniformis* (fig. 103) qui appartient à la famille des Conifères et ressemble aux *Araucaria* actuels;

2° Des *schistes bitumineux* qui n'ont qu'une épaisseur de 60 centimètres. Il sont cependant très importants, car ils contiennent des minerais de cuivre activement exploités. On leur donne pour cette raison, en Allemagne, le nom de *Kupfer-Schiefer*. Le minerai de cuivre renferme aussi de l'argent. Dans cette couche si mince on trouve beaucoup de Poissons Ganoïdes. Il ne sont plus cuirassés comme ceux du dévonien ; ils sont couverts, au contraire, de petites écailles. On peut citer les *Palæoniscus* ;

3° Au-dessus des deux étages précédents qui se sont formés dans des eaux douces, vient un étage d'origine marine. C'est un calcaire magnésien que les Allemands appellent le *Zechstein*. On y trouve des Spirifers et des Productus, entre autres le *Productus horridus* (fig. 104), ainsi appelé à cause des longues épines que porte sa coquille (*horridus* : hérissé).

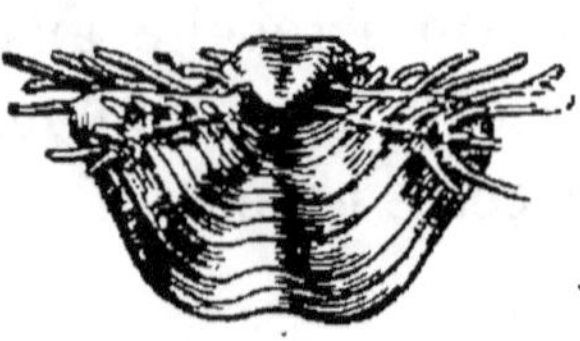

Fig. 104.
Productus horridus.

De cet étage fait partie le célèbre gisement de sel gemme et de gypse de Stassfurt protégé par des argiles. Il atteint 200 mètres d'épaisseur. On le retrouve à Sperenberg, au sud de Berlin à une profondeur de 90 mètres. On en tire, outre le sel gemme, beaucoup de sels de potasse employés dans l'industrie et comme engrais. On suppose que ce gisement s'est formé par évaporation des eaux de la mer dans un bassin qui s'affaissait graduellement.

En Angletere, on retrouve les grès rouges permiens avec végétaux et Labyrinthodontes, des schistes remplis de poissons et le calcaire magnésien. Ces grès rouges sont appelés par les Anglais *nouveaux grès rouges inférieurs* pour les distinguer du vieux grès rouge dévonien.

**Transition du Houiller au Permien.** — En divers points, on trouve des couches qui font passage du Houiller au Permien. Ainsi en Bohême et dans le Palatinat, il y a des schistes contenant un mélange d'espèces végétales carbonifères et permiennes. Ces couches contiennent des Labyrinthodontes comme l'*Archegosaurus*.

Près d'Autun se trouvent également des schistes présentant ce mélange de flores. C'est là qu'on a découvert le *Protriton* et le *Pleuronoura*, animaux voisins des salamandres actuelles,

On exploitait récemment ces schistes pour en extraire, par distillation, du pétrole.

A cause de ces couches qui font passage du Houiller au Permien, on réunit souvent ces deux terrains sous le nom de terrain permo-carbonifère. En un mot, la période permienne n'est que la terminaison de la période carbonifère. Elle est caractérisée comme celle-ci par l'existence de continents étendus couverts d'une abondante végétation.

On retrouve les grès permiens près de Lodève et de Neffiès (Hérault), les schistes cuivreux à Littry (Calvados). Il y a aussi dans les Vosges des couches permiennes.

**Éruptions du Carbonifère et du Permien.** — Il y a eu pendant la période carbonifère d'abondantes éruptions de porphyres. Ils traversent les couches de cette époque en nombreux filons, et on trouve des cailloux de porphyres dans les conglomérats de l'étage houiller supérieur.

Ces éruptions ont continué pendant la période permienne, car on trouve dans les grès rouges des nappes et des coulées de porphyres appartenant aux variétés dites porphyres pétrosiliceux.

En résumé, il y a eu des éruptions de roches granitoïdes (granit, granulite, etc.), depuis les temps primitifs jusqu'à la fin du Dévonien, et les porphyres ont paru dans la période permo-carbonifère. Les éruptions vont cesser au commencement de l'ère secondaire pour se produire avec de nouveaux caractères dans l'âge tertiaire, et se poursuivre de nos jours.

## RÉSUMÉ

Le terrain carbonifère se divise en deux parties : à la base le *Calcaire carbonifère* qui est d'origine marine, et au sommet le *Houiller*.

Le *Calcaire carbonifère* bien développé en Angleterre et en Belgique fournit des marbres (*marbre petit granit*). Il y a des Brachiopodes : *Spirifers, Productus*.

Le *Houiller* tire son nom de la houille ou charbon de terre qu'il contient. La houille est due à la décomposition lente des végétaux. Elle se présente en lits superposés séparés les uns des autres par des schistes. On suppose généralement que la houille ne s'est pas formée sur place ; les débris des végétaux auraient été entraînés par les eaux de ruissellement dans des lacs ou des lagunes.

Les dépôts houillers ont une grande puissance en Angleterre et en Belgique. En France on trouve dans le nord un grand bassin houiller, et de petits bassins sur le plateau central (Saint-Étienne, Alais, Commentry), en particulier sur les bords de ce plateau.

Les végétaux de la houille sont surtout des Cryptogames vasculaires. Tels sont les *Calamites* voisins des *Equisetum* actuels, des Fougères (*Pecopteris, Nevropteris*), des Lycopodiacées gigantesques comme les *Lepidodendrons* dont la tige présente des cicatrices losangiques. Il y a aussi les *Sigillaires* avec des cicatrices arrondies.

Le *Permien* est bien développé en Russie et en Allemagne. On y trouve des *grès rouges* avec des végétaux, des *schistes* contenant des minerais et beaucoup de poissons, et un calcaire magnésien avec fossiles marins (*Productus horridus*). Le gisement du sel de Stassfurt appartient au Permien.

Près d'Autun on trouve des schistes présentant un mélange d'espèces végétales carbonifères et permiennes, et contenant des Batraciens.

Il y a eu pendant les périodes carbonifère et permienne des éruptions de porphyres.

----

# CHAPITRE X

## Terrains Secondaires. — Leur faune.

**Division des terrains secondaires.** — Les terrains secondaires sont :

> Le Trias ;
> Le Jurassique ;
> Le Crétacé.

Ils sont caractérisés par une faune particulière qui diffère beaucoup de celle des terrains primaires. Les Oiseaux et les Mammifères apparaissent, et les Reptiles se développent avec une puissance qu'ils ne retrouveront plus à aucune autre époque.

**Ammonites.** — Les Mollusques Céphalopodes abondent dans les couches secondaires. Les plus remarquables constituent une grande famille, celle des *Ammonées* ou *Ammonites*.

La coquille est enroulée comme celle du Nautile et ressemble ainsi à une corne de bélier (fig. 105). Les anciens natu-

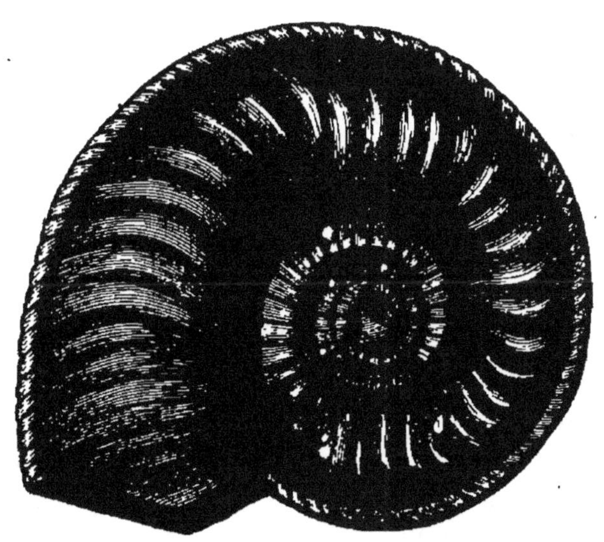

Fig. 105. — Ammonites margaritatus.

ralistes avaient donné à ces coquilles le nom de cornes d'Ammon ou d'Ammonites, à cause des cornes de bélier dont on ornait, en Lybie, la tête de Jupiter Ammon.

Au point de vue extérieur, la coquille ressemble à celle des Nautiles. Elle est formée aussi d'une série de chambres séparées par les cloisons. Mais celles-ci, simples chez les Nautiles, étaient, au contraire, très sinueuses chez les Ammonites. C'est ce que l'on voit bien sur les moules internes de ces coquilles. La trace, ou *ligne suturale*, laissée sur ce moule par une cloison, présente des dépressions à concavité tournées vers l'ouverture de la coquille ; ce sont les *lobes*. Ces dépressions sont intercalées entre des saillies à concavité dirigées vers l'ouverture et appelées *selles*, parce qu'on imagine l'animal assis sur ces saillies comme sur une selle.

La famille des Ammonées comprend un grand nombre de genres. Dans le genre *Goniatites*, que nous avons déjà trouvé dans le Dévonien et le Carbonifère, les lobes et les selles sont anguleux et simples. Dans le genre *Ceratites* du Trias, les selles sont simples, mais les lobes présentent de petites

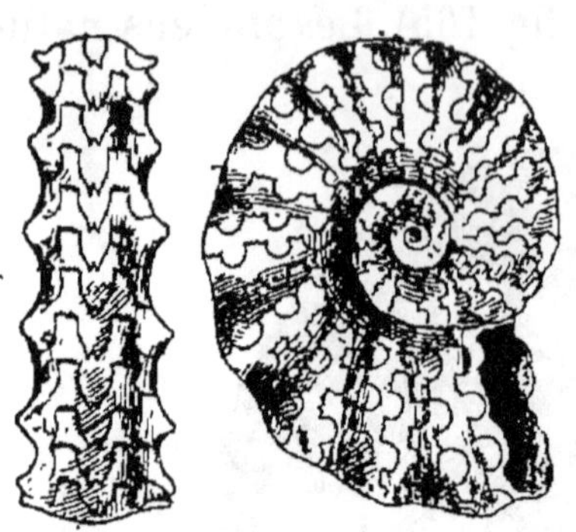

Fig. 106. — Ceratites.

dents (fig. 106). Enfin, chez les véritables *Ammonites*, lobes et selles sont très découpées. On compare toutes ces divisions à celles des feuilles du persil; on dit que les cloisons sont *persillées*.

Une autre différence avec les Nautiles est fournie par le siphon. Ce dernier, chez les Nautiles, est central et va jusqu'au fond de la coquille. Au contraire, chez les Ammonites, il est sur le bord externe et se termine librement par une dilatation dans la petite loge (loge initiale) de la coquille. On retrouve ces caractères pour la coquille d'un Céphalopode actuel : la *Spirule* (fig. 107). C'est un animal ressemblant à la Seiche, et qui n'a que deux branchies comme elle, tandis que les Nautiles en ont quatre. Sa coquille est interne. On pense que les Ammonites se rap-

Fig. 107. — Spirule.

prochaient de la Spirule, c'est-à-dire des Céphalopodes dibranchiaux (2 branchies).

L'animal des Ammonites est inconnu. On suppose, cependant, à cause de la grandeur de la chambre communiquant avec le dehors, que cette chambre contenait l'animal. L'ouverture est très contractée ; il semble que l'animal ait été emprisonné ; il ne pouvait guère laisser sortir de la coquille que ses bras.

Dans la chambre d'habitation des Ammonites, on trouve souvent une pièce cornée ou calcaire, divisée souvent en deux parties symétriques. On l'appelle *aptychus*. On les regarde comme des opercules qui fermaient l'orifice.

**Bélemnites.** — On rencontre souvent, dans les terrains secondaires, des osselets terminés en pointe comme des flèches, ce qui leur a valu le nom de *Bélemnites* (en grec : pierre ayant la forme d'une flèche).

Les Céphalopodes dibranchiaux actuels, qu'on appelle les Seiches, ont, à l'intérieur de leur corps, une pièce calcaire arrondie appelée os de Seiche. La Bélemnite n'est autre chose qu'une sorte d'os de Seiche. On a pu retrouver les empreintes

Fig. 108. — Bélemnite.

de l'animal correspondant. Il avait dix bras comme la Seiche et une poche à encre. On a trouvé des restes de cette poche, et, en délayant l'encre, on s'en est servi pour dessiner. Ces empreintes d'animaux des Bélemnites se rencontrent surtout dans le Jurassique inférieur d'Angleterre.

La pointe qualifiée de Bélemnite, et qu'on appelle aussi le *rostre,* est la partie qui se trouve le plus souvent. Il ne constituait pas tout l'osselet de l'animal (fig. 108). Quand l'osselet est complet, on voit qu'il se compose de lames cornées formant un cône creux et cloisonné. C'est ce cône creux qui se prolongeait inférieurement pour le rostre.

La nature des Bélemnites est donc bien connue ; ces animaux étaient des Céphalopodes dibranchiaux, très voisins de la Seiche et du Calmar actuels.

**Reptiles nageurs.** — Au début de l'âge secondaire, on retrouve les Labyrinthodontes des temps primaires ; mais bientôt se développent de véritables Reptiles d'une organisation très curieuse.

Tels sont les reptiles nageurs, appelés *Ichthyosaures* et *Plésiosaures,* qui atteignaient parfois 6 ou 7 mètres de longueur. Leurs membres étaient disposés pour la nage ; ils ont la forme de rames constituées par des os nombreux, et rappellent les nageoires des Cétacés actuels.

L'*Ichyosaure* a été ainsi appelé (Lézard-Poisson), à cause de

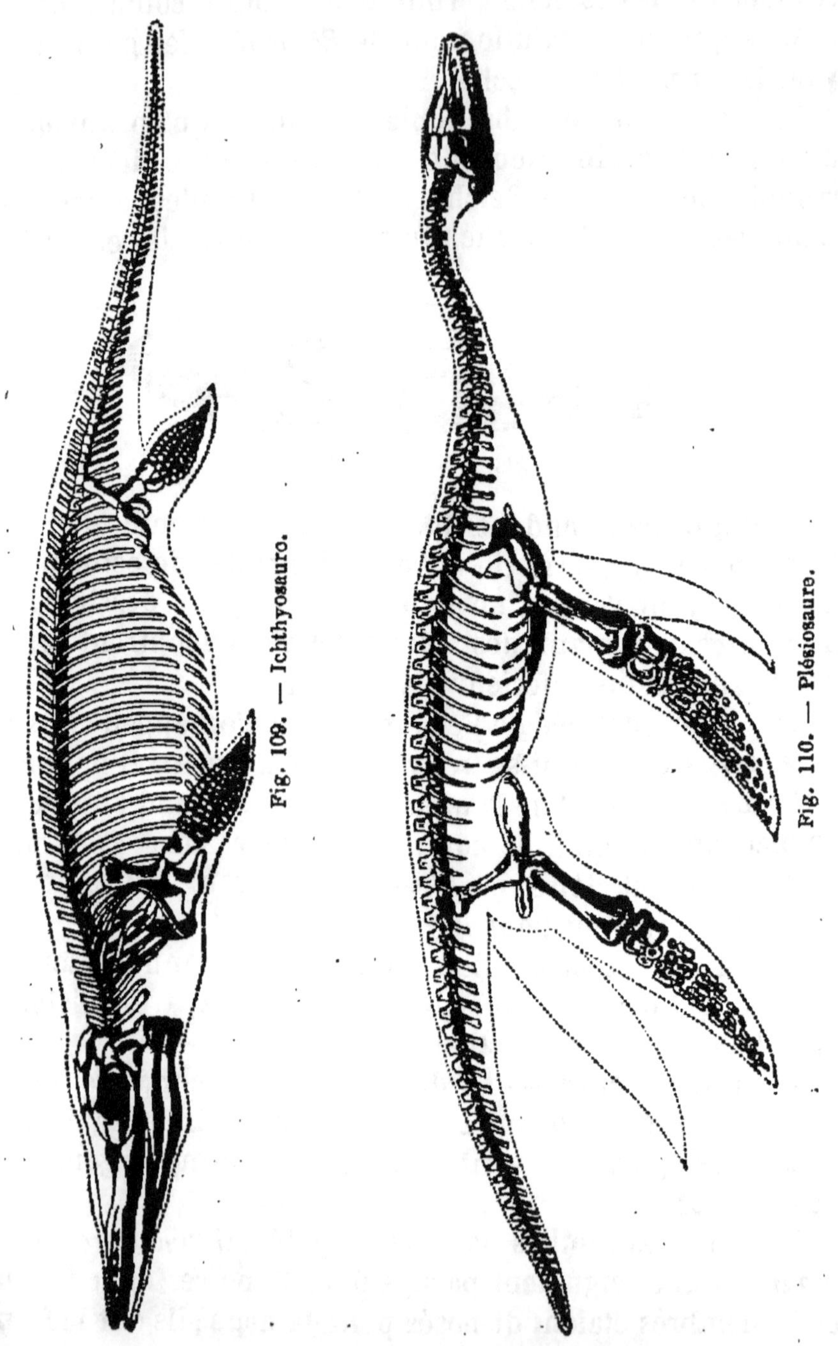



ses vertèbres biconcaves comme celles des Poissons (fig. 109). La tête est très grande ; sa longueur atteint le quart de la longueur totale du corps. Le museau est très allongé et porte de nombreuses dents coniques soudées à l'os, et toutes semblables. Autour de l'œil se trouve un anneau formé de pièces osseuses; il constituait sans doute un appareil destiné à adapter la vue aux différentes distances. Le cou est très court. Il n'y a pas de sternum, mais le ventre était protégé par des plaques osseuses.

Le *Plésiosaure*, dont le nom signifie voisin des Lézards, possède un cou extrêmement long, portant une tête très petite, ce qui le fait ressembler aux Serpents (fig. 110). Il y a 33 ver-

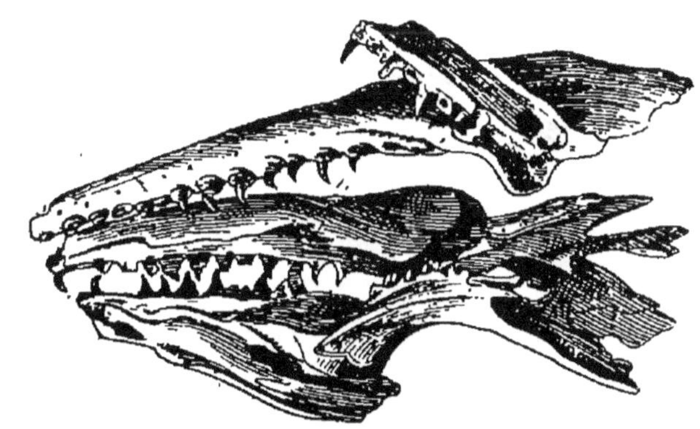

Fig. 111. — Mosasaure.

tèbres cervicales ; or le cou du Cygne, qui, cependant, est long, n'a que 23 vertèbres. Autour de l'œil ne se trouve pas l'anneau osseux de l'Ichthyosaure. Les vertèbres ne sont pas biconcaves.

Les Ichthyosaures et les Plésiosaures devaient habiter la haute mer; leurs dents indiquent un régime carnivore.

D'autres Reptiles nageurs, moins différents des Reptiles actuels, sont les *Téléosaures*. Ils rappellent les Crocodiliens actuels des Indes, ou Gavials, par leur museau allongé. Leurs dents sont enfoncées dans des alvéoles, comme celles des Crocodiles. Leur corps est couvert de plaques osseuses, leur formant une cuirasse analogue à celle des Crocodiles. La queue est très longue. La taille des Téléosaures atteint 2 ou 3 mètres.

Dans le Crétacé de Maestricht, on a trouvé les restes d'un grand animal qui a été appelé *Mosasaure* (c'est-à-dire Lézard de la Meuse). Il atteignait 8 mètres de long ; récemment même, on en a trouvé un de 15 mètres. Une tête de Mosasaure (*Mosasaurus Camperi*) est conservée au Muséum de Paris (fig. 111). Cette tête, de 1<sup>m</sup>,30 de long, présente de fortes dents arquées, sans alvéoles. Il y en a non seulement aux mâchoires, mais aussi sur le palais, comme chez les Lézards et les Serpents. L'œil

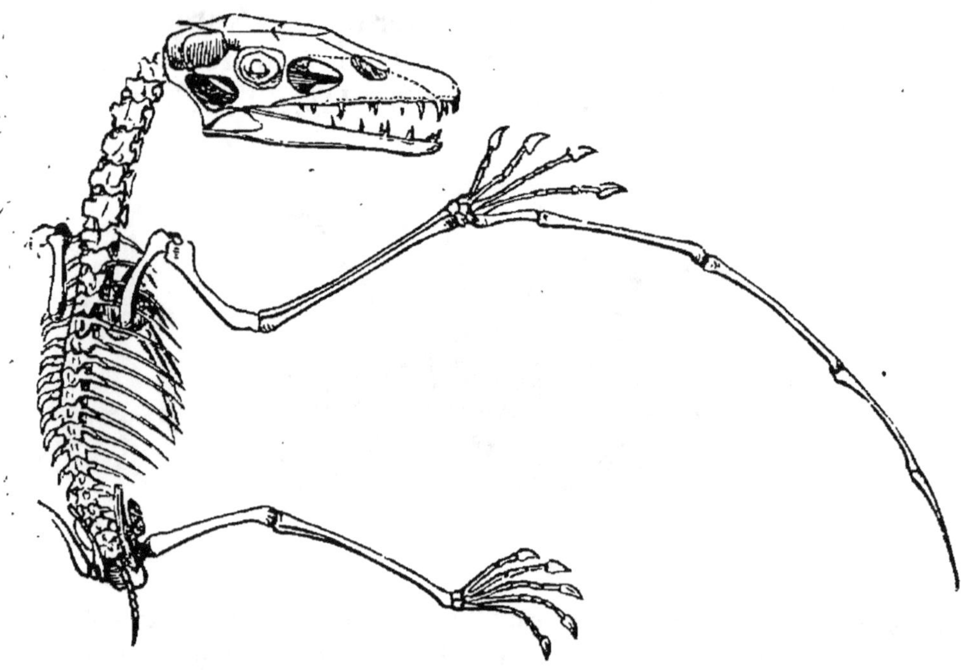

Fig. 112. — Ptérodactyle.

est entouré d'un anneau osseux. Le corps est très allongé et se rapproche ainsi de celui des Serpents. Des découvertes récentes faites en Amérique ont montré que les membres étaient en forme de rames et disposés, par suite, pour la nage.

**Reptiles volants.** — Les terrains secondaires présentent aussi des Reptiles volants. A l'époque actuelle, il n'y a d'autre reptile volant que le Dragon, dont les côtes soutiennent une membrane qui peut le soutenir dans l'air.

Les Reptiles volants de l'âge secondaire sont conformés tout autrement (fig. 112). L'un des doigts, celui qui correspond au petit doigt chez l'homme, devient très long ; c'est lui qui supporte la membrane. Cette particularité a valu aux animaux qui nous occupent le nom de *Ptérodactyles* (de deux mots grecs signifiant aile et doigt). Une disposition analogue se présente chez les Chauves-souris, où tous les doigts de la patte de devant, sauf le pouce, s'allongent pour soutenir la membrane.

Les Ptérodactyles ont des mâchoires allongées, armées de dents. Leur queue était très courte.

D'autres reptiles volants, très voisins des Ptérodactyles, les *Ramphorhynques*, devaient avoir un bec corné prolongeant les mâchoires, car les dents manquent sur le devant. Leur queue était très longue. Ils avaient cinq doigts aux pattes de devant. On a retrouvé la membrane aliforme de l'un d'eux ; elle est lisse comme celle des Chauves-souris. Le nom de *Ramphorhynque* veut dire bec d'oiseau.

Tous ces Reptiles volants sont pour la plupart de petite taille ; ils atteignent celle du Corbeau tout au plus ; cependant on en a trouvé ayant 3 mètres d'envergure. Les plus récents, ceux à la suite desquels le groupe s'est éteint, sont aussi les plus grands.

**Reptiles terrestres. — Dinosauriens.** — On trouve, dans les terrains secondaires et surtout dans le Jurassique supérieur et le Crétacé, des Reptiles d'organisation toute spéciale. On les a appelés *Dinosauriens,* à cause de leur grande taille, qui devait en faire des animaux redoutables (leur nom signifie : Reptiles redoutables).

Ils diffèrent des Reptiles par les vertèbres sacrées qui étaient soudées comme chez les Oiseaux et les Mammifères. Le bassin, bien développé, comme chez les Oiseaux, leur permettaient de se tenir dressés verticalement. Les membres postérieurs ressemblent à ceux des Oiseaux, et sont toujours plus longs que les membres antérieurs.

Beaucoup d'entre eux étaient bipèdes ; ils s'appuyaient sur leurs pattes de derrière, et sur leur queue, longue et robuste comme les Kangourous. C'est ce que devait faire l'*Iguanodon.*

Cet animal tire son nom de la disposition de ses dents, qui ressemblent à celle des Lézards appelés Iguanes. Elles ont une couronne triangulaire, des arêtes tranchantes, crénelées comme des scies ; elles devaient servir à broyer des végétaux (fig. 113).

On a trouvé un squelette complet d'Iguanodon à Bernissart, entre Mons et Tournay, dans des couches du Crétacé inférieur recouvrant le Houiller. Ce squelette est au musée de Bruxelles. La longueur totale est de 10 mètres ; la queue seule a 5 mètres. Les pattes de derrière sont très longues et celles de devant très courtes. Debout, l'animal s'élève à plus de 4 mètres. La patte de devant se termine

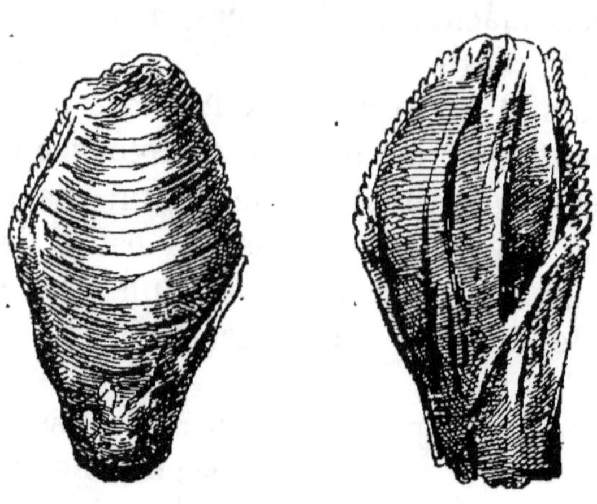

Fig. 113. — Dents d'Iguanodon.

par une main dont le pouce est transformé en un énorme éperon. La patte de derrière a trois longs doigts, qui étaient probablement réunis par une palmure. On suppose que les Iguanodons devaient avoir une existence en partie aquatique, et nager au moyen de leurs pattes et de leur queue. Ils se dressaient sans doute sur leurs pattes de derrière et leur queue pour observer leurs ennemis, et se servir des ergots de leurs pattes de devant.

**Premiers Oiseaux**. — Les Oiseaux apparaissent à la fin du Jurassique et dans le Crétacé. Ils diffèrent beaucoup des espèces actuelles et rappellent les Reptiles par plusieurs de leurs caractères.

On a trouvé, dans les schistes lithographiques de Solenhofen, deux squelettes d'un oiseau auquel on a donné le nom d'*Archæoptéryx*, ce qui veut dire : premier animal ailé. L'un de ces squelettes se trouve au musée de Londres, et l'autre à Berlin (fig. 114).

Tandis que, chez les Oiseaux actuels, la queue ou croupion

se compose d'un très petit nombre de vertèbres, et porte un bouquet de plumes, chez l'Archœæptéryx la queue est très longue

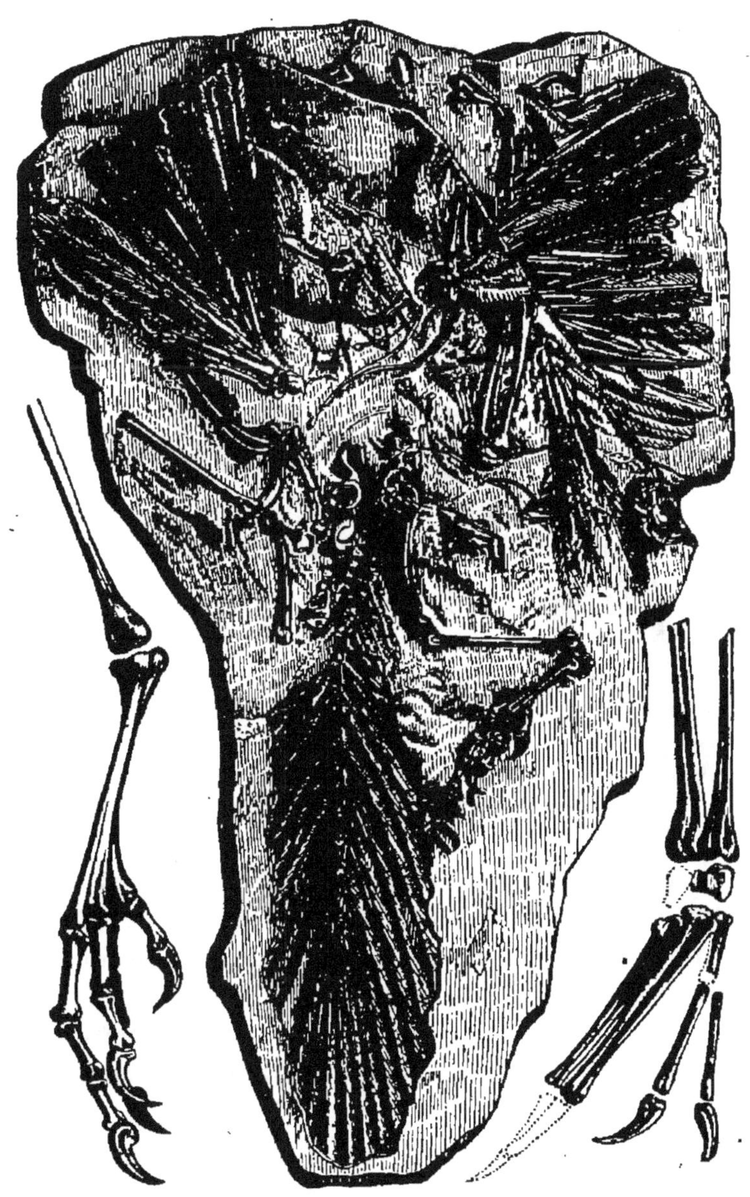

Fig. 114. — Archœopteryx.

(fig. 115). Elle se compose de vingt-deux vertèbres et ressemble à celle d'un Lézard. Sur toute sa longueur, elle est garnie de plumes disposées par paires. Le membre antérieur n'est pas une aile véritable. Il présente trois doigts terminés par des griffes recourbées ; toutefois, il portait des plumes. Les empreintes de celles-ci sont très bien conservées ; on y voit parfaitement les barbes et les tuyaux. Les mâchoires étaient garnies de dents implantées dans des alvéoles. En résumé,

Fig. 115. — Figure idéale de l'*Archœoptérix*.

l'animal ressemblait plus à un Lézard possédant une queue et des membres antérieurs emplumés, qu'à un Oiseau véritable. Il atteignait la taille d'un fort Corbeau ou d'une Poule.

Dans le Crétacé d'Amérique, on a trouvé d'autres oiseaux dentés. L'un d'eux a été appelé *Ichthyornis* (oiseau-poisson), à cause de ses vertèbres biconcaves. L'Archœopteryx a, du reste, aussi des vertèbres de cette forme. L'Ichthyornis a des dents enfoncées dans des alvéoles. Les ailes sont bien développées. La taille ne dépasse pas celle du Corbeau.

Un autre, l'*Hespérornis* (oiseau du couchant, parce qu'il a été découvert dans l'ouest de l'Amérique), atteignait la taille du Cygne. Les dents n'ont pas d'alvéoles. Le sternum ressemble à celui de l'Autruche ; il n'a pas de bréchet. Les ailes étaient très courtes. L'animal ne pouvait donc pas voler. La queue rappelle celle du Castor ; elle présente douze vertèbres dilatées horizontalement en forme de palette. Elle devait porter des plumes.

**Premiers Mammifères.** — Dans le Jurassique inférieur apparaissent les premiers mammifères. Leur présence n'est attestée que par des mâchoires inférieures et des dents. Ces débris ont permis cependant de constater qu'il s'agissait de Marsupiaux, c'est-à-dire de Mammifères à bourse, comme ceux de l'Australie actuelle.

En effet, chez tous les marsupiaux, l'angle postérieur de la mâchoire inférieure est infléchi vers le dedans de la bouche ; or, cette disposition se présente pour les mâchoires trouvées dans les couches secondaires.

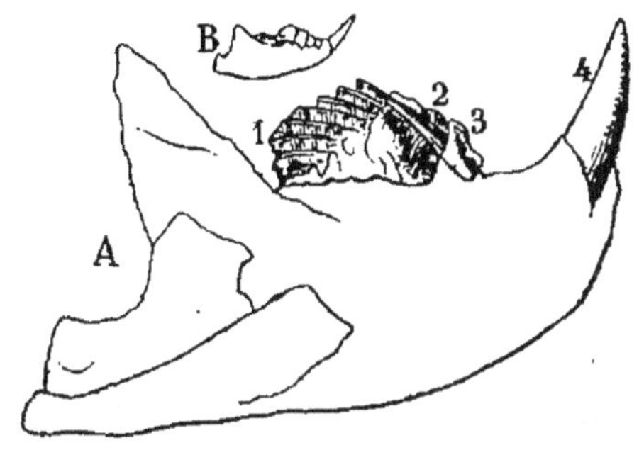

Fig. 116.

Mâchoire inférieure de Plagiaulax.

A, grossie quatre fois.

B, grandeur naturelle.

Le premier mammifère fut découvert en Angleterre et dans le Wurtemberg. On l'a appelé *Microlestes antiquus* (ce qui veut dire : ancienne petite bête de proie). Il n'est représenté que par quelques dents. Elles ressemblent à celles d'un petit Marsupial insectivore d'Australie, le Myrmécobie, qui a la taille d'une Hermine.

D'autres Marsupiaux trouvés dans les couches supérieures du Jurassique sont représentés par de petites mâchoires dont les molaires présentent sur leur couronne de profonds sillons transversaux obliques (fig. 116). On a tiré de ce caractère le nom de *Plagiaulax* (sillons obliques). D'après leurs dents, les Plagiaulax devaient ressembler à un marsupial herbivore de l'Australie : le Kangourou-rat.

## RÉSUMÉ

Les terrains secondaires sont, de bas en haut, le *Trias,* le *Jurassique* et le *Crétacé.*

Leur faune diffère de celle des temps primaires.

On trouve beaucoup de Mollusques Céphalopodes à coquilles enroulées, les *Ammonites;* d'autres Céphalopodes, les *Bélemnites* ressemblaient aux Seiches et possédaient dans leur corps une sorte d'osselet.

Les Reptiles abondent. Certains étaient conformés pour la nage : les *Ichthyosaures* et les *Plésiosaures,* d'autres pour le vol : les *Ptérodactyles.* Certains rappellent les Crocodiles : *Téleosaures.* Il y avait aussi de grands Reptiles bipèdes, ayant un peu l'allure des Kangourous : tel est l'*Iguanodon.*

Les Oiseaux apparaissent. On trouve l'*Archœopteryx* qui avait une longue queue de Lézard couverte de plumes et des dents. Dans le Crétacé d'Amérique on a découvert aussi des Oiseaux dentés.

Les Mammifères apparaissent dès le Jurassique inférieur. Ce sont des Marsupiaux comparables aux Mammifères actuels de l'Australie.

--------

# CHAPITRE XI

## Terrains Secondaires.
## Terrain Triasique, Terrain Jurassique.

### TERRAIN TRIASIQUE

**Division.** — Le terrain triasique ou Trias est le plus ancien des terrains secondaires. Souvent, comme en Allemagne et dans les Vosges, il est formé de trois parties bien distinctes, ce qui lui a valu son nom.

**Trias d'Allemagne et de Lorraine. Grès bigarrés.** — Dans le trias de Souabe, de Franconie et de Lorraine, on trouve un étage inférieur formé de grès bariolés de blanc et de rouge, On les appelle *grès bigarrés.*

La partie la plus inférieure des grès bigarrés est constituée par un grès rouge plus grossier, le *grès vosgien*. Il couronne la plupart des sommets des Vosges et repose souvent sur le terrain primitif. Le grès vosgien ne présente pas de fossiles. On y voit souvent des grains de quartz à facettes très nettes, et des galets de quartz aplatis, soudés entre eux par un ciment argilo-ferrugineux; ils forment ainsi des poudingues.

Les grès bigarrés proprement dits qui viennent au-dessus sont à grain fin et contiennent du mica. On les emploie

Fig. 117. — Voltzia heterophylla.

comme pierres de construction en Alsace et sur les bords du Rhin. On y trouve des empreintes végétales, particulièrement à Soultz-les-Bains. Des *Equisetum* de grande taille, dont nos Prêles ne sont que des descendants affaiblis, y dominent avec des Fougères. On y remarque aussi un arbre de la famille des Conifères (fig. 117), le *Voltzia heterophylla* (dédié à Voltz), qui ressemble aux *Araucaria* de nos jours, et des Cycadées.

A la surface des plaques de grès on trouve parfois des empreintes à cinq doigts (fig. 118). On les rapporte à des Labyrinthodontes, qu'on a appelés *Cheirotherium* (animal avec des mains). D'autres empreintes à trois doigts sont attribuées à des Reptiles bipèdes. Toutes ces empreintes sont sur des plaques de grès séparées par des lits argileux. Les animaux ont laissé leurs traces sur l'argile encore humide. Des sables fins se sont ensuite déposés sur l'argile ont pénétré dans tous les creux et, en se solidifiant, sont devenus des grès. Par suite les empreintes se trouvent en relief sous les plaques de grès.

Il y a même sur ces grès de petites empreintes arrondies, qui sont dues aux gouttes de pluie tombées sur l'argile fraîche.

**Calcaire Conchylien.** — Les grès bigarrés sont évidemment une formation littorale ou d'eau douce. Ils sont recouverts par une autre formation qui atteste une invasion de la mer. C'est un calcaire riche en fossiles marins. On l'appelle, à

Fig. 118. — Empreinte de Cheirotherium.

cause de ses nombreux coquillages, *Calcaire Conchylien* (traduction du terme *Muschelkalk* employé par les Allemands).

On peut citer en particulier une sorte d'Ammonite à cloisons relativement simples, le *Ceratites nodosus*, dont la coquille présente des nodosités. Ce *Ceratites nodosus* est représenté dans le chapitre précédent.

**Marnes Irisées.** — Le Calcaire Conchylien est recouvert par une nouvelle formation littorale, qui indique une retraite de la mer. Ces couches ont reçu le nom de *Marnes Irisées*. Elles mériteraient mieux celui de marnes bariolées, car ce sont des argiles calcaires impures de coloration rouge, grise, verte, etc. Cet étage, appelé en Allemagne le *Keuper*, contient aussi des grès à végétaux. Les espèces sont celles des grès bigarrés.

A la base du Keuper, on trouve dans le Wurtemberg et dans la Thuringe (Saxe) des dents de Poisson de forme particulière. Elles sont abondantes dans des argiles charbonneuses qui forment la base de l'étage. Ces dents sont larges, à surface ondulée et ressemblent à des meules (fig. 119). On avait appelé *Ceratodus* le Poisson auquel on les attribuait et qu'on croyait depuis longtemps éteint. En 1870, fut trouvé dans les rivières de l'Australie un Poisson ayant la même dentition. Le *Ceratodus* existe donc encore aujourd'hui et a traversé sans se modifier

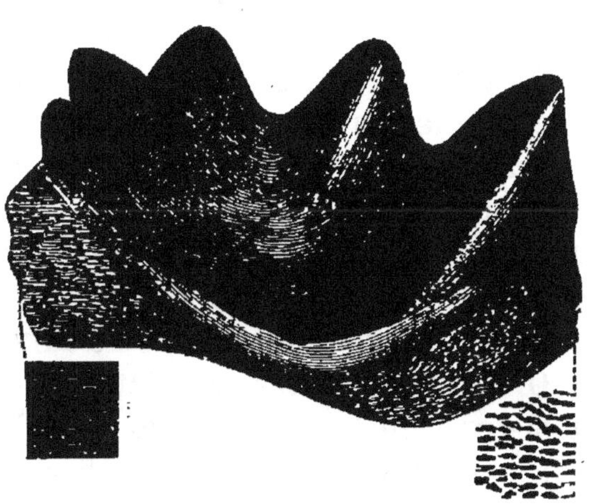

Fig, 119. — Dent de Ceratodus.

les ères secondaire, tertiaire et quaternaire. Les Lingules, qui se trouvent à partir du cambrien et vivent encore dans les mers actuelles, nous ont déjà fourni un exemple de la persistance de certains types animaux.

Le *Ceratodus* a le corps allongé et couvert de larges écailles. Il atteint six pieds de long. La tête est petite, les nageoires sont en forme de palettes. Il appartient à cet ordre de Poissons appelés *Dipneustes* qui, outre les branchies, ont aussi un ou deux poumons. Le *Ceratodus* en a un seul.

**Amas de sel gemme et de gypse.** — En Lorraine, on trouve dans l'étage des marnes irisées des amas de sel gemme. Ils forment des lentilles allongées séparées par des couches de marne et d'argile contenant du gypse. Ces amas ont un grand développement à Dieuze. Il y a là treize couches de sel dont la plus puissante a treize mètres d'épaisseur. On exploite activement le sel à Dieuze, à Varangeville, près Nancy, etc.

En Wurtemberg, en Thuringe (Saxe), le sel gemme se trouve dans l'étage du calcaire conchylien. Nous avons vu déjà qu'en Prusse il se trouve dans le Permien (Stassfurt).

Les couches salifères de la Lorraine se retrouvent dans le Jura, où elles alimentent des sources salées. Les noms de Salins, de Lons-le-Saunier rappellent la présence du sel gemme.

On trouve aussi en Savoie, surtout aux environs de Moustiers, des dépôts de gypse et de sel.

**Autres régions triasiques.**—En France, on trouve encore des couches triasiques sur le pourtour du plateau central; mais les formations littorales, grès bigarrés et marnes irisées, sont seules représentées. A Chessy, près de Lyon, il y a dans les grès bigarrés des minerais de cuivre (azurite et malachite).

On trouve le Trias complet aux environs de Toulon. De même près de Lodève, où les grès bigarrés contiennent de nombreuses empreintes de Labyrinthodontes. On le trouve aussi en Espagne.

En Angleterre se trouvent les grès bigarrés et les marnes irisées. Les grès sont appelés par les Anglais nouveaux grès rouges (*new red sandstone*), et leur partie inférieure appartient au Permien.

On trouve à Littry (Cavados) la continuation du Trias anglais. Il y avait pendant la période du Trias continuité entre l'Angleterre et la France.

**Trias des Alpes**. — Sur le versant méridional des Alpes dans le Tyrol, la Lombardie, tout le Trias est une formation marine où l'on voit un mélange d'espèces primaires, comme les *Orthoceras*, et d'espèces secondaires, comme les *Ammonites*.

Ces couches renferment aussi des gisements de sel, surtout aux environs de Salzbourg. Parmi les sédiments, on y remarque l'abondance des calcaires magnésiens (dolomies).

**Trias d'Amérique.** — Sur la côte américaine du Pacifique le Trias se présente avec les caractères de celui des Alpes; au contraire, sur la côte atlantique des États-Unis, on retrouve le Trias de Lorraine, et les grès bigarrés y montrent de nombreuses empreintes.

**Europe pendant la période triasique.** — Ce qui précède montre que, dans la période triasique, l'Europe était en grande partie émergée. L'Angleterre, la France occidentale, le plateau central devaient constituer un continent parsemé de lacs et de lagunes. Une mer couvrait, à l'époque du calcaire conchylien, l'Allemagne et la lisière des Vosges. Une autre mer très vaste, où se déposaient les calcaires dolomitiques, couvrait le Tyrol, les autres régions de l'Autriche, la région des Carpathes. Elle devait être séparée de la première par les Alpes, puisque sur le versant méridional on trouve d'autres espèces que sur le versant nord. Une partie des Alpes était donc déjà en voie de soulèvement ; mais nous verrons plus loin que les régions alpines ont subi bien des oscillations et qu'on y trouve des formations jurassiques, crétacées et tertiaires.

La période triasique a vu s'effectuer des éruptions qui continuent celles de la période permo-carbonifère. On trouve en effet au milieu des couches du Trias des porphyres et des nappes d'une roche noire appelée, à cause de sa coloration, *mélaphyre*. Cette roche ressemble au basalte.

Il n'y aura aucune éruption pendant les périodes jurassique et crétacée.


## TERRAIN JURASSIQUE

**Division du Jurassique.** — Le Jurassique tire son nom du grand développement de ses couches dans le Jura ; mais on peut l'étudier en bien d'autres points. Il constitue le sol d'une grande partie de la Lorraine et de la Normandie, et forme une ceinture complète autour du bassin de Paris.

Les roches du Jurassique présentent d'une manière générale une coloration d'autant plus claire qu'elles sont plus récentes. C'est pourquoi l'on divise le Jurassique en trois étages qui ont reçu des Allemands les noms de *Jura noir, Jura brun* et *Jura blanc* ; ils correspondent respectivement au *Jurassique inférieur*, au *Jurassique moyen* et au *Jurassique supérieur*.

**Calcaires Oolithiques.** — Les sédiments jurassiques sont caractérisé par les *Calcaires Oolithiques*. Ils doivent leur nom (qui signifie pierre à œufs) à leur structure. Ils consistent en petits grains calcaires de la grosseur d'un œuf de poisson, réunis par un ciment également calcaire.

De nos jours se forment encore des calcaires oolithiques, ce qui permet d'expliquer l'origine de ceux de la période jurassique. Dans les mers chaudes il y a beaucoup de récifs formés par des Polypes constructeurs, les Coraux et les Madrépores. Ils sont dus à l'accumulation des polypiers. L'action des vagues réduit les Coraux en une sorte de sable calcaire qu'on trouve sur toutes les côtes bordées par ces coraux.

Par suite de l'évaporation des eaux de la mer, due à la température élevée, le carbonate de chaux en dissolution se sépare sur chaque grain de sable et le couvre d'une mince pellicule. Une seconde pellicule se dépose de même, et ainsi de suite. Les grains vont grossir par le dépôt de toutes ces couches concentriques ; ce seront des oolithes. Un ciment calcaire de même origine réunit tous les grains, et un calcaire oolithique est ainsi constitué. Les pisolithes de Carlsbad, que nous avons déjà signalées (voir les sources minérales), s'accroissent par le même procédé.

Il faut conclure de ce qui précède que les calcaires jurassiques sont dus aux Coraux et se sont déposés, par suite, dans des mers chaudes. D'alleurs, on trouve de nombreux débris de polypiers dans les sédiments du jurassique.


*1° Jurassique Inférieur.*


Le Jurassique inférieur se compose surtout de marnes, de grès et d'un calcaire noirâtre plus ou moins argileux qui a reçu des carriers anglais le nom de *Lias*.

**Infra-Lias.** — La partie la plus inférieure du Jurassique s'appelle l'*Infra-Lias* (ce qui veut dire : au-dessous du lias). Elle est formée de calcaire et de grès. Un des fossiles les plus caractéristiques est un petit bivalve à coquille contournée et présentant sur les côtés des prolongements en forme d'ailes; on l'a appelé pour cette raison *Avicula contorta* (*avicula* : petit oiseau) (fig. 121).

C'est dans l'Infra-Lias d'Angleterre et de Wurtemberg qu'on a trouvé le premier mammifère connu : le *Microlestes antiquus*.

L'Infra-Lias est bien développé en Suède et en Hongrie. On y trouve une alternance de grès et de couches de houille. Les grès présentent de nombreuses empreintes de végétaux qui appartiennent pour la plupart à la famille des Cycadées. La houille du Tonkin remonte aussi à l'époque de l'Infra-Lias.

Fig. 120. — Gryphée.

**Lias.** — Le Lias proprement dit est particulièrement remarquable par ses Huîtres d'une forme spéciale. Les Huîtres de l'époque actuelle ont deux valves sensiblement égales. Celles du jurassique au contraire, et surtout celles du lias, ont deux valves très différentes. L'une très grande se termine par un crochet recourbé, l'autre très petite ressemble à un couvercle ou opercule qui ferme la première. On donne à ces huîtres le nom de *Gryphées* à cause de leur crochet recourbé comme une griffe. A la base du Lias on trouve la *Gryphea arquée* (*Gryphea arcuata*) (fig. 120) dont la griffe est très recourbée.

Fig. 121.
Avicula contorta.

Le Lias renferme aussi, surtout à son sommet, beaucoup d'ammonites et de bélemnites; entre autres l'*Ammonites margaritatus*, déjà représentée fig. 105, l'*Ammonites radians*, couverte de côtes rayonnantes, et des *Bélemnites*.

**Minerais de fer.** — On trouve dans le Lias des minerais de fer à l'état de fer hydraté d'un brun jaunâtre.

Le gisement de Thostes, près de Semur, appartient à l'Infra-Lias, ainsi que celui exploité au Creusot. Du Lias proprement dit font partie les gisements exploités près de Longwy, de Nancy et à la Verpillière, près de Lyon.

**Ciment hydraulique.** — A Vassy on trouve dans le Lias un calcaire argileux. On prépare avec lui un ciment hydraulique.

*2° Jurassique Moyen.*

Le Jurassique moyen est essentiellement formé de calcaires oolithiques. On y distingue deux étages : *l'oolithe inférieure* et la *grande oolithe.*

**Oolithe Inférieure.** — L'étage inférieur est aussi appelé *Bajocien,* du nom de la ville de Bayeux. Le fossile le plus ca-

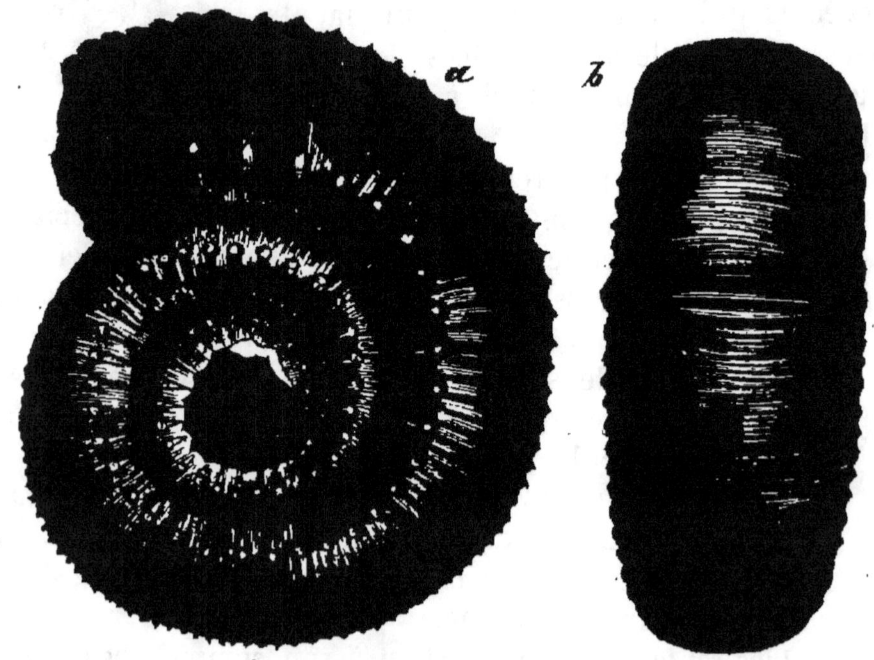


Fig. 122. — Ammonites Humphriesianus.
*a* de profil, *b* de dos.

ractéristique est l'*Ammonite d'Humphry* (*Ammonites humphriesianus*) (fig 122). Elle est renflée et présente à sa surface des côtes fines convergeant vers des côtes plus fortes et que terminent des tubercules.

**Grande Oolithe.** — L'étage supérieur est aussi appelé du nom de la ville de Bath en Angleterre, le *Bathonien.* Il renferme une argile dite *terre à foulon;* on s'en sert pour fouler le drap. Elle existe dans le Calvados à Port-en-Bessin. Cette argile est associée à des calcaires qui ont fourni en Angleterre près d'Oxford de nombreuses mâchoires de Mammifères, entre autres celle d'un Marsupial appelé le *Phascolotherium*.

A Caen, on exploite comme pierre de construction (*pierre de Caen*) un calcaire très riche en Reptiles : Plésiosaures, Ichthyosaures, Téléosaures.

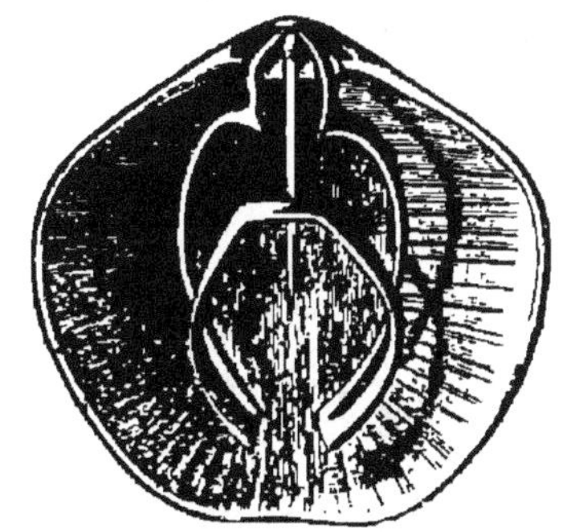

Fig. 123. — Térébratule.

En Angleterre, la partie moyenne de la grande oolithe fournit un calcaire compact autrefois exploité comme marbre.

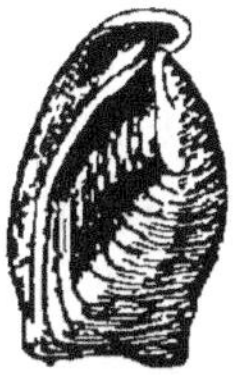

Sur la côte du Calvados, à Luc, Lion-sur-Mer, Langrune, on trouve les couches supérieures de la grande oolithe, avec de nombreux fossiles. Il y a là des Térébratules, Brachiopodes dont l'appareil brachial est très compliqué (fig. 123).

Fig. 124. Terebratula digona.

On cite comme espèces caractéristiques la *Terebratula digona* (fig. 124) (c'est-à-dire à deux angles) présentant deux pointes à sa base.

### 3° *Jurassique supérieur.*

Il se divise en plusieurs étages qui sont : l'*Oxfordien*, le *Corallien*, le *Calcaire du Barrois*.

**Oxfordien.** — Cet étage tire son nom d'Oxford en Angleterre. Il se compose d'argiles et de calcaires argileux. Les argiles noires de l'Oxfordien se voient bien près de Dives (Calvados). Elles y forment des falaises qui s'éboulent constamment et qu'on appelle les *Vaches noires*. On y recueille de nombreux fossiles, entre autres une grande Huître très élargie : l'*Ostrea dilatata* (fig. 125) et des Ammonites comme l'*Ammonites perarmatus* (fig. 126) qui présente sur les flancs deux rangs de tubercules.

On retrouve ces argiles oxfordiennes dans l'Est, près de Toul, où on les exploite pour tuile.

Fig. 125. — Ostrea dilatata.

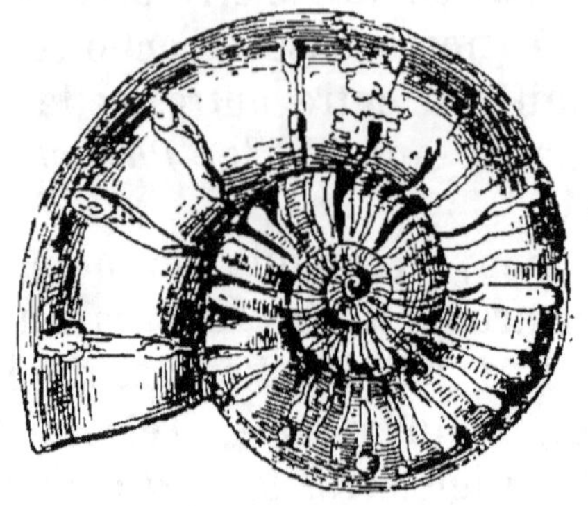

Fig. 126. — Ammonites perarmatus.

**Corallien.** — Il se compose d'un calcaire oolithique riche en débris de coraux et fournit une pierre de construction estimée : la pierre de *Commercy*.

Le Corallien contient un grand nombre d'Oursins. Ces animaux qui sont communs dans toutes les mers sont des Rayonnés. Ils sont couverts d'une enveloppe dure et résistante ou *test* tout hérissée de piquants.

Fig. 127. — Cidaris florigemma.

Le corps des Oursins a une forme plus ou moins arrondie

Les piquants des oursins du Corallien sont très forts. Ceux du *Cidaris florigemma* (fig. 127) sont de grandes baguettes arrondies couvertes de petits tubercules.

Le calcaire corallien renferme des mollusques bivalves de forme étrange. Les deux valves s'enroulent comme des cornes de bélier, ce qui leur a valu le nom de *Diceras* (deux cornes, en grec) (fig. 128). Les couches à

Fig. 128. — Diceras.

*Cidaris florigemma* sont bien représentées dans la falaise de Trouville et celles à *Diceras*, dans l'Yonne.

On rapporte au Corallien les calcaires à grain très fin de Solenhofen (Bavière) employés comme pierres lithographiques. Ils se divisent en plaques bien régulières : ce sont des schistes calcaires, dénomination qui exprime leur structure feuilletée. On y a trouvé des empreintes d'une conservation remarquable : Ptérodactyles, Poissons, et même des organismes très délicats comme des Étoiles de mer et des Méduses. C'est à Solenhofen qu'on a découvert le premier oiseau connu : l'Archæopteryx.

Certains calcaires sont très compacts et passent à l'état de marbres.

**Calcaire du Barrois.** — Le calcaire du Barrois tire son nom de la région française où il est le plus développé. On le trouve à Bar-sur-Seine, Bar-sur-Aube, Bar-le-Duc.

Cet étage débute par des argiles de couleur sombre. On les appelle *Argiles de Kimmeridje*, du nom d'une ville d'Angleterre. Elles constituent la base des falaises du Havre et de Honfleur. On y trouve une petite huître contournée en

Fig. 129. — Ostrea virgula.

virgule : l'*Ostrea virgula* (fig. 129). En Angleterre, ces argiles renferment des squelettes entiers de Plésiosaures et d'Ichthyosaures.

Puis vient le calcaire. Il est très développé à Portland, au sud de l'Angleterre, d'où le nom de *Portlandien* donné souvent à l'étage. On le rencontre aussi dans le Boulonnais.

Le calcaire de Portland est compact; on l'exploite comme pierre de taille. Quand il est marneux, on l'exploite comme ciment hydraulique; les ciments de Portland et de Boulogne sont très estimés.

Dans ce calcaire on trouve comme fossiles des ammonites de grande taille présentant une couronne de tubercules sur leurs flancs. On les appelle *Ammonites gigas* (ce qui veut dire ammonite géante). Il y a aussi des Huîtres très dilatées (*Ostrea expansa*), et des bivalves nommés *Trigonies* (fig. 130) à cause de leur forme triangulaire.

Le calcaire portlandien en Angleterre est surmonté d'un dépôt terrestre contenant des arbres encore debout (Cycadées et Conifères) dont le pied plonge dans une couche argileuse.

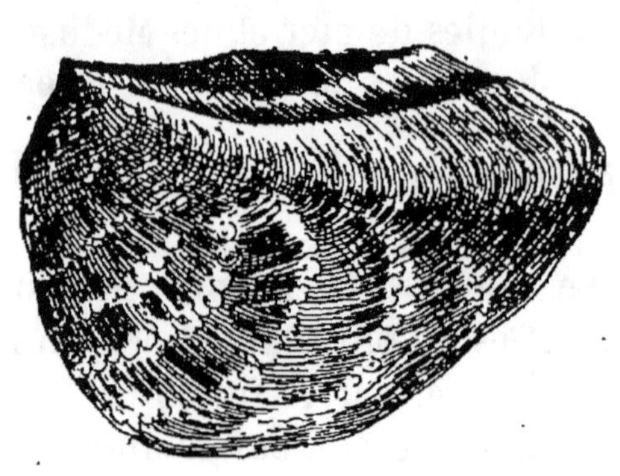

Fig. 130. — Trigonie.

Dans ces couches on a trouvé les marsupiaux appelés *Plagiaulax*.

Au-dessus se trouve des calcaires contenant des fossiles saumâtres et lacustres, et enfin un calcaire d'eau douce. Il contient, en effet, des *Paludines*, mollusques à coquille spirale comme celle des Escargots (Gastéropodes) et qui vivent encore dans nos fleuves et nos ruisseaux. Ce calcaire constitue une sorte de marbre.

A la fin de la période jurassique, il y avait donc dans le sud de l'Angleterre un lac qui occupait l'emplacement d'une ancienne forêt. Ce lac s'étendait dans le Boulonnais; il y avait continuité de la France à l'Angleterre.

Ces formations d'eau douce d'Angleterre se trouvent dans la presqu'île de Purbeck, de là le nom de *Purbeckien* attribué souvent au jurassique le plus supérieur.

**France pendant la période jurassique.** — En résumé, la France, au commencement de la période jurassique, consistait en trois grandes îles : l'Armorique, le Plateau-Central et les Vosges ; le Jurassique, en effet, manque dans ces régions qui par conséquent étaient émergées. Entre l'Armorique et le Plateau-Central se trouvait un détroit qu'on peut appeler détroit de Poitiers; entre le Plateau-Central et les Vosges s'en trouvait un autre : le détroit de Dijon.

Il y eut ensuite un mouvement d'émersion qui se généralisa de plus en plus. La France vint se souder à l'Angleterre. L'emplacement actuel de la Manche était occupé par des lacs et des forêts. C'est ce qui marque la fin de la période jurassique.

L'émersion avait commencé par le sud-est, où après le Corallien ne se déposent plus de couches jurassiques, tandis qu'au nord se déposent encore les couches marines kimméridjiennes et portlandiennes.

## RÉSUME

Le *Trias* bien développé en Allemagne et en Lorraine présente trois parties : à la base les *grès bigarrés* avec empreintes, puis un calcaire (*calcaire conchylien* avec fossiles marins (*Ceratites*), enfin les *marnes irisées*. Celles-ci contiennent en Lorraine des amas de sel gemme. — On trouve aussi le Trias en Angleterre et sur le pourtour du plateau central.

Le *Jurassique* forme le Jura, une grande partie de la Lorraine et constitue une ceinture complète autour du bassin de Paris. Il présente des calcaires fermés de petits grains arrondis : les *calcaires oolithiques*.

Le Jurassique le plus inférieur ou *Infra-Lias* contient les premiers mammifères. On y trouve aussi de la houille. Vient ensuite le *Lias,* où l'on trouve des huîtres à crochet recourbé : les *Gryphées.*

Le Jurassique moyen est essentiellement formé de calcaires oolithiques. Ceux-ci constituent en particulier la pierre de Caen. Il y a beaucoup d'Ammonites et de Reptiles.

Le Jurassique supérieur présente en particulier des argiles (*argiles oxfordiennes*), des calcaires riches en débris de coraux (*Corallien*), des pierres lithographiques et des calcaires compacts exploités comme pierres de taille (*calcaires du Barrois*). Les divers étages du Jurassique sont caractérisés surtout par des Ammonites.

---

# CHAPITRE XII

## Terrains Secondaires (*suite*). — Terrain Crétacé.

**Caractères généraux du Crétacé.** — Le terrain crétacé doit son nom à la présence de la craie (en latin, *creta*) qui constitue sa partie supérieure.

Au commencement de la période crétacée la mer envahit de nouveau les territoires qu'elle avait abandonnés vers la fin de la période jurassique. La plus grande partie de la France fut sous les eaux. Cependant les deux détroits jurassiques de Poitiers et de Dijon restèrent émergés : on n'y trouve pas de formations crétacées. Par suite le plateau central était soudé aux Vosges et à l'Armorique. Il en résultait une barrière qui séparait l'une de l'autre les deux mers crétacées du nord et du sud. Celle du nord couvrait le bassin de Paris et se prolongeait en Angleterre. Celle du sud occupait l'emplacement de la Méditerranée actuelle et couvrait en outre la Provence et l'Aquitaine (sud-ouest de la France). Elles avaient une faune différente, fait important que le manque de communication de ces deux mers permet de comprendre.

Pendant la période crétacée, les climats sont moins uniformes que pendant la période jurassique, car des différences se montrent, comme nous le verrons plus loin, dans la flore des diverses régions.

On peut diviser le Crétacé en deux parties; le Crétacé inférieur, formé d'argiles et de calcaires compacts, et le Crétacé supérieur constitué par la craie.

### 1° *Crétacé Inférieur.*

**Wealdien.**— Dans le sud de l'Angleterre, le Crétacé débute par une argile reposant sur le Purbeckien et qui présente au point de vue de la faune, beaucoup d'analogies avec ce dernier. Cette argile constitue la région appelée le *Weald* (comtés de Kent et de Sussex), de là le nom de *Wealdien* donné à cet étage.

On y trouve des empreintes de Fougères, beaucoup de Mollusques d'eau douce, des Crocodiles et des Iguanodons.

L'argile wealdienne se retrouve dans le Hanovre et en Belgique, où on a découvert à Bernissart, des squelettes entiers d'Iguanodons. On la rencontre aussi dans le Boulonnais, dans le pays de Bray, aux environs de Beauvais, le Wealdien cousiste en sables avec des veines charbonneuses qui renferment des empreintes de fougères.

**Néocomien.** — Dans d'autres régions on trouve au-dessus du Jurassique et au-dessus du Wealdien, un calcaire jaune. Il est développé surtout aux environs de Neuchâtel en Suisse (en latin, *Neocomium*), ce qui lui a valu le nom de *Néocomien.*

Cet étage est représenté dans l'est du bassin de Paris par un calcaire qui contient beaucoup d'Oursins a-platis en forme de cœur et qu'on appelle les Spatangues. C'est le *cal-caire à Spatangues*. On peut citer comme our-

Fig. 131. — Echinospatagus cordiformis.

sin caractéristique l'*Echinospatagus cordiformis* (fig. 131), dont le nom indique la forme. Sur son test on voit une sorte d'étoile à cinq branches, dont les bords présentent de petits trous. Il est nécessaire d'en connaître la nature. Quand on dépouille de ses piquants le test d'un oursin, on voit sur le test dix fuseaux à peu près égaux, mais dont cinq seulement sont percés de trous. Ils alternent régulière-ment avec ceux qui ne sont pas perfo-rés. L'animal se meut à l'aide de pe-tits prolongements tubuleux qui sor-tent par les trous en question. Ces

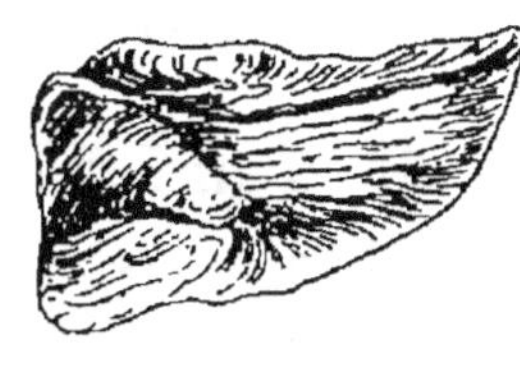

Fig. 132. — Ostrea aquila.

prolongements sont appelés *ambulacres*. Les fuseaux du test perforés sont les *zones ambulacraires*, et ceux non perforés les *zones interambulacraires*. Chez les Spatangues, les zones am-bulacraires (qu'on appelle aussi pour abréger : *ambulacres*), sont courtes et ressemblent aux pétales d'une fleur. L'un d'eux (*ambulacre antérieur*) est dans une gouttière qui conduit à la bouche. Sur le bord opposé se trouve une autre ouverture qui est l'anus. L'*Echinospatagus cordiformis* est appelé aussi

*Toxaster complanatus*. Il existe encore des formes analogues à l'époque actuelle.

La partie supérieure de l'étage néocomien est formée de marnes contenant des Huîtres énormes, à crochet recourbé : on les appelle *Ostrea aquila* (fig. 132) à cause du crochet en bec d'aigle (en latin, *aquila :* aigle).

La partie moyenne du Néocomien contient à Vassy (Haute-Marne), des grès ferrugineux exploités comme minerai de fer.

**Néocomien du Midi. Ammonites déroulées et Chamas.—** Le Néocomien du Midi repose directement sur le Corallien ou l'Oxfordien.

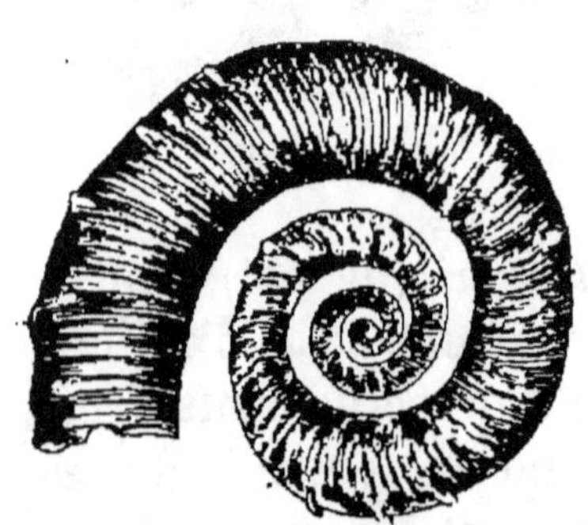

Fig. 133. — Crioceras.

Le Néocomien est bien développé en Dauphiné et en Provence. Il y renferme des Ammonites plus ou moins déroulées. Ainsi les *Crioceras* (fig. 133) sont des Ammonites dont les tours ne se touchent plus mais restent dans le même plan. Les *Scaphites* (fig. 134), qui se terminent par une crosse. Les *Ancycloceras* (fig. 135), ont à la fois une crosse et des tours disjointes.

Toujours à la partie supérieure du Néocomien se retrouvent les marnes à *Ostrea aquila*. Aux environs d'Apt, en Provence, elles ont 200 mètres d'épaisseur; de là le nom de *marnes aptiennes* qu'on leur donne.

Fig. 134.
Scaphites.

A l'époque actuelle, il existe certains Mollusques bivalves, dont les deux valves sont très inégales. Ce sont les *Chamas*.

L'une des valves est grande et se termine par un crochet qui fixe l'animal aux rochers. Dans le Corallien nous avons trouvé des mollusques analogues dont les deux valves se terminent par un crochet, ce sont les *Diceras*. Dans le Néocomien les animaux de ce groupe se développent beaucoup. On les appelle *Requienia* [1] ou *Caprotines* (fig. 136). L'une des valves est un cornet enroulé en spirale; l'autre, la supérieure, est aplatie et forme comme un couvercle. En Provence, à Orgon, on trouve des calcaires blancs tout remplis de ces coquilles.

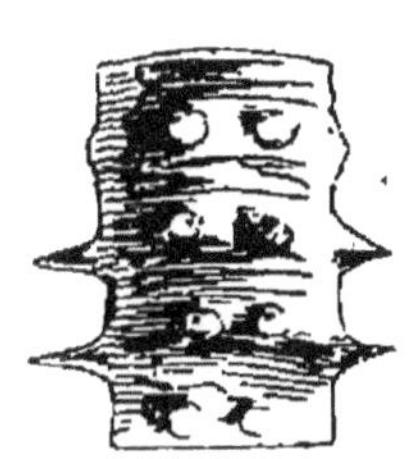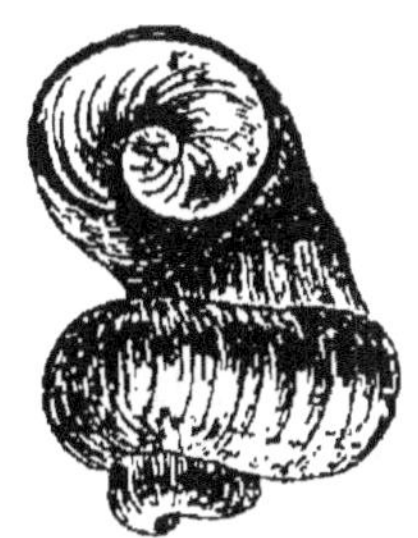

Fig. 135. — Ancyloceras.                    Fig. 136. — Caprotine.

Celles-ci formaient donc, pendant la période crétacée, de véritables récifs analogues aux récifs coralliens.

**Gault.** — Au-dessus des marnes aptiennes on trouve un étage appelé en Angleterre le *Gault*. Il se compose de sables verts et d'argile. Les *sables verts* sont compris entre les marnes aptiennes et l'argile du Gault. Les eaux s'y accumulent et c'est cette couche de sable rencontrée à Paris, vers 600 mètres de profondeur, qui alimente les puits artésiens de Grenelle et de Passy.

L'argile du Gault est employée pour faire des tuiles, des poteries. On y trouve des moules d'ammonites recouverts encore de la couche nacrée qui tapissait la coquille elle-même. Telle est la petite Ammonite appelée, à cause de son éclat, *Ammonites splendens* (Ammonite splendide).

L'argile du Gault se termine par une sorte de grès poreux composé de calcaire, d'argile et de silex. Cette roche, appelée *Gaize*, constitue les collines de l'Argonne.

**Nodules de phosphate de chaux.** — Dans la Meuse, les Ardennes, le Boulonnais, l'argile du Gault contient des masses arrondies, irrégulières ou nodules, formées de phosphate de chaux. On suppose que ce phosphate s'est concentré autour de matières organiques en décomposition : coquilles, bois fos-

1. Dédiées à M. Requien.

siles, etc. Mais l'origine du phosphate lui-même est inconnue. On regardait autrefois ces nodules comme des excréments fossiles d'animaux et, on les appelait *Coprolithes*. Mais on ne s'expliquerait guère ainsi leur accumulation en si grande quantité.

2° *Crétacé Supérieur*.

**Nature de la craie.** — Le Crétacé Supérieur est formé de craie. Celle-ci est un calcaire tendre, pulvérulent. Elle contient des carapaces calcaires de petits animaux microscopiques : les Foraminifères. On y trouve en particulier ceux qu'on appelle *Globigérines* (fig. 137). Ils consistent en petites loges sphériques agglomérées. La formation de la craie nous est expliquée par ce qui se passe encore de nos jours. Les opérations de sondages à des grandes profondeurs faites récemment ont démontré

Fig. 137.
Globigérine.

Fig. 138.
Globigérine.

que le fond des océans est tapissé d'un limon rempli de coquilles de Foraminifères. Si ce limon était émergé par suite de mouvements du sol, il prendrait en se desséchant l'aspect de la craie. On peut donc dire qu'il se forme encore aujourd'hui une sorte de craie dans nos océans, par suite de l'amas des dépouilles de Foraminifères et du carbonate de chaux provenant de la destruction des Coraux. On trouve dans ce limon des Foraminifères ressemblant à ceux de la craie, entre autres des Globigérines. Ce serait cependant une exagération de dire que les dépôts de l'époque crétacée, continuent à se former dans nos mers. En effet, le limon actuel est beaucoup plus riche en Foraminifères que la craie, et les espèces ne semblent pas identiques.

**Nodules de silex.** — On trouve souvent dans la craie, par exemple, à Meudon et dans les falaises de la Manche, des nodules de silex pyromaque ou pierre à fusil, alignés en bancs parallèles. Certains sont gris et zonés, d'autres blonds ou noirs. On les a expliqués de plusieurs manières. Suivant les uns, la silice amenée par des sources se serait concrétée autour de corps en décomposition; et en effet on trouve souvent à l'intérieur des silex des coquilles ou des oursins. D'après les autres, ces silex auraient l'origine suivante. Beaucoup d'Éponges ont une sorte de squelette formé de petites baguettes siliceuses appelées *spicules*; des animaux microscopiques, appelés Radiolaires, ont une carapace siliceuse. La silice aurait été fournie par les spicules d'Éponges et les Radiolaires; elle se serait ensuite séparée de la craie par voie de concentration.

**Nodules de pyrite.** — Dans la craie on trouve aussi des masses noduleuses dont la surface est ocreuse. Si on les brise on voit que leur cassure est métallique et rayonnée. Les fibres qui les constituent viennent souvent former à la surface des pointes aiguës. Ces boules métalliques, très communes dans la craie de Champagne et de Normandie, sont appelées par les paysans *pierres de foudre*. Elles sont formées de pyrite (sulfure de fer). Quelquefois cette pyrite est d'un beau jaune d'or (pyrite jaune). Le plus souvent elle est d'un jaune plus pâle et un peu verdâtre (pyrite blanche ou marcassite) et alors sa surface est altérée, ocreuse. La pyrite blanche se transforme en effet au contact de l'air, en limonite (oxyde de fer) ou en sulfate de fer. Quand elle est abondante on l'emploie pour la fabrication de l'acide sulfurique et du sulfate de fer (vitriol vert).

**Division du Crétacé supérieur.** — Le Crétacé supérieur se divise en plusieurs étages auxquels on a donné des noms rappelant ceux de diverses localités. Ces étages sont : 1° le *Cénomanien*, 2° le *Turonien*, 3° le *Sénonien* et 4° la *Craie supérieure* ou *Danien*.

**Cénomanien.** — Le Cénomanien tire son nom de la ville du Mans (*Cenomanum*, en latin). Il est formé d'une craie colorée en vert par de nombreux grains de *glauconie* (hydrosilicate de fer et de potasse). Cette craie forme les falaises du cap de la Hève près du Havre, où elle repose sur les argiles du Gault. On la trouve à Rouen à la montagne Sainte-Catherine que traverse le tunnel du chemin de fer de Paris. Les principaux fossiles sont l'*Ammonites Rotomagensis* (fig. 139) (*Rotomagus* est le nom latin de la ville de Rouen) et le *Scaphites æqualis* (fig. 140). Celui-ci est, comme nous l'avons déjà vu, une Ammonite se prolongeant par une crosse. L'*Ammonites Rotomagensis* présente sur le dos trois rangs de tubercules. Le dos est large et carré.

Près du Mans, au-dessus de la craie de Rouen, se trouvent des grès et des sables (*grès du Maine*) avec des Huîtres dont le crochet est aigu et contourné (*Ostrea colomba*) (fig. 141).

Fig. 139.
Ammonites
Rotomagensis.

Fig. 140.
Scaphites
Æqualis.

**Turonien.** — Au-dessus de la craie glauconieuse se trouve une craie mélangée d'argile (*craie marneuse*). Elle constitue un étage bien développé à Tours, d'où le nom de *Turonien*. Cette

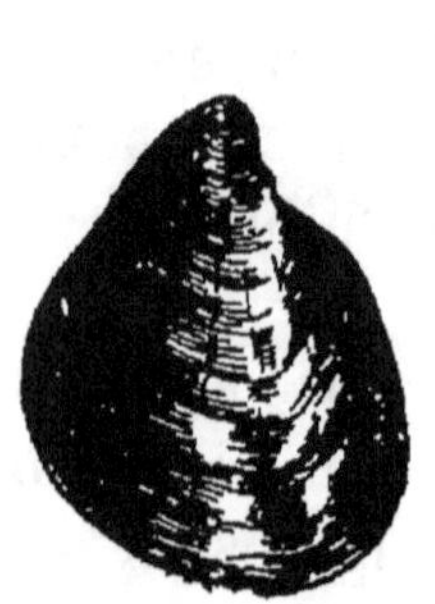

Fig. 141. — Ostrea colomba.

Fig. 142.
Inoceramus labiatus.

craie constitue la base des falaises de la Manche, à Dieppe, et au Tréport. Elle ne renferme guère de silex, mais beaucoup de pyrite. Un fossile caractéristique est un bivalve allongé : l'*Inoceramus labiatus* qui présente sur sa coquille des plis concentriques (fig. 142).

En Touraine, la craie marneuse est surmontée d'une craie

jaune et sableuse : le *tuffeau de Touraine*, qui durcit à l'air et qu'on exploite sur les bords du Cher, sous le nom de *pierre de Bourré*. Les habitants de cette localité s'y sont creusé des demeures. Le tuffeau contient de grandes *Ostrea colomba* et d'énormes Ammonites (*Ammonites peramplus*) atteignant près de 2 mètres de diamètre.

**Falaises de Boulogne et d'Angleterre.** — Sur la côte de France, depuis Sangatte près Calais, jusqu'à Boulogne, s'étendent des falaises de craie. La plus haute est celle du cap Blanc-Nez (134 mètres) au nord de Wissant. Cette falaise est

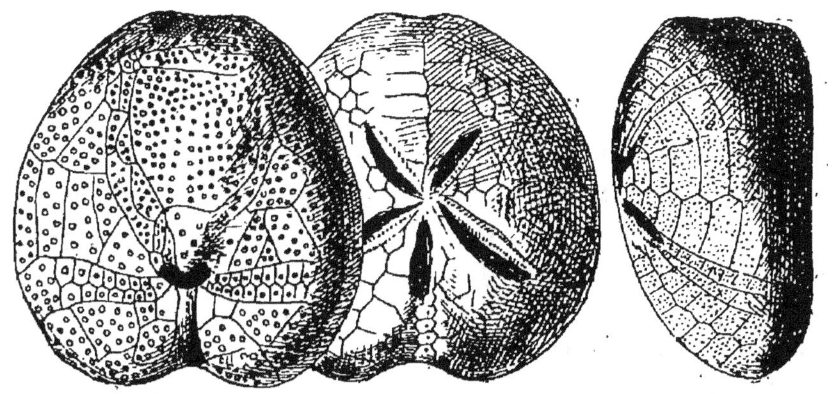
Fig. 143. — Micraster cor testudinarium.

constituée par le Cénomanien et le Turonien. La craie cénomanienne y est marneuse et sert à la fabrication du ciment hydraulique de Boulogne.

De l'autre côté du détroit, on distingue par un temps clair les falaises blanches de Douvres qui ont valu à l'Angleterre le nom d'Albion (*albus*, blanc). Elles sont constituées comme celles de Boulogne et, avant la rupture de l'isthme qui unissait la France et l'Angleterre, ne formaient qu'une même masse avec les premières. C'est dans la craie du Cénomanien qui est imperméable, qu'on a proposé de creuser le tunnel sous-marin entre la France et l'Angleterre.

**Sénonien.** — Cet étage est formé de craie blanche et pure remplie de silex. Il tire son nom de la ville de Sens. On trouve cette craie dans les falaises de la Manche (Dieppe, Étretat), où elle atteint une épaisseur de 200 mètres. Elle forme aussi les plaines de la Champagne. Près de Paris, on voit la partie supérieure de cette craie. Elle est absolument blanche; on l'exploite à Meudon pour la fabrication du *blanc d'Espagne* et celle de la chaux hydraulique qu'on obtient en mélangeant la craie à l'argile.

Dans le Sénonien les fossiles principaux sont des oursins aplatis, en forme de cœur appelés *Micrasters*; les aires ambulacraires se trouvent dans des dépressions et sont étroites. Elles forment une étoile (le nom de *Micraster*, veut dire petite étoile). On trouve à la base du Sénonien le *Micraster cor testudinarium*[1] (fig. 143); plus haut le *Micraster cor anguinum* (fig. 144), dont le bord postérieur est relevé. Enfin à Meudon la craie contient des sortes de Bélemnites dites *Bélemnitelles*; elles diffèrent des premières par un sillon placé au sommet du rostre. La bélemnitelle de Meudon est la *Bélemnitella mucronata* (c'est-à-dire avec une pointe); son rostre se termine par une petite pointe (fig. 145).

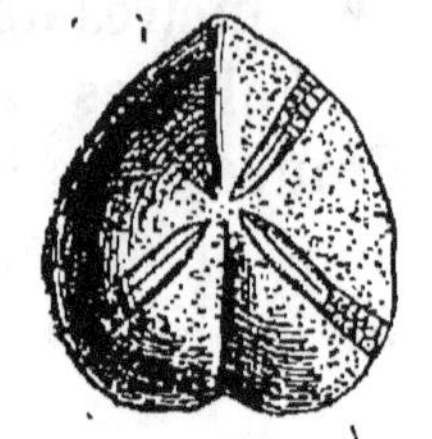

Fig. 141.
Micraster cor
anguinum.

**Danien** (*Craie supérieure*). — Au-dessus de la craie blanche se trouve un calcaire tendre, jaune et sableux à petits grains

Fig. 145. — Belemnite Clamucronata.

arrondis. On l'appelle *calcaire pisolithique*. Il existe en lambeaux aux environs de Paris (ainsi à Meudon, à Bougival). Il est plus développé dans le Cotentin, aux environs de Valognes; là il renferme des Ammonites entièrement déroulées, et qu'on a appelées *Baculites* (de *baculum* : bâton) (fig. 146).

1. Ces noms indiquent la ressemblance de l'Oursin avec un cœur; on le compare à un cœur de Tortue (*cor testudinarium*) ou de Serpent (*cor anguinum*).

La craie supérieure constitue les îles du Danemark, ce qui a valu à l'étage le nom de *Danien*. Elle existe aussi à Maëstricht. On l'y exploite comme pierre de construction sous le nom de *tuffeau*. C'est là qu'on a trouvé le Reptile énorme nommé *Mosasaure* ou animal de Maëstricht (voir le chapitre X).

La faible étendue des dépôts du Danien montrent que, vers la fin de la période crétacée, se produisait un mouvement

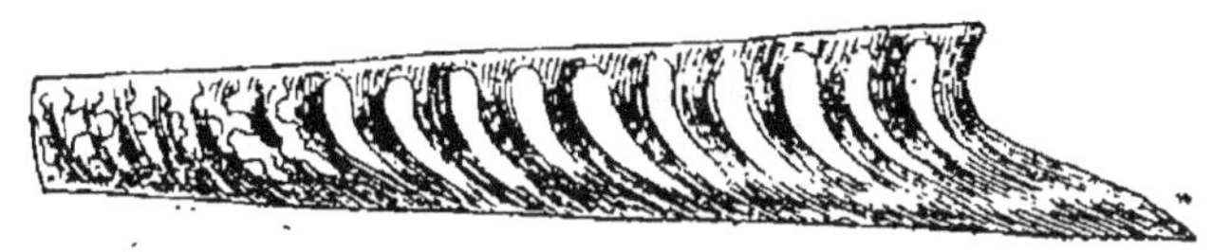

Fig. 146. — Baculite.

d'émersion. La plus grande partie du golfe qui occupait l'emplacement actuel du bassin de Paris devait être à sec. Nous verrons plus loin, que le sud de la France était aussi en voie de soulèvement.

En revanche, la mer danienne couvrait une grande partie de l'Amérique du Nord. On trouve là des *Bélemnitelles*, des *Ammonites*, des *Baculites* (fig. 146), etc. C'est dans la craie du Kansas, qu'ont été découverts les oiseaux dentés décrits dans le chapitre X.

**Crétacé supérieur du Midi. — Rudistes.** — La craie est représentée dans le Midi par des calcaires compacts dont la faune diffère beaucoup de celle du Nord.

On y trouve un grand nombre de Bivalves à coquille épaisse : les *Rudistes*. Les deux valves sont très inégales. La grande est en forme de cornet : elle fixait l'animal au sol sous-marin. La petite est une sorte de couvercle fermant ce cornet. Une charnière très solide unit les deux valves; elle se compose de fortes dents portées par la petite valve et qui entrent dans des fossettes correspondantes de la grande. La petite valve ne pouvait se déplacer que verticalement. Les Rudistes ont complètement disparu aujourd'hui; ils caractérisent le Crétacé supérieur. Nous avons vu déjà dans le néocomien des Bivalves analogues : les *Requienies* ou *Caprotines*, mais qui n'ont pas la forte charnière des Rudistes. Ceux-ci, par les Requienies, peuvent se rattacher aux Chamas actuels, déjà développés d'ailleurs pendant le Crétacé. Les Rudistes se trouvent souvent

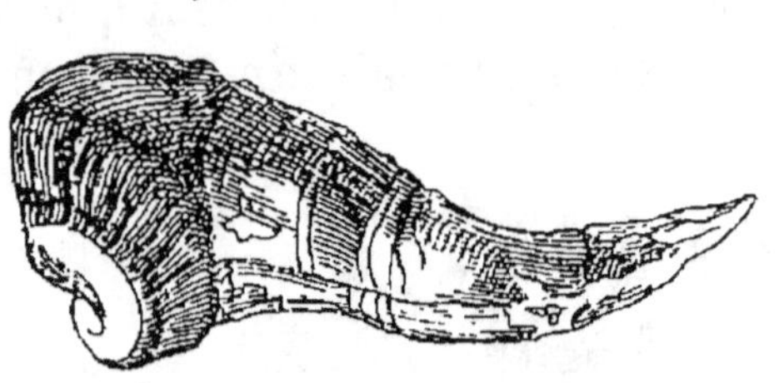

Fig. 147. — Caprinelle.

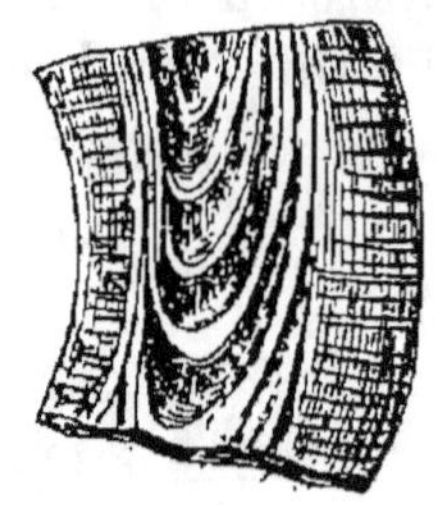

Fig. 148. — Caprinelle.

dans le Crétacé du Midi, serrés les uns contre les autres. Ils formaient ainsi de véritables récifs analogues aux récifs coralliens.

Dans la partie inférieure de la craie du Midi, qui correspond

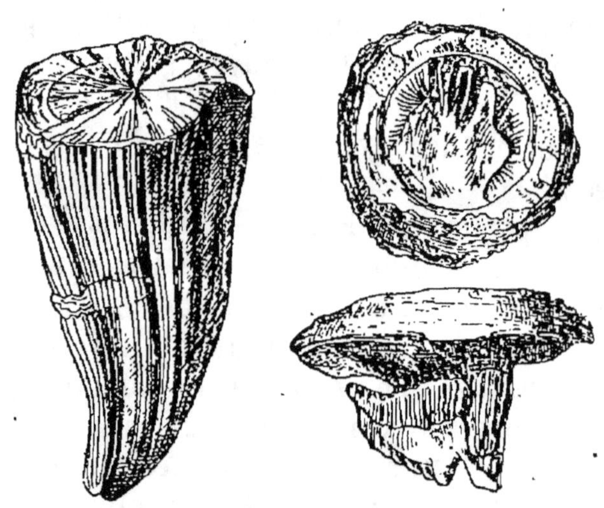

Fig. 149. — Radiolite.

au Cénomanien, se trouvent les *Caprinelles* (fig. 147). On les place souvent près des Requienies. La valve inférieure est contournée en spirale. A l'intérieur il y a des cloisons successives, de sorte que les moulages internes des coquilles figurent assez bien la chair de poisson ; de là le nom d'*Ichthyosar-*

*colithes* (pierres en chair de poisson) donné aussi à ces coquilles (fig. 148). Les falaises de la Rochelle en sont remplies.

Dans la partie moyenne qui repose sur la craie marneuse à *Inoceramus labiatus* et correspond par suite au Turonien, se trouvent d'autres rudistes appelés *Radiolites* (fig. 149). Leur valve supérieure est conique et la valve inférieure présente des côtes rayonnantes, de là le nom de ces coquilles (*radius*, rayon). La pierre blanche d'Angoulême employée comme pierre de taille, en est formée.

Plus haut encore, on trouve en Provence et dans le sud-ouest, le calcaire à *Hippurites*. Ces derniers qui sont comparés à des queues de cheval (ce qui veut dire leur nom) ont une charnière très forte. Leur valve inférieure présente sur le côté trois grands sillons allant de la base au sommet. L'*Hippurites cornu vaccinum* (corne de vache) atteint parfois un mètre. L'*Hippurites organisans* forme souvent de grands récifs où les in-

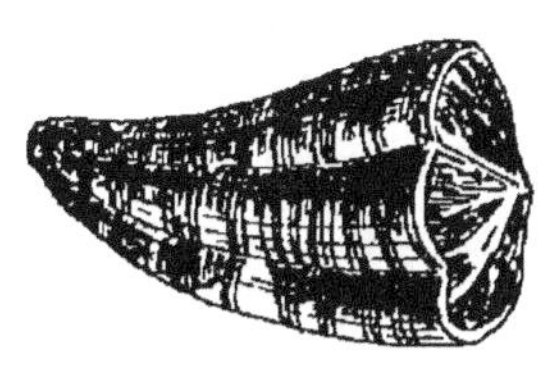

Fig. 150.

Hippurite organisans.

dividus serrés les uns contre les autres simulent des jeux d'orgues (c'est de là que vient le nom).

Au-dessus de ces couches marines on trouve en Provence des formations d'eau douce, comme des lignites (le Beausset, Fuvean) et des calcaires lacustres. Les *lignites* sont des houilles imparfaites. Ils proviennent aussi de la décomposition des végétaux, mais cette décomposition est bien moins complète que dans la houille. Souvent même le lignite a conservé la structure fibreuse du bois.

La présence des calcaires lacustres et des lignites au sommet du Crétacé du Midi montre que vers la fin de la période crétacée, le sud de la France était en voie d'émersion comme le nord.

**Flore de la période crétacée.** — L'étude des lignites du midi de la France et d'autres gisements lacustres ont permis de caractériser la flore de la période crétacée. Elle est très différente de celle du Jurassique qui était composé de Fougères, de Cycadées et de Conifères. Les Dicoylédones angiospermes, groupe auquel appartiennent nos arbres à feuilles caduques, apparaissent. On trouve des Peupliers, des Hêtres, des Platanes, des Lierres, etc. (fig. 151). Ils sont associés à des Magnolias et à des Monocotylédones, comme des Palmiers et des Bambous.

Le changement des espèces végétales se manifeste au milieu

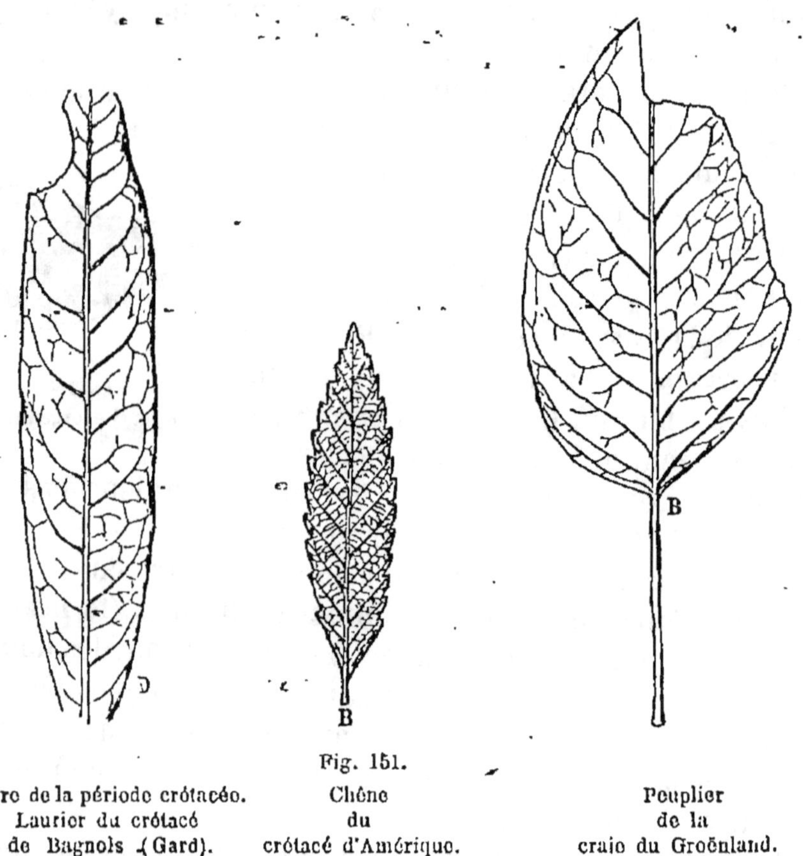

Fig. 151.

Flore de la période crétacée.      Chêne      Peuplier<br>
Laurier du crétacé      du      de la<br>
de Bagnols (Gard).      crétacé d'Amérique.      craie du Groënland.

de la période crétacée ; la flore du Crétacé inférieur (celle du Wealdien), a encore des caractères jurassiques. C'est au Cénomanien qu'on peut rapporter l'apparition des végétaux à feuilles larges et caduques et la décroissance des conifères.

Les végétaux à feuilles caduques indiquent l'existence de saisons tranchées, celle de l'hiver et de l'été. Autre fait important : les Peupliers, Platanes, etc., dominent aux environs du pôle. On les a rencontrés dans le Cénomanien du Groënland.

Il y a mélange au contraire avec les Palmiers en Provence. Le refroidissement des régions polaires commençait donc à cette époque. Il s'opérait cependant avec lenteur, car on a trouvé un Bambou au Groënland.

## RÉSUMÉ

Le terrain crétacé doit son nom à la présence de la craie qui constitue sa partie supérieure.

Le Crétacé inférieur est formé d'argiles et de calcaires compacts. On doit citer en particulier un étage appelé le *Gault* contenant des nodules de phosphate de chaux. A cet étage appartiennent aussi des sables verts compris entre deux couches d'argile (*marnes aptiennes et argile du gault*). Les eaux d'infiltration s'accumulent dans ces sables et forment une nappe qui alimente les puits artésiens de Paris.

La craie qui forme le Crétacé supérieur est un calcaire tendre contenant beaucoup de carapaces de petits animaux microscopiques, les Foraminifères. Dans la craie on trouve des nodules de silex et de pyrite. C'est la craie qui forme les falaises de la Manche. Elle est absolument pure et blanche à Meudon; on y trouve des sortes de Bélemmites : les *Bélemnitelles*.

Le Crétacé présente beaucoup d'Oursins. Dans le crétacé du Midi abondent des Ammonites plus ou moins déroulées (*Scaphites, Crioceras*) et des coquilles Bivalves en forme de cornet et dont les valves sont inégales : les *Rudistes* (*Radiolites, Hippurites*).

Les plantes Dicotylédones apparaissent au milieu de la période crétacée.

---

# CHAPITRE XIII

## Terrains Tertiaires. Leur faune.

**Division des terrains tertiaires.** — Les terrains tertiaires sont, de bas en haut :

L'Éocène;
Le Miocène;
Le Pliocène.

Leur faune se rapproche beaucoup de la faune actuelle. Les Ammonites disparaissent ainsi que les grands Reptiles nageurs, les Reptiles volants et les Dinosauriens des temps secondaires. Les Mollusques Gastéropodes, c'est-à-dire ceux qui possèdent, comme l'Escargot, une coquille spiralée et rampent sur le ventre, deviennent abondants. Les Mammifères deviennent très nombreux.

**Nummulites.** — Les Foraminifères, animaux en général microscopiques, munis d'une carapace calcaire, et qui étaient déjà en grand nombre dans le crétacé, deviennent très communs dans les couches tertiaires. Les plus importants sont les Nummulites (de *nummus*, monnaie). Ils sont ainsi nommés parce qu'ils ont la forme de disques aplatis et ressemblent, par suite, à des pièces de monnaie (fig. 152). Les calcaires dont sont formées les pyramides d'Égypte en sont pétris. Beaucoup de ces coquilles ont simplement la grosseur d'une lentille, mais certaines espèces atteignent le diamètre d'une pièce de deux francs et même de cinq francs. Ce sont les géants du groupe des foraminifères. La carapace est finement poreuse ; elle est percée de trous par lesquels l'animal passait des prolongements de son corps (pseudopodes). A l'intérieur on voit une série de chambres disposées en spirale ; les cloisons laissent à leur partie médiane une petite fissure par laquelle les loges communiquent entre elles.

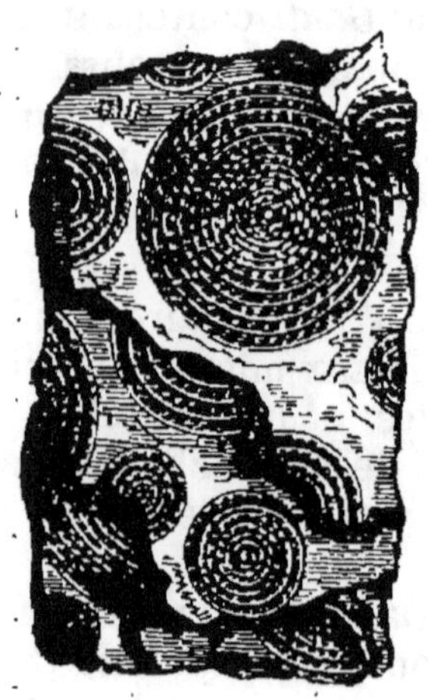

Fig. 152. — Nummulites coupées pour montrer les cloisons internes.

Les Nummulites disparaissent avec les temps tertiaires. Elles ne sont plus rappelées à l'époque actuelle que par les *Operculines*, dont les chambres sont beaucoup moins nombreuses.

D'autres Foraminifères tertiaires sont les *Miliolithes*, qui n'ont que la grosseur d'un grain de millet (ce qu'indique leur nom). Elles sont composées de chambres qui se recouvrent les unes les autres ; exemple, la *Triloculine*.

**Mollusques Gastéropodes;
Cérithes.** — Les Mollusques
Gastéropodes abondent dans les
couches tertiaires. Les plus
importants sont les *Cérithes*.
Leur coquille est un cône très
allongé formé de nombreux
tours. L'ouverture se termine
par un petit canal échancré. Ces
animaux comprennent un grand
nombre d'espèces. L'une des
plus remarquables est la *Cérithe
géante* (Cerithium giganteum)
(fig. 153), qui atteint près de
80 centimètres. On en trouve,
soit la coquille interne, soit le
moule interne, qui a la forme
d'une spirale. Des Cérithes vivent encore actuellement dans
la Méditerranée.

**Insectes.** — Les insectes
deviennent nombreux pendant
l'âge tertiaire. Cela s'explique
facilement, car cette période
est caractérisée par l'abondance
des végétaux à fleurs. Les Pa-
pillons apparaissent, et les Co-
léoptères, les Hyménoptères
(Fourmis, abeilles), les Diptères
se multiplient.

On trouve beaucoup d'In-
sectes bien conservés dans
l'ambre jaune ou *succin* des
bords de la Baltique. Cette
substance est la résine fournie
par des conifères. Des Insectes
s'y sont englués alors qu'elle était encore liquide.

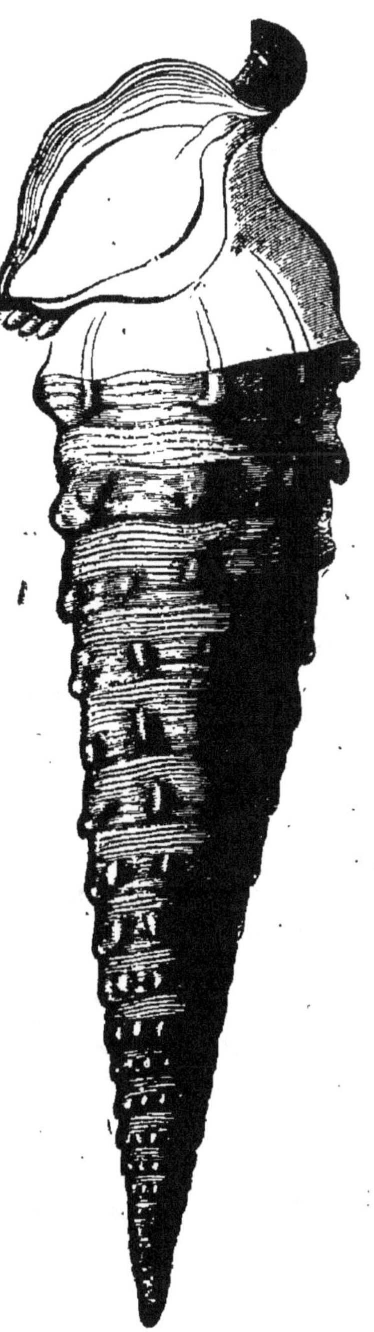

Fig. 153. — Cérithe géante.

**Poissons.** — Les Poissons ressemblent à nos poissons actuels. Les Ganoïdes anciens ont disparu sans retour. On trouve des Raies, des Squales. Les dents de ces derniers sont communes dans le calcaire grossier de Paris (fig. 154). Il y a de nombreux poissons osseux : des Perches, des Goujons, des Brochets mêlés à d'autres espèces qui ne vivent plus que dans les pays chauds. Les principaux gisements sont Aix en Provence, Monte-Bolca dans le Vicentin et Licata en Sicile.

Fig. 154. — Dent de Squale.

**Batraciens.** — Il existait des Salamandres et des Grenouilles. Le naturaliste Scheuchzer trouva au siècle dernier, dans les couches miocènes d'Œningen (Suisse), des ossements qui lui parurent provenir d'un homme et qu'il décrivit sous le nom d'*Homo diluvii testis* (homme témoin du déluge). Cuvier reconnut qu'il s'agissait en réalité d'une Salamandre gigantesque ayant une longueur de 1${}^m$,25 environ. Cette Salamandre, désignée sous le non d'*Andrias Scheuchzeri* différait fort peu des salamandres actuelles du Japon, qui dépassent souvent un mètre.

**Reptiles.** — Les Reptiles tertiaires diffèrent fort peu de ceux qui vivent aujourd'hui. On trouve déjà les trois genres actuels de Crocodiliens, Gavial, Caïman et Crocodile. Les Tortues existent. Les Serpents, dont il n'existait qu'une seule forme dans le crétacé (trouvée dans la Charente), deviennent nombreux : il y a des Pythons, des Couleuvres, des Najas.

**Oiseaux.** — Dans les temps tertiaires, tous les ordres actuels d'Oiseaux avaient des représentants. Sur les bords des lacs de l'Auvergne, il y avait de nombreux Échassiers et Palmipèdes. Parmi ces derniers, l'un des plus remarquables est le Flamant (Phénicoptère), qu'on trouve aujourd'hui dans le nord de l'Afrique.

Il y avait aussi des types aujourd'hui disparus. Tel est l'*Odontopteryx* (Oiseau denté), trouvé dans l'argile de Londres. La mâchoire présente des prolongements qui simulent des dents. On rapproche cet Oiseau d'un Palmipède actuel, le Harle, dont le bec est aussi dentelé au bord.

Un autre Oiseau a laissé des débris dans l'argile plastique de Meudon. Il y fut trouvé par Gaston Planté. On l'appela *Gastornis parisiensis* (*Gastornis*, oiseau de Gaston). Les os trouvés sont de grande taille; l'animal devait avoir les dimensions de l'Autruche. On a trouvé récemment des os du membre antérieur; ils semblent indiquer que l'Oiseau n'était pas coureur comme l'Autruche; ses ailes courtes devaient lui servir pour nager, comme celles des Manchots actuels. On ne sait pas, en résumé, si le Gastornis était un Coureur ou un Palmipède. Un fragment de mâchoire permet de supposer qu'il avait des dents.

**Mammifères Marsupiaux.** — Les Mammifères sont très nombreux dans les couches tertiaires et s'y présentent avec une grande variété de formes. Cuvier étudia avec soin, au commencement de ce siècle, ceux du gypse de Montmartre (Éocène supérieur).

Dans les temps secondaires, les Mammifères n'étaient représentés que par les Marsupiaux, animaux à bourse qui habitent encore l'Australie et que les Sarigues (*Didelphys*) représentent en Amérique. Cuvier trouva dans le gypse un Sarigue qui fut appelé *Didelphys Cuvieri*. Le squelette était complet; il présentait même les deux os, dits os marsupiaux, qui se trouvent en avant du bassin et soutiennent la bourse (en latin *marsupium*).

**Mammifères Ongulés.** — Mais les Mammifères qui dominent dans les terrains tertiaires sont, comme à l'époque actuelle, ceux qui sont dépourvus de bourse, et en particulier les *Ongulés*. On appelle ainsi les Mammifères munis de sabots, c'est-à-dire les *Pachydermes*, les *Ruminants* et les *Proboscidiens* (animaux à trompe, Éléphants).

Les **Pachydermes** (animaux à peau épaisse) se divisent en deux grands groupes : ceux qui ont à chaque membre un nombre impair de doigts et ceux qui en ont un nombre pair.

1° **Pachydermes ayant un nombre impair de doigts.** — Le premier groupe présente à l'époque actuelle trois familles : celle des Rhinocéros, celle des Tapirs et celle des Chevaux.

Les **Rhinocéros** apparaissent dans le Miocène. Outre les vrais Rhinocéros ayant une ou deux cornes sur le nez, il y en

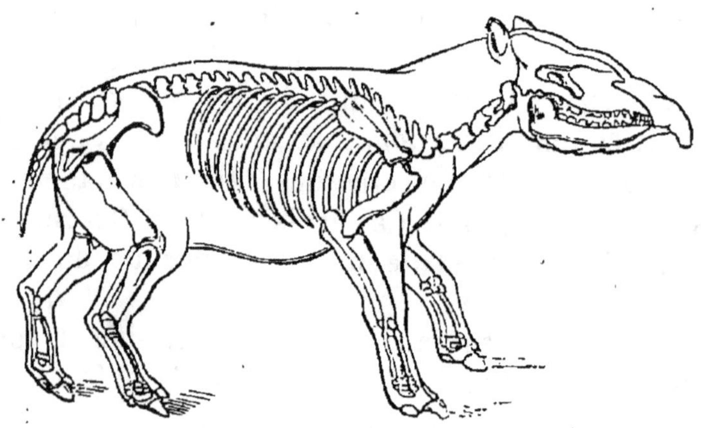

Fig. 155. — Palæotherium.

avait qui devaient être dépourvus de cornes, car les os du nez sont trop faibles pour la supporter. On les a appelés *Acceratherium* (ce nom veut dire animal sans corne).

Les **Tapirs** vivent aujourd'hui dans les Indes et en Amérique. Ils ont une petite trompe, et leurs molaires présentent deux crêtes saillantes particulières. Ils ont quatre doigts aux pattes de devant et trois aux pattes de derrière. Les Tapirs se montrent dans le Miocène ; mais, dès l'Éocène, on trouve des animaux qui leur ressemblent beaucoup, le *Coryphodon*, qui présente cinq doigts (Éocène inférieur), et le *Lophiodon* (Éocène moyen). Ce dernier tire son nom (dent avec crête) de ce que ses dents ressemblent à celles des Tapirs ; les membres sont semblables à ceux des Tapirs.

Les **Chevaux,** qui n'ont qu'un seul doigt à chaque

membre, d'où leur nom de *Solipèdes*, n'apparaissent qu'au Pliocène.

**Palæotherium, Hipparion.** — Mais un fait remarquable nous est présenté par les Mammifères tertiaires. Ils nous présentent des types qui relient les unes aux autres des familles aujourd'hui bien distinctes. C'est ce qui a lieu notamment pour la famille des Tapirs et celle des Chevaux.

Dans le gypse de Montmartre, Cuvier trouva un animal qu'il appela *Palæotherium* (du grec *palaios*, ancien, et *therion*, animal). Il put en faire la restauration, grâce aux nombreux ossements (fig. 155) qu'il recueillit. Cet animal ressembtait beaucoup au Tapir et pouvait atteindre la taille du Cheval. Il avait une

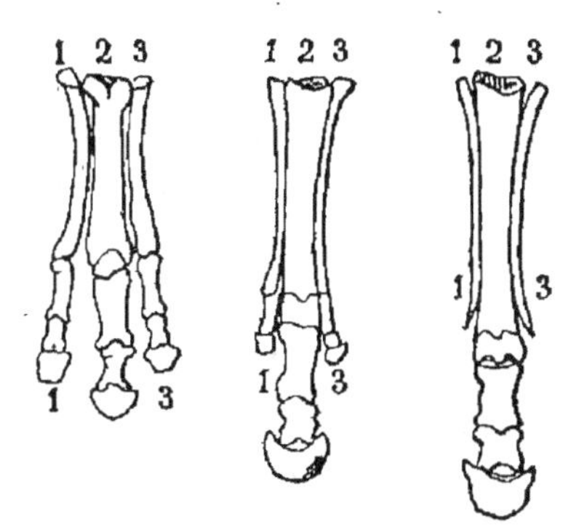

Palæotherium. Hipparion. Cheval.

Fig. 156. — Comparaison des membres.

trompe comme le Tapir; c'est ce qu'indique le grand développement des os nasaux. Il avait trois doigts à chaque membre, mais celui du milieu était un peu plus grand que les deux autres.

Dans l'*Anchitherium* (de *anchi* auprès, qui fait allusion à la ressemblance avec le *Palæotherium*) (fig. 156) le doigt du milieu diffère encore plus des deux autres, qui cependant touchent le sol. L'Anchitherium est du Miocène moyen.

Mais dans le Miocène supérieur se montre un animal ayant la plus grande ressemblance avec le Cheval. On l'appela pour cette raison *Hipparion* (petit Cheval) (fig. 156). Ses dents sont presque identiques à celles du cheval. Cependant ses membres, au lieu de présenter un seul doigt comme le cheval, étaient formés d'un grand doigt médian et de deux doigts latéraux trop petits pour toucher le sol. D'ailleurs, chez le Cheval (fig. 156) on trouve sous la peau deux petits stylets osseux rappelant les doigts latéraux de l'*Hipparion*. Parfois ces stylets, ou l'un au moins de ces stylets, se développent, s'allongent, se terminent par un sabot qui ne touche pas le sol.

On a ainsi des Chevaux monstrueux rappelant les Hipparions miocènes. Dans plusieurs musées d'écoles vétérinaires on peut voir des pattes de ce genre. Le fait a aussi été observé aux époques anciennes, et Bucéphale, le célèbre cheval d'Alexandre le Grand, présentait, dit-on, cette monstruosité.

On peut donc dire qu'il y a une relation entre les Tapirs et les Chevaux ; qu'il y a passage du *Palæotherium* au cheval par l'intermédiaire de l'*Anchitherium* et de l'*Hipparion*. Celui-ci peut être regardé comme l'ancêtre de nos Solipèdes actuels.

Dans les couches tertiaires d'Amérique on trouve un très grand nombre de formes animales passant insensiblement du type Tapir au type Cheval, par la simplification croissante des membres et aussi par les modifications de la dentition.

**2° Pachydermes ayant un nombre pair de doigts.** — Les Pachydermes ayant un nombre pair de doigts comprennent deux familles : celle des *Porcs* et celle des *Hippopotames*. Chez eux, les molaires au lieu de présenter, comme chez les Tapirs, les Rhinocéros, les Chevaux, des crêtes saillantes, portent au contraire des tubercules arrondis.

Les *Hippopotames* qui vivent aujourd'hui dans les fleuves de l'Afrique ont quatre doigts également développés. Ils apparaissent dans le Pliocène.

Chez les *Porcs* il y a aussi quatre doigts, mais les deux doigts du milieu sont plus grands que les deux autres qui ne touchent pas le sol. Ces animaux se montrent à partir du Miocène supérieur.

**3° Ruminants.** — Les Ruminants (Bœuf, Mouton, Cerf, etc.) sont remarquables par leurs dents et par leurs membres.

Chez eux les molaires présentent sur la couronne des croissants entourés d'émail. Il n'y a que deux doigts à chaque patte. Ils sont portés par un os unique appelé le *canon* ; mais, avant la naissance, le canon est formé de deux os absolument séparés portant chacun un doigt ; après la naissance on voit d'ailleurs sur le canon un sillon qui montre qu'il y a eu soudure de deux os primitivement distincts. En outre, sur les côtés, il y a souvent deux doigts latéraux ne touchant pas le sol et terminés par des ergots plus ou moins visibles.

Dans les couches tertiaires on trouve des Pachydermes ayant un nombre pair de doigts et qui se rapprochent à la fois des Porcs et des Ruminants ; ce sont des formes de passage entre deux types aujourd'hui distincts.

Tel est l'*Anoplotherium* dont deux doigts sont très développés ; ses dents ont des croissants et ressemblent à celles des Ruminants. Cet animal se trouve dans le gypse avec le Palæotherium ; il atteignait la taille de l'Ane ; sa queue était longue. On suppose qu'il vivait dans l'eau comme l'Hippopotame et que sa queue lui servait de gouvernail. Son nom veut dire : animal sans armes, et fait allusion à ses petites canines.

Un autre est l'*Anthracotherium* du Miocène inférieur. Il a été trouvé dans les lignites, c'est ce que rappelle son nom qui signifie animal

Fig. 157. — Xiphodon (restauré).

du charbon. Sa taille était celle du Cheval ; il avait quatre doigts bien développés, de fortes canines ; les croissants des molaires sont mieux caractérisés que chez l'*Anoplotherium*.

Les premiers Ruminants véritables sont le *Xiphodon*, l'*Oreodon*, le *Gelocus*. Ils n'ont pas de cornes, mais en revanche, comme les Ruminants actuels sans cornes (Chevrotains, Chameaux), ils ont des dents en avant sur la mâchoire supérieure. Au contraire les ruminants armés de cornes n'ont pas de dents en haut sur le devant de la mâchoire.

Le *Xiphodon* (fig. 157) se trouve dans le gypse de Montmartre. Ses prémolaires sont tranchantes, ce qui lui a valu son nom (il signifie : dents en forme de glaive). Deux doigts seulement touchent le sol; mais, au lieu d'avoir un canon, il y a deux doigts séparés comme chez les Ruminants actuels avant la naissance. Il a des incisives et des canines supérieures. Le *xiphodon*, d'après son squelette, devait être aussi léger et aussi agile que la Gazelle.

Les *Oréodons* [1] ont été trouvés en Amérique. Ils avaient quatre doigts, mais des molaires de Ruminants. Leur taille est celle des Pécaris. L'ensemble de leurs caractères leur a valu le nom de Porcs-Ruminants.

Le *Gelocus* (nom qui signifie : animal terrestre) rappelle absolument le Chevrotain porte-musc (fig. 158).

Fig. 158. — Chevrotain actuel.

Comme lui il n'a pas d'incisives supérieures, mais les canines supérieures sont proéminentes comme chez le Chevrotain. Aux pattes de derrière il y a un os canon, mais à celles de devant les deux os sont séparés. Cet animal, qui appartient au Miocène inférieur, rattache donc le *Xiphodon* aux ruminants actuels.

Les Ruminants ayant des cornes ne se présentent que dans le Miocène inférieur. On y trouve le *Procervulus* (avant le Cervulus), ainsi appelé parce qu'il rappelle par ses cornes peu ramifiées un petit Cerf (*Cervulus muntjac*) des îles de la Sonde. Dans le Miocène moyen on trouve des Ruminants à bois bifurqués, et enfin dans le Miocène supérieur les vrais Cerfs à bois très ramifiés.

Les Antilopes commencent dans le Miocène moyen, et on en trouve les ossements en abondance dans le gisement de Pikermi en Grèce (Miocène supérieur). Ce même gisement a fourni une sorte de girafe : l'*Helladotherium* (animal de l'Hellade, c'est-à-dire de la Grèce).

4° **Proboscidiens.** — Les Proboscidiens sont les Ongulés qui ont une trompe. Ils ne comprennent plus aujourd'hui que les *Éléphants.*

Ceux-ci ont apparu dans le Pliocène ; mais, dans le Miocène,

---

1. Nom qui veut dire : dents avec des collines.

existaient des animaux leur ressemblant beaucoup. On les a
appelés *Mastodontes* (fig. 159). Ils se distinguent des vrais Élé-

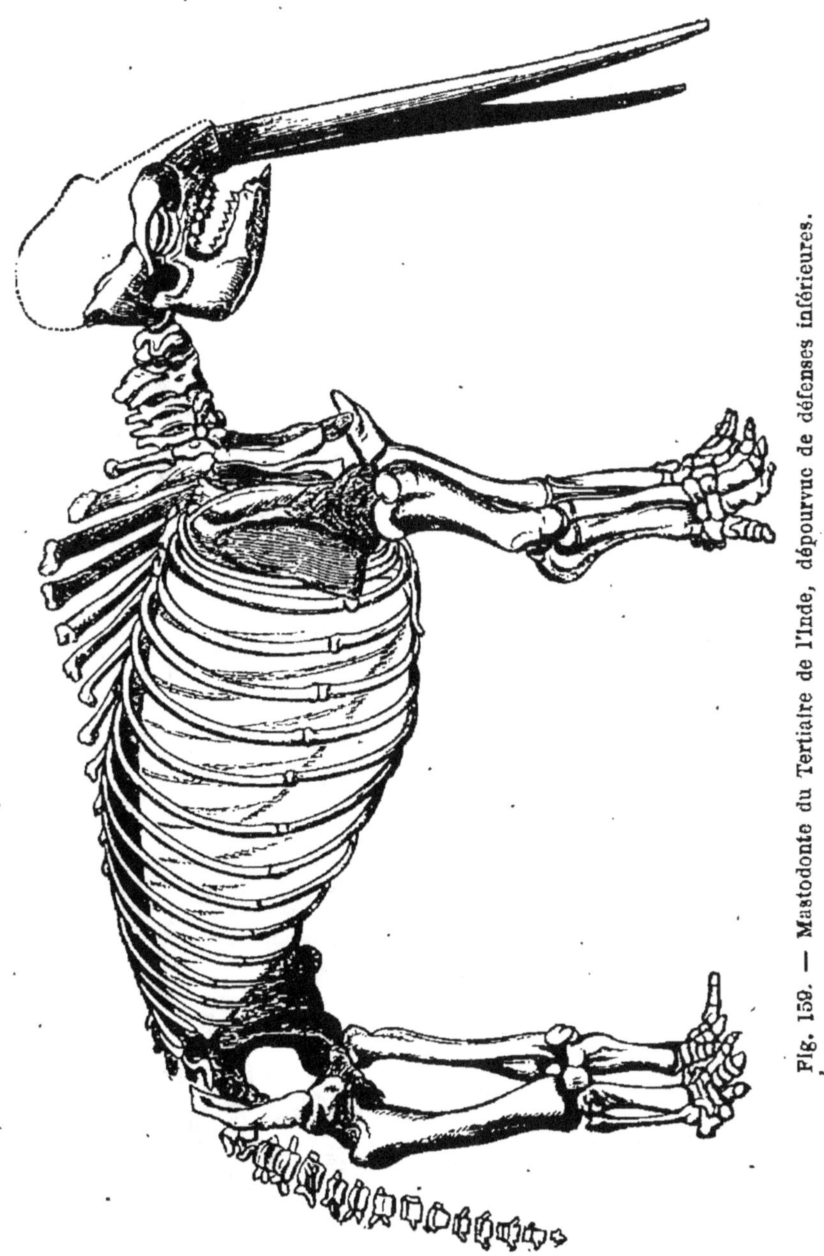

Fig. 159. — Mastodonte du Tertiaire de l'Inde, dépourvue de défenses inférieures.

phants par leurs molaires. Chez les Éléphants les molaires
présentent des plis transversaux d'ivoire entourés d'émail

(fig. 160) et réunis les uns aux autres par du cément. Au con-

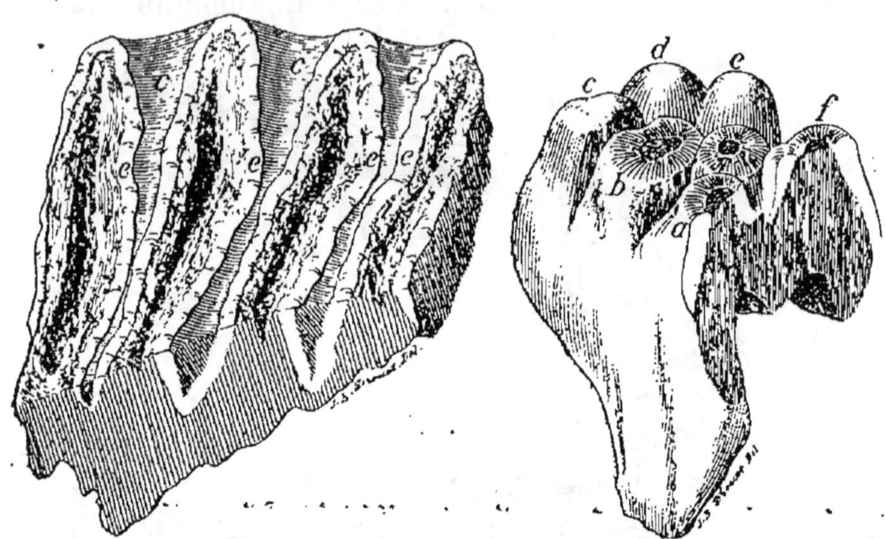

Fig. 160. — Partie de molaire
d'Éléphant.
e, émail; i, ivoire; c, cément.

Fig. 161. — Molaire en partie
usée de Mastodonte.
(Les lettres indiquent les mamelons.)

traire, chez les Mastodontes, ces plis sont remplacés par des
lignes parallèles de tubercules mamelonnées. Mastodonte

Fig. 162. — Dinotherium restauré.

(fig. 161) veut dire : dent à mamelon. Chez les Éléphants il n'y
a que deux défenses, qui sont les incisives supérieures; chez

les Mastodontes il y a dans la plupart des espèces deux paires de défenses : l'une supérieure, l'autre inférieure.

Les Éléphants et les Mastodontes sont rattachés les uns aux autres par un Mastodonte trouvé dans le Tertiaire de l'Inde. Chez lui les tubercules des molaires sont petits et nombreux, et les lignes qu'ils forment ressemblent aux plis des molaires d'éléphant; en outre il n'a pas de défenses inférieures.

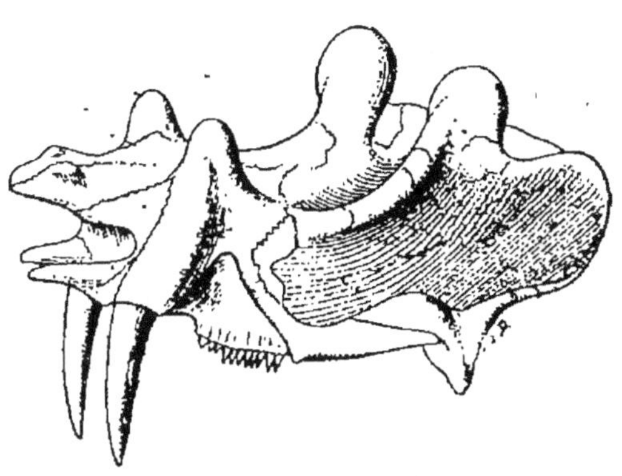

Fig. 163. — Crâne de Dinoceras.

On trouve aussi dans le Miocène les ossements d'un animal qu'on a appelé *Dinotherium* (ce qui signifie : animal redoutable) *giganteum* (fig. 162). La tête est énorme et présente deux défenses inférieures recourbées vers le bas. Les os nasaux allongés devaient permettre l'insertion d'une trompe. L'animal devait se rapprocher de l'Éléphant.

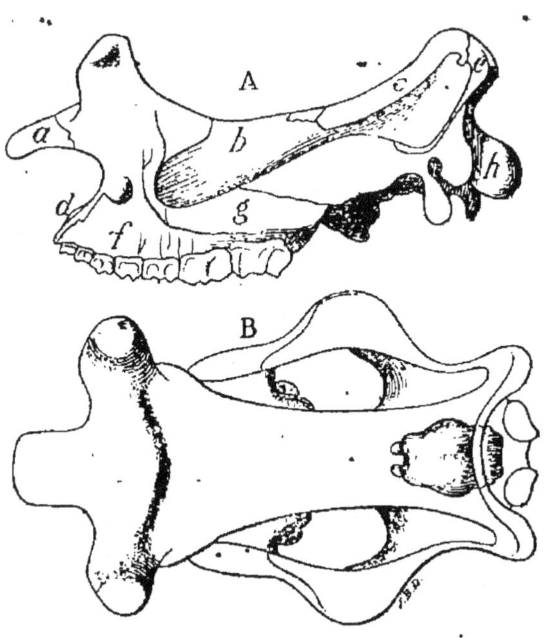

Fig. 164. — Crâne de Brontothorium.
A, vu de profil; B, vu par la face supérieure.

**Ongulés d'Amérique.** — Les couches tertiaires d'Amérique renferment des débris d'animaux que rien ne rappelle plus dans la nature actuelle.

Tel est le *Dinoceras* de l'Éocène. Son crâne présente trois paires de protubérances qui devaient porter sans doute six cornes (fig 163). Deux sur le nez, deux au-dessus de la mâchoire et deux autres en arrière du front. Son nom veut dire : cornes redoutables.

Tel est encore le *Brontotherium* (fig. 164) (animal-tonnerre) qui appartient au Miocène. Il avait la taille de l'Éléphant et portait une corne de chaque côté de la face.

**Carnassiers.** — Le Tertiaire contient beaucoup d'ossements de Carnassiers. Ils sont cependant plus rares que les herbivores. Beaucoup d'entre eux présentent des caractères mixtes, ressemblent à la fois aux Ours, aux Hyènes (*Hyœnarctos*) et aux Chiens (*Amphicyon*), etc. Dans le Pliocène on trouve les vrais Chats, Chiens et Ours.

Un Carnassier complètement éteint aujourd'hui se trouve dans le Miocène supérieur et le Pliocène. C'est le *Machairodus* (dents en poignard). Il avait la taille du Tigre et des canines supérieures énormes faisant saillie hors de la bouche. Leur bord postérieur est fréquemment dentelé (fig. 165).

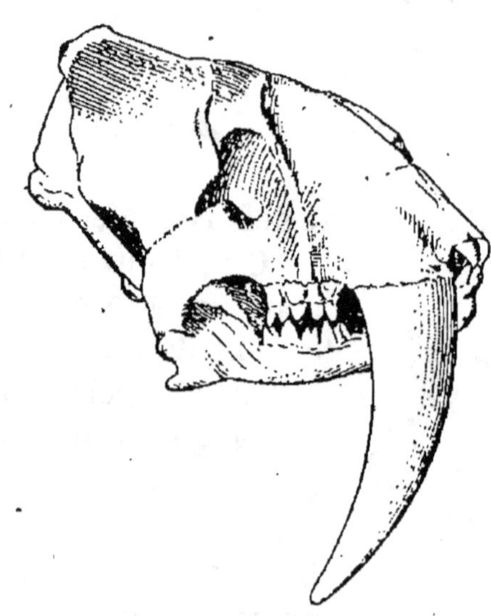

Fig. 165. — Crâne de Machairodus.

**Insectivores et Chauves-souris Rongeurs.** — On trouve des Rongeurs ressemblant aux Écureuils, aux Lièvres, etc.

Les Chauves-souris se montrent dès l'Éocène. Dans le gypse on en a trouvé une espèce (*Vespertilio-parisiensis*) analogue aux Vespertilions actuels.

Les Insectivores sont aussi représentés par des Taupes, des Hérissons, des Musaraignes à partir du Miocène.

**Lémuriens.** — A côté des Singes on place des animaux appelés Lémuriens qui sont aujourd'hui surtout communs à Madagascar (exemple : les Makis).

Ce groupe est représenté dès l'Éocène. Cuvier trouva dans

lé gypse un Lémurien : l'*Adapis* ou *Palæolemur parisiensis*.

**Singes.** — Dans le Miocène on trouve des restes de singes ressemblant aux singes actuels. Ainsi le *Mesopithecus* (singe intermédiaire) qui tient à la fois des Macaques et des Semnopithèques, et le *Pliopithicus* qui ressemble au Gibbon.

On a trouvé aussi les restes d'un Singe qui rappelle les Singes actuels les plus rapprochés de l'homme. Ses dents trouvées isolément ont même été prises pour des dents humaines. On l'a appelé *Dryopithecus*, ce qui veut dire singe des chênes, parce qu'on l'a trouvé à Saint-Gaudens, au voisinage de lignites contenant des troncs de chênes. Le *Dryopithecus* date du Miocène moyen.

En résumé, tous les ordres actuels de Mammifères sont représentés dès les temps tertiaires, mais en outre il existe de nombreuses formes à caractères mixtes qui relient des groupes aujourd'hui bien distincts.


## RÉSUMÉ

Les terrains tertiaires sont de bas en haut l'*Éocène*, le *Miocène* et le *Pliocène*.

Leur faune se rapproche beaucoup de la faune actuelle. Les Mammifères deviennent très nombreux.

Il y a des Foraminifères ayant la forme de disques aplatis et ressemblant ainsi à des pièces de monnaie : ce sont les *Nummulites*.

Les Mollusques Gastéropodes abondent, et en particulier des coquilles en forme de cône allongé : les *Cérithes*.

Il y a des Oiseaux de grande taille (ex. : le Gastornis).

Les Mammifères qui dominent sont des Ongulés. Beaucoup ressemblent aux Tapirs (*Lophiodon, Palæotherium*). Les chevaux apparaissent à la fin des temps tertiaires, mais ils sont précédés par les *Hipparions,* sortes de chevaux ayant à chaque patte trois doigts, dont celui du milieu touche seul le sol.

Il y a des Rhinocéros, des Hippopotames.

Les Éléphants sont précédés par les *Mastodontes* qui en diffèrent par la forme des molaires. On cite aussi le *Dinotherium* ayant deux défenses recourbées vers le bas.

Les Ruminants sont extrêmement nombreux.

Il y a des Carnassiers munis de canines énormes (*Machairodus*), des Chauves-souris, des Singes.

# CHAPITRE XIV

## Terrains Tertiaires. — Terrain Éocène.

### I. — ÉOCÈNE DU BASSIN DE PARIS

**Caractères généraux.** — *Éocène* vient de deux mots grecs, qui signifient aurore et récent ; c'est l'aurore des formes actuelles de coquilles. Des Mollusques de cette période, 3 à 4 pour 100 vivent encore aujourd'hui. La proportion va devenir beaucoup plus forte dans les deux périodes suivantes : Miocène et Pliocène.

L'Éocène est très bien représenté dans le bassin de Paris. Cette région formait alors un golfe dont l'estuaire de la Seine peut être regardé comme le dernier vestige. La mer déposait dans le golfe des sédiments, mais elle présenta des alternatives de retraite et d'envahissement. Les contours du golfe changèrent sans cesse pendant la période éocène ; il avait toutefois une tendance à se rétrécir de plus en plus et l'émersion du bassin fut complète vers la fin de la période.

**Éocène inférieur : 1° Marnes blanches et calcaire lacustre.** — A la fin de la période crétacée, le bassin de Paris était presque entièrement émergé. Au début de la période éocène, une invasion de la mer se produisit. Elle donna lieu, à Meudon, à des marnes blanches, qui contiennent des nodules calcaires, où l'on trouve des *Cérithes*. Cette formation repose directement sur le calcaire pisolithique. En Belgique, où elle est mieux développée et calcaire, elle constitue le *calcaire de Mons*.

Il y eut ensuite une nouvelle émersion, car, au-dessus des marnes, on voit à Meudon un calcaire lacustre rempli de limnées, paludines et autres coquilles d'eau douce. Ce calcaire s'appelle *calcaire de Rilly*, du nom d'un village près de Reims. A Sézanne, il se présente comme un travertin rempli d'empreintes végétales. Nous en avons déjà parlé à propos de la fossilisation (voir chapitre IV).

**2° Sables de Bracheux.** — Une nouvelle invasion de la mer a déposé dans le Soissonnais des sables qu'on appelle : *sables inférieurs du Soissonnais*, ou encore *sables de Bracheux*, du nom d'un village de l'Oise. On y trouve en particulier, une grande huître : l'*Ostrea bellovacina* (huître de Beauvais) (fig. 166).

A la Fère, ce sable se charge de glauconie et de matière argilo-calcaire ; il constitue un grès peu cohérent, appelé tuffeau. A la Fère on y a trouvé les restes d'un mammifère. On l'a appelé *Arctocyon*[1] parce que ses dents ressemblent à celles de l'ours,

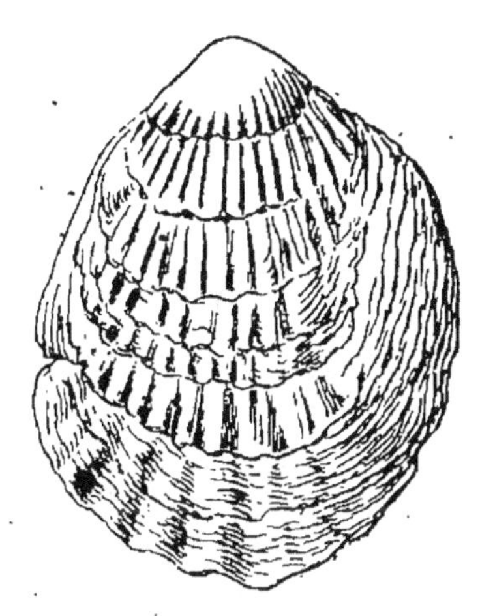

Fig. 166. — *Ostrea bellovacina*.

mais, d'autre part, il a certains caractères des marsupiaux.

**3° Argile plastique et lignites.** — La mer se retira après le dépôt des sables de Bracheux. La région parisienne fut occupée par des lacs où se déposèrent des argiles plastiques exploitées à Vanves et à Meudon pour faire des poteries, ou encore pour fabriquer de la chaux hydraulique, en les mélangeant à la craie.

Ces argiles, d'un gris-bleu, présentent à leur base un conglomérat dit *conglomérat de Meudon*, formé de fragments de craie, d'argile, de lignite, de gypse. C'est là qu'on a trouvé le grand oiseau appelé *Gastornis parisiensis* et un mammifère voisin du tapir : le *Coryphodon.*

A l'époque de l'argile plastique, il y eut cependant des invasions temporaires de la mer, car on trouve avec l'argile des couches sableuses contenant des fossiles d'eaux saumâtres, et même l'*Ostrea bellovacina*. Ces couches argilo-sableuses constituent donc un dépôt d'estuaire : ce sont les *fausses glaises*. Ce mélange se voit bien dans les environs de Laon et de Soissons, où les argiles se mêlent en outre à des lignites pyriteux,

---

1. Ce nom veut dire : Ours-Chien.

exploités sous le nom de *cendres*, pour la fabrication de l'alun et du sulfate de fer.

Le conglomérat de Meudon devient fort épais à Cernay, près de Reims et contient beaucoup d'ossements.

**4° Sables de Cuise.** — Une nouvelle invasion marine submerge le nord du bassin et dépose sur les lignites des sables, dits *sables supérieurs du Soissonnais* ou *sables de Cuise*. Ils sont ainsi appelés du village de Cuise-la-Motte, près de Pierrefonds. On y trouve des Cérithes et une Nummulite aplatie : *Nummulites planulata* (fig. 167).

Fig. 167.
Nummulites
planulata.

**Éocène moyen.** — **1° Calcaire grossier.** — Vers le milieu de la période éocène la mer couvrit de nouveau tout le golfe parisien et s'étendit même plus au sud qu'au début de la période. Elle y déposa un calcaire rempli de coquilles. C'est le *calcaire grossier* ou pierre à bâtir de Paris. Son épaisseur est de 30 à 35 mètres. Ce calcaire a fourni la pierre de taille nécessaire à la construction de Paris, et les catacombes ne sont autre chose que d'anciennes carrières souterraines, où l'on a transporté des ossements lors de la suppression des cimetières intérieurs de Paris. On exploite activement ce calcaire, notamment à Vaugirard, à Creil, à Chantilly.

Le calcaire grossier présente à sa base des couches contenant beaucoup de dents de Squales et une Nummulite assez grande, plus convexe

Fig. 168.
Nummulites
lævigata.
coupée.

que celle des sables de Cuise. C'est la *Nummulites lævigata* (fig. 168). Cette couche est bien représentée à Meudon, où elle repose sur l'argile plastique. Les Nummulites sont très abondantes dans le calcaire grossier du Soissonnais ; les ouvriers les ont appelées pour cette raison *pierres à liards*.

Au-dessus vient un calcaire rempli de Cérithes de grande taille (*Cerithium giganteum*) (fig. 153). On trouve ensuite des calcaires composés presque exclusivement de Foraminifères ayant la grosseur des grains de millet (*calcaire à Miliolithes*) (fig. 169).

La partie supérieure du calcaire grossier contient un grand nombre de Cérithes qui laissent souvent leurs empreintes en creux sur les pierres de taille (fig. 170 et fig. 175).

Outre les Cérithes, on trouve dans le calcaire grossier, surtout inférieur, de longues coquilles spiralées : les *Turritelles* (Exemple : la *Turritella imbricataria*) et des *Fusus* (fig. 171 et 172).

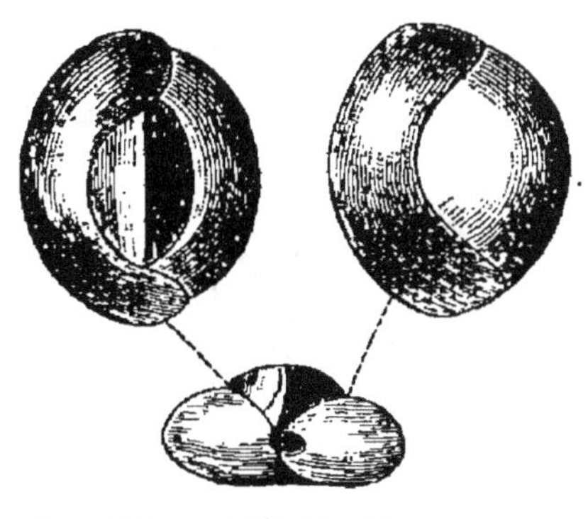

Fig. 169. — Miliolite très grossie.

A la base du calcaire grossier supérieur, on trouve un mélange de fossiles marins et de fossiles d'eau douce, ce qui indique une émersion et l'existence de lagunes. On trouve là le Mammifère ongulé, appelé *Lophiodon* et des restes de Palmiers, de Lauriers-Roses, etc.

Fig. 170 — Cerithium.

Fig. 171. — Turritella.

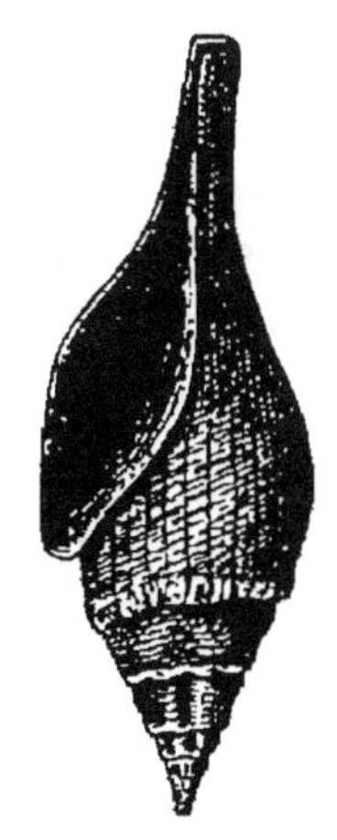

Fig. 172. — Fusus.

Enfin, le calcaire grossier se termine par un mélange de marnes et de calcaires compacts, souvent siliceux. C'est ce qu'on nomme les *caillasses*; en général ces couches ne contiennent pas de fossiles.

2° **Sables de Beauchamp.** — Il y eut donc, à l'époque du

calcaire grossier, des alternatives d'émersion et d'immersion. Bientôt la mer reprit l'offensive, et déposa sur le calcaire des sables et des grès : ce sont les *sables de Beauchamp* bien développés surtout aux environs de Pontoise.

3º.**Calcaire de Saint Ouen.** — Au-dessus se trouve une formation lacustre considérable : le *calcaire de Saint-Ouen*, qui dénote une nouvelle émersion. C'est un calcaire marneux, souvent siliceux et qui passe alors à la meulière. On y trouve en particulier un Mollusque d'eau douce : la *Limnæa longiscata* (fig. 173). Il y a aussi des silex légers (silex nectiques) et d'autres plus lourds, dits mélinites, parce qu'ils sont abondants à Ménilmontant. Tous ces silex sont formés d'*opale*, c'est-à-dire de silice hydratée. Les marnes de Saint-Ouen sont communes à Paris sur la rive droite de la Seine.

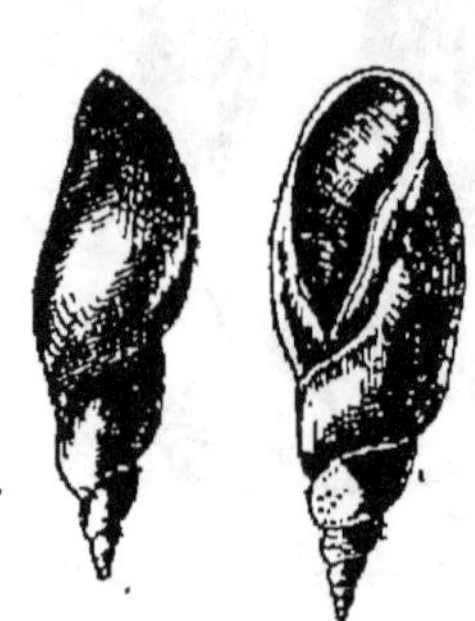
Fig. 173.
Limnœa longiscata.

**Éocène supérieur. Pierre à plâtre ou Gypse.** — A l'époque de l'Éocène supérieur, le golfe de Paris est presque entièrement émergé ; il est couvert de lagunes et de lacs, dans lesquels se dépose le gypse ou pierre à plâtre. Ce gypse est séparé en plusieurs bancs par des marnes contenant quelques Cérithes et autres fossiles marins, ce qui montre que la mer pénétrait parfois dans les lagunes où il se déposait.

Le gypse se trouve dans la plupart des collines de Paris et des environs : Montmartre, Montmorency, Sannois, etc. Il atteint 20 mètres d'épaisseur à Montmartre, et c'est là que Cuvier découvrit de nombreux ossements de *Palæotherium*, *Anoplotherium*, *Xiphodon*, etc.

Le gypse se présente sous plusieurs aspects, à la base il se compose de cristaux assez volumineux de couleur blonde ; c'est le gypse *pieds d'alouettes* des ouvriers ; dans la partie moyenne il se présente à l'état de *fer-de-lance*, et dans la partie supérieure il est finement grenu : c'est le *gypse saccharoïde* de Montmartre, où l'on a trouvé tous les ossements de mammifères.

L'ensemble de la formation du gypse est comprise entre des marnes marines reposant sur le calcaire de Saint-Ouen, et d'autres marnes d'eau douce qui le recouvrent. Ces dernières dites *Marnes de Pantin*, sont blanches et contiennent des Limnées.

**Travertin de Champigny**. — Entre les marnes marines et les marnes de Pantin, on trouve à l'est de Paris une autre formation que le gypse. C'est un travertin siliceux appeté *travertin de Champigny*, qui ne contient pas de fossiles. Il consiste en un calcaire tubuleux dont les tubes sont remplis de silice à l'état de calcédoine. Donc à l'époque du gypse, se déversaient dans des eaux lacustres riches en sels calcaires, des sources siliceuses analogues aux geysers d'Islande.

Quant au gypse, on pense qu'il a été amené par des sources minérales dont les produits venaient se déposer au fond de lagunes ou de lacs voisins de la mer. Celle-ci les envahissait de temps en temps comme le montrent les couches marneuses à fossiles marins que présente le gypse. Les eaux douces venant se déverser dans ces lagunes, entraînaient avec elles les restes d'animaux terrestres, et ce sont ces restes qu'on retrouve dans la formation gypseuse.

## II. — ÉOCÈNE EN DEHORS DU BASSIN DE PARIS.

**Nord de la France. — Belgique.** — On trouve en Belgique la base de l'Éocène; c'est le *calcaire de Mons* qui contient des Cérithes. On y trouve aussi une argile dite *argile des Flandres* ou *argile d'Ypres*. Elle forme le sous-sol d'une partie de la Belgique.

La mer du calcaire grossier a pénétré en Belgique et dans le nord de la France, mais elle y a déposé des sables. C'est ce que l'on peut voir aux environs de Bruxelles et au mont Cassel (département du Nord) qui n'atteint que 157 mètres. Ici les sables sont surmontés par un grès à *Nummulites lævigata*.

L'Éocène supérieur manque dans le nord de la France et en Belgique.

**Angleterre.** — L'Éocène est représenté en Angleterre. On trouve notamment une argile dite *argile de Londres* où se rencontrent des restes de Vertèbres : *Coryphodon*, Tortues, Crocodiles, et l'Oiseau denté appelé *Odontopteryx*. Il y a aussi des couches à *Nummulites lævigata*.

A l'époque de l'Éocène supérieur, l'île de Wight était occupée par un lac, car on y trouve des couches d'eau douce avec ossements de *Palæotherium*, *Anoplotherium*, etc.

**Formation nummulitique.** — Dans le midi de la France, et sur tout le pourtour de la Méditerranée, l'Éocène est représenté par des calcaires remplis de Nummulites. Ce calcaire a servi à la construction des Pyramides, et les anciens, qui n'avaient aucune idée de la fossilisation, regardaient toutes ces Nummulites comme des lentilles pétrifiées, restes des provisions destinées aux ouvriers travaillant aux Pyramides. La formation nummulitique se retrouve en Perse et dans l'Asie centrale. Elle montre qu'à l'époque éocène une vaste mer occupait l'emplacement de la Méditerranée actuelle, qui était beaucoup plus étendue qu'aujourd'hui et se prolongeait à travers la Hongrie, la Turquie et l'Asie jusqu'en Chine.

Les calcaires nummulitiques se montrent dans les Pyrénées, les Alpes, les Apennins. Ces régions aujourd'hui si montagneuses étaient donc encore sous les eaux ; leur soulèvement n'avait pas encore eu lieu.

Dans les Pyrénées, ces calcaires sont surmontés par des poudingues formés de gros cailloux. On les appelle *poudingues de Palassou*, du nom d'un géologue. Ils partagent l'inclinaison des flancs des Pyrénées et en constituent la couche la plus extérieure. Il en résulte que les Pyrénées se sont soulevées après leur dépôt. Comme on trouve dans ces poudingues des ossements de *Palæotherium*, ce qui les fait rapporter, au moins en partie, à l'âge du gypse, on doit en conclure que les Pyrénées se sont soulevées à la fin de la période éocène.

Dans les Alpes, où l'on trouve les calcaires nummulitiques jusqu'à 3,500 mètres d'altitude, ils sont surmontés de schistes et de grès qui ne contiennent que des empreintes d'Algues. Cette formation s'appelle le *flysch*. Elle paraît correspondre au gypse et semble indiquer une mer trop salée pour permettre aux animaux d'y vivre.

**Amérique.** — L'Éocène est très développé dans les territoires de l'ouest des États-Unis et y contient beaucoup d'ossements de mammifères, entre autres, ceux du *Dinoceras*, dont nous avons déjà parlé dans le chapitre précédent.

On rattache aussi à l'Éocène des lignites avec plantes fossiles, découverts dans le nord du Canada et au Groënland.

**Flore de la période éocène.** — Dans les gisements des régions arctiques on trouve des Noyers,

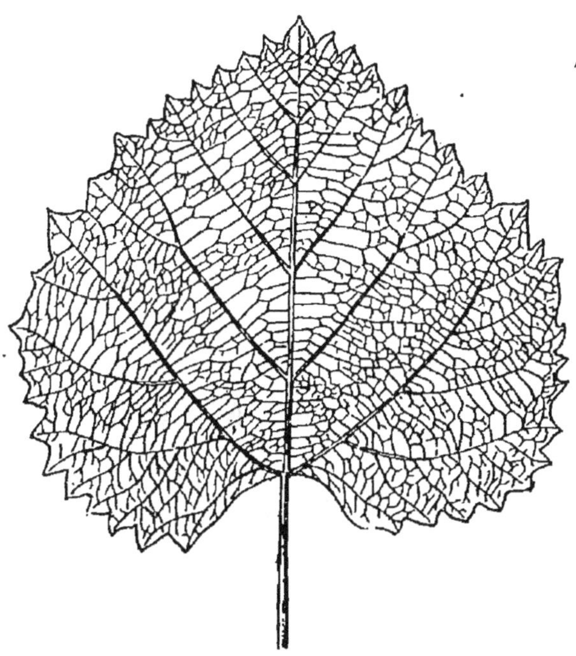

Fig. 174.

Vigne de l'Éocène de Sézanne, demi-grandeur.

des Platanes, des Chênes, des Peupliers. Le climat de ces régions devait être celui des Vosges actuelles. Au contraire, des Palmiers croissaient en France et en Angleterre avec des Lauriers-roses, d'autres arbres des pays chauds et des Vignes (fig. 174). La température y était donc élevée et comparable à celle de l'Afrique et de l'Asie méridionale. Il semble qu'il y ait eu une recrudescence de chaleur vers le milieu de la période, à cause probablement de la mer nummulitique qui faisait communiquer l'Europe avec les régions tropicales.

## RÉSUMÉ

*L'Éocène* peut s'étudier surtout dans le bassin de Paris. Il y présente en particulier *l'argile plastique* et les *lignites*, le *calcaire grossier* ou pierre à bâtir de Paris, et le *gypse* ou pierre à plâtre. Dans le calcaire grossier ou trouve des Nummulites, et surtout des Cérithes (*Ceritherium giganteum*). Le gypse contient beaucoup d'ossements de mammifères (*Palæotherium, Xiphodon*, etc.), étudiés par Cuvier.

Dans le midi de la France et sur tout le pourtour de la Méditerranée l'éocène est représenté par des calcaires remplis de Nummulites (*formation nummulitique*). On les trouve dans les Pyrénées, les Alpes, etc., montagnes qui ne s'étaient pas encore soulevées. Le soulèvement des Pyrénées a eu lieu à la fin de la période éocène.

L'Éocène d'Amérique a fourni beaucoup d'ossements de mammifères (ex.: les *Dinoceras*).

# CHAPITRE XV

## Terrains Tertiaires (*Suite*). — Terrain Miocène. Terrain Pliocène.

### I. — TERRAIN MIOCÈNE.

**Caractères généraux.** — On a divisé tout d'abord les terrains tertiaires en deux parties : l'*Éocène* et le *Pliocène*. L'*Éocène*, dont le nom veut dire aurore des espèces récentes, contient peu de coquilles vivant encore actuellement. Le *Pliocène* (du grec *pleion*, plus) en contient davantage. Plus tard, on jugea bon d'intercaler, entre l'Éocène et le Pliocène, une division nouvelle qui fut appelée *Miocène* (du grec *meion*, moins), parce qu'elle contient moins d'espèces récentes que le pliocène.

Le terrain Miocène contient une proportion de coquilles, vivant encore aujourd'hui, d'environ 17 à 20 pour 100. Sa partie inférieure est bien représentée dans le bassin de Paris.

**Miocène inférieur.** — Le Miocène inférieur est souvent regardé comme un terrain à part, qu'on appelle l'*Oligocène* (de *oligos*, peu, parce qu'il y a encore peu de coquilles actuelles). Il comprend, dans le bassin de Paris, deux formations lacustres séparées par une formation marine.

**1° Calcaire de la Brie.** — A la fin de la période éocène, le bassin de Paris était émergé en grande partie. Au début de la période miocène, il y eut un retour de la mer, qui déposa des marnes jaunes renfermant des Cyrènes, bivalves d'eau saumâtre. Au-dessus viennent des *marnes vertes*, contenant du sulfate de strontiane (célestine). Il y eut ensuite un grand lac d'eau douce où se déposèrent des calcaires siliceux et des meulières. Cette formation, appelée le *calcaire de Brie*, occupe le département de Seine-et-Marne. On l'exploite à la Ferté-sous-Jouarre pour la fabrication des meules de moulin.

**2° Sables de Fontainebleau.** — Une nouvelle invasion de la mer couvrit le bassin parisien, et y déposa des sables et dès grès, dits de Fontainebleau. Ils débutent par des marnes contenant de petites Huîtres, et qu'on voit bien à Romainville. Dans les sables, on trouve des Gastéropodes, entre autres le *Cerithium plicatum*, dont la surface est plissée. Les grès sont les uns calcaires, les autres siliceux. Ils sont très nombreux dans la forêt de Fontainebleau. Les grès siliceux sont à la partie supérieure et sont employés pour paver Paris. Des gisements très riches en fossiles se trouvent aux environs d'Étampes (Jeurre, Morigny, Ormoy).

Fig. 175.
Cerithium
du calcaire grossier.

La mer des sables de Fontainebleau s'étendait en Belgique (sables du Limbourg) et dans l'ouest de l'Allemagne.

A la même époque s'étendait dans le Bordelais et la Gascogne une mer qui contenait les espèces des sables de Fontainebleau et aussi de nombreuses Astéries ou Étoiles de mer. Elle y a déposé un calcaire, dit *calcaire à Astéries*. Cette mer envoyait par Nantes un prolongement en Bretagne. On trouve, en effet, aux environs de Rennes, un calcaire confondu longtemps avec le calcaire grossier. Il renferme, à Saint-Jacques, les fossiles du calcaire du Midi.

**3° Calcaire de Beauce.** — Une émersion se produisit ensuite dans le bassin de Paris, et elle est définitive. Un grand lac s'étendit sur cette région. Il s'y forma des calcaires marneux et siliceux (*calcaire de Beauce*), et des *meulières*. Celles-ci, employées pour les constructions, couronnent les collines des environs de Paris (Montmorency, Sannois, etc.). On y trouve des Mollusques Gastéropodes d'eau douce : Limnées, Planorbes et un Gastéropode terrestre du genre Escargot (*Helix Ramondi*).

Le lac de la Beauce se prolongeait dans l'Orléanais, où l'on trouve dans le calcaire des restes d'*Anthracotherium*. Il occupait aussi une partie de l'Auvergne. On y trouve des calcaires contenant des tubes de Phryganes. On appelle ainsi des Insectes voisins des Éphémères ; leurs larves vivent dans l'eau et s'enveloppent d'un tube qu'elles construisent avec des grains de sable ou de petites coquilles. Dans ces gisements d'Auvergne, on trouve des ossements de Vertébrés : *Anthracotherium, Rhinoceros*, etc. Des gisements qui s'y rattachent et sont très riches sont ceux de Saint-Gérand-le-Puy (Allier), et de Ronzon, près du Puy-en-Velay (Haute-Loire).

**Gypse d'Aix. — Phosphorites.** — On rattache aussi au Miocène inférieur d'autres dépôts lacustres, comme le gypse d'Aix en Provence, qui contient beaucoup de Poissons et de restes végétaux, et les dépôts de phosphate de chaux du Lot (*phosphorites du Quercy*). Ces dépôts contiennent les animaux du gypse de Paris et, en outre, l'*Anthracotherium* et l'*Accratherium*, qui sont miocènes.

**Lignites et Argiles de Prusse.** — On range aussi, dans le Miocène inférieur, des couches de lignites et d'argiles, qu'on trouve sur les côtes de Prusse. Elles renferment l'ambre jaune ou succin. Ce dernier, qui est la résine fossile de plusieurs espèces de Pin, contient souvent des Insectes.

Toutefois, cette formation, ainsi que les phosphorites et le gypse d'Aix, sont souvent placés dans l'Éocène supérieur à côté du gypse de Montmartre.

**Miocène moyen. — 1° Sables de l'Orléanais.** — Au calcaire succèdent dans l'Orléanais des sables et des argiles. Celles-ci recouvrent la Sologne. Ces dépôts se sont formés dans l'eau douce, et l'on y trouve des ossements de *Rhinocéros*, de *Mastodontes* et de *Dinotherium*.

**2° Faluns de Touraine et d'Aquitaine.** — Bientôt après, la mer envahit la vallée de la Loire et couvrit l'Anjou, la Touraine et le sud-ouest (Aquitaine). Elle déposa des sables calcaires remplis de coquilles. Ces sables, appelés *faluns*, sont exploités pour l'amendement des terres. Parfois, ils sont cimentés par du carbonate de chaux, et constituent alors une pierre tendre, qui se durcit à l'air. C'est la *molasse*, utilisée comme pierre de taille à Bordeaux.

Dans les faluns, on trouve comme fossile une Huître très longue (*Ostrea crassissima*).

La mer des Faluns envoyait un prolongement en Bretagne. On y trouve, en effet, quelques gisements (exemple : Saint-Grégoire, près de Rennes).

**Molasse des Alpes.** — Dans les Alpes, les faluns sont représentés par un grès tendre, calcaire. C'est la *molasse*. Elle constitue la partie la plus extérieure de la chaîne, où elle présente des couches redressées. Ainsi, les Alpes auraient subi leur principal soulèvement après l'époque de la molasse. Celle-ci présente souvent des bancs énormes de poudingues constituées par des cailloux réunis par un ciment argilo-calcaire, dans lequel ils font saillie comme des têtes de clou : de là, le nom *nagelfluh* (rochers en clous) donné à ces conglomérats. Les cailloux calcaires de ces poudingues sont souvent *impressionnés*, c'est-à-dire que, de deux galets en contact, l'un a pénétré dans l'autre en y faisant une impression profonde. On attribue ce phénomène à une dissolution lente de l'un des cailloux sous l'action des eaux chargées d'acide carbonique.

**Miocène supérieur.** — Après le dépôt de la molasse se produisit une émersion de l'Europe septentrionale. La mer, cependant, continua à couvrir les régions occupées aujourd'hui par les vallées du Rhône, du Danube et du Pô. C'est là qu'on trouve les formations constituant le Miocène supérieur.

Dans le bassin de Vienne, on trouve des grès et des marnes

qui sont remplis de coquilles d'eau saumâtre et d'eau douce, entre autres de bivalves, appelées *Congéries* ou *Dreissena* (*Congeria triangularis*) (fig. 176). Ce sont des sortes de Moules répandues aujourd'hui dans la plupart des eaux douces d'Europe. Ces couches à Congéries occupent la Hongrie, la Dalmatie, la Crimée, etc. Elles indiquent qu'une émersion est prochaine pour ces pays, car, dans le même étage, on trouve des gisements de sel gemme, lesquels n'ont pu se former que dans des lagunes. L'un des plus importants est celui de Wieliczka en Galicie.

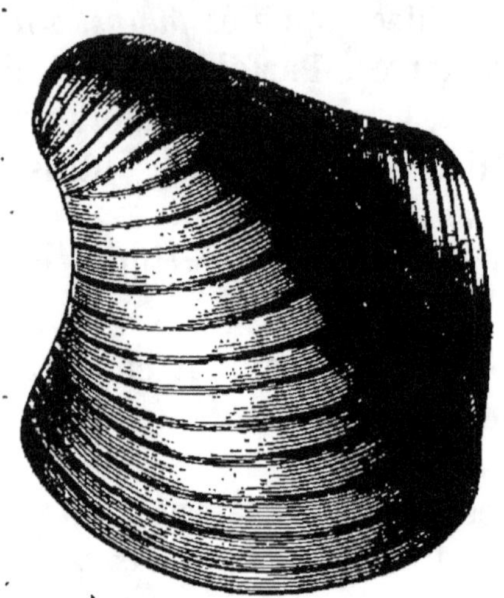

Fig. 176. — Congérie.

Les couches à Congéries se voient dans la vallée du Rhône à Bollène (Vaucluse).

Au-dessus des couches à Congéries, on trouve dans le bassin de Vienne, des couches à *Dinotherium*.

Le midi de la France était en grande partie occupé par des lacs où des cours d'eau amenaient des ossements d'animaux terrestres. C'est au Miocène supérieur qu'on rapporte le gisement du mont Léberon (Vaucluse), où l'on trouve l'*Hipparion*, précurseur du Cheval. De la même époque date celui de Pikerni en Grèce, où abondent avec les *Hipparions*, les Antilopes. les Cerfs, les Singes, et aussi les *Dinotherium*, les Mastodontes.

## II. — TERRAIN PLIOCÈNE.

**Pliocène d'Italie.** — Le Pliocène est surtout bien développé en Italie, au pied des Apennins. Là, on trouve des marnes disposées horizontalement tout le long de la chaîne, ce qui prouve que celle-ci avait déjà acquis son relief. Ces marnes dites *marnes subapennines* sont bleues à la base et elles passent au sommet à des sables jaunes.

On y trouve un grand nombre de coquilles qui vivent encore aujourd'hui, comme le *Cerithium vulgatum*, qu'on rencontre dans la Méditerranée, l'*Ostrea edulis* (Huître comestible) et le *Pecten jacobeus* (coquille de saint Jacques).

Ces couches sont représentées à Rome dans les collines du Vatican et de Monte-Mario.

Le Pliocène supérieur est formé par des sables et des graviers qui contiennent des ossements de Mastodontes (*Mastodon arvernensis*) et aussi d'Éléphants (*Elephas meridionalis*). Il y a en outre des restes de Rhinocéros, d'Hippopotames (*Hippopotamus major*), de Chevaux, de *Machairodus*, etc. Ce Pliocène supérieur atteint 60 mètres de puissance au val d'Arno (Toscane).

**Pliocène de France.** — On trouve les couches marines du Pliocène dans la vallée du Rhône et sur le littoral de la Méditerranée. Elles montrent que la Méditerranée avait à peu près à cette époque ses limites actuelles, mais qu'elle envoyait un bras jusque vers Lyon.

On peut étudier les marnes bleues, particulièrement près d'Antibes et dans le Roussillon.

Aux environs de Montpellier on trouve le conglomérat avec *Elephas meridionalis*, Mastodontes et Rhinocéros.

A Durfort, dans le Gard, on a trouvé des squelettes entiers d'Éléphants. L'Éléphant de Durfort est représenté dans la galerie de Paléontologie au Muséum de Paris. Il atteignait 4$^m$,50 de hauteur et ressemble à l'Éléphant africain actuel.

Dans la localité de Perrier, près d'Issoire, il y a un gisement célèbre. Dans des graviers et des conglomérats contenant des blocs de trachyte et de basalte et recouverts par des coulées basaltiques, il y a de nombreux ossements de Mammifères. A la base se rencontrent les Mastodontes (*Mastodon arvernensis*, c'est-à-dire d'Auvergne) et le *Machairodus;* plus haut l'*Elephas meridionalis* et l'*Hippopotamus major*.

Dans le nord de la France, le Pliocène a laissé peu de traces. Il y a des marnes et des argiles en quelques points du

Cotentin, de la Loire-Inférieure et du Morbihan. En outre, un gisement contenant l'*Elephas meridionalis* se montre à Saint-Prest, aux environs de Chartres.

**Pliocène d'Angleterre et de Belgique.** — Dans le sud-est de l'Angleterre, le Pliocène consiste en un dépôt de sables et de marnes agglutinés par du calcaire. C'est ce qu'on nomme le *crag*. On distingue à la base le crag blanc de Suffolk, puis le crag rouge. Il y a, dans cette formation, beaucoup d'espèces de coquilles actuelles et, entre autres, des coquilles de mers froides, telles que la *Cyprina islandica*. La proportion des espèces éteintes n'est plus que de 25 pour 100.—Le sommet de la formation pliocène d'Angleterre est occupé par des sables et des graviers (crag de Norwich) où, avec des coquilles actuelles, se trouvent le *Mastodon arvernensis* et l'*Elephas meridionalis*. C'est un dépôt d'estuaire.

La mer pliocène du nord de l'Europe occupait aussi l'estuaire de l'Escaut en Belgique. Les dépôts de cette époque y sont constitués par les sables noirs et les sables gris d'Anvers. En faisant des fouilles dans ces sables lors de l'établissement des fortifications d'Anvers, on y a trouvé une énorme accumulation d'ossements de Mammifères marins : Dauphins, Baleines, Phoques, Morses, etc.

En résumé, pendant la période pliocène, les contours du continent européen devaient peu différer des contours actuels, puisque les dépôts pliocènes se trouvent sur leurs bords. La mer empiétait légèrement sur les côtes de Bretagne, du Cotentin, d'Angleterre et à l'embouchure de l'Escaut. En outre, la Méditerranée d'alors envoyait, comme on l'a vu plus haut, un prolongement dans la vallée du Rhône.

**Volcans éteints de l'Auvergne.** — L'activité volcanique qui avait sommeillé pendant l'ère secondaire, se réveilla dès la période miocène.

En effet, dans la Limagne, on trouve au milieu des calcaires à Phryganes qui correspondent au calcaire de Beauce, des couches formées de cendres volcaniques. En outre, il y a en certains points de ce calcaire des intercalations de basalte, ce qui montre que les éruptions basaltiques se produisaient déjà.

Ces éruptions se multiplièrent pendant la période pliocène.
Nous avons déjà vu que le gisement de Perrier présente des
intercalations de basalte.

Pendant tout le pliocène et aussi dans la période quaternaire, l'Auvergne et les régions voisines (Haute-Loire, Ardèche) furent le théâtre de nombreuses éruptions. Le pays présente bien des vestiges de cette activité volcanique. La chaîne
des Puys, aux environs de Clermont, est formée de volcans

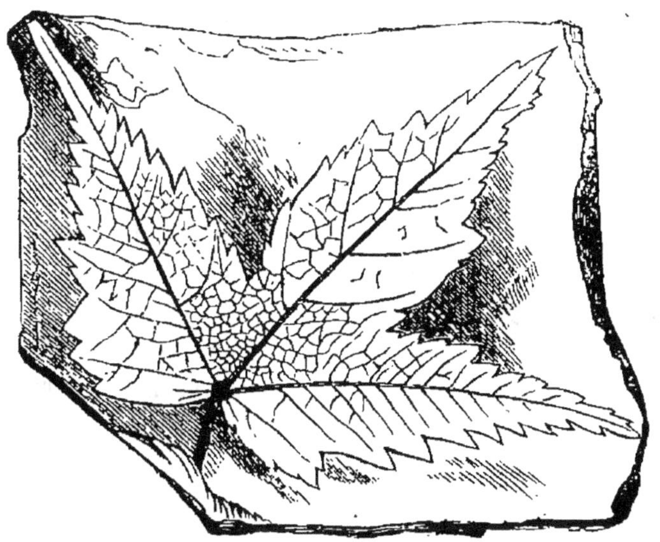

Fig. 177. — Érables du Miocène.

éteints. Beaucoup ont conservé leur cratères (Puy de Pariou);
d'autres sont ébréchés (Puy de la Vache); d'autres cratères
enfin sont aujourd'hui occupés par des lacs (lac Pavin). Ils
sont tous formés de scories et datent du début de la période
quaternaire. Beaucoup ont fourni des laves basaltiques ; certains ont donné des andésites ; ainsi le Puy de Volvic. La lave
de Volvic, activement exploitée pour les constructions, a même
été employée à Paris pour les trottoirs du Palais-Royal.

Le Puy-de-Dôme, formé d'un trachyte particulier appelé
*domite*, et le pic du Sancy (massif du Mont-Dore) également trachytique, ne présentent pas de cratère. Le Plomb du
Cantal est formé de roches andésitiques couronnées par du
basalte.

Les Roches Tuilière et Sanadoire dans le massif du Mont-Dore, qui se dressent comme deux piliers au sud de la vallée de Rochefort, sont formées de phonolithes. Celles-ci constituent également le Mezenc, dans la Haute-Loire, sur les confins de l'Ardèche.

**Flore miocène.** — Au commencement du miocène, on trouve en Europe un grand nombre de types végétaux des régions tropicales. Des Palmiers, des Camphriers, des Cannelliers se mêlent aux Chênes, aux Érables (fig. 177). Mais, vers la fin de la période, les Palmiers sont de plus en plus clairsemés, tandis que les Graminées se multiplient. Le refroidissement de la zone tempérée faisait donc de lents progrès.

Fig. 178. — Vigne du Pliocène (Marseille).

**Flore pliocène.** — Ce refroidissement s'accentue pendant la période pliocène et l'Europe ne présente plus guère que des espèces très voisines des espèces actuelles. Les Chênes, les Ormes, les Peupliers, les Noyers, prédominent.

L'Angleterre et la France du midi avaient déjà des climats tout différents. La flore de la vallée du Rhône rappelle celle des îles Canaries (fig. 178) à l'époque actuelle; au contraire, dans le sud de l'Angleterre, il y avait des forêts de Pins et de Sapins.

## RÉSUMÉ

Le *Miocène* présente dans le bassin de Paris les *sables et grès de Fontainebleau*, contenant des fossiles marins et des meulières (*meulières de Brie, meulières de Beauce*).

En Touraine et dans le sud-ouest de la France, on trouve des sables calcaires ou *faluns* contenant beaucoup de fossiles. Ils sont représentés en Suisse par la *molasse*, grès tendre qui constitue la partie la plus extérieure des Alpes. Ces montagnes ont donc subi leur principal soulèvement après l'époque de la molasse.

Dans le *Miocène supérieur,* on trouve beaucoup de mammifères, entre autres les *Hipparions* (gisement de Pikermi et du mont Léberon). C'est aussi au Miocène qu'appartiennent le *Dinotherium* et les *Mastodontes.*

Le *Pliocène* est surtout bien représenté en Italie. Il contient beaucoup de coquilles actuelles. On y trouve aussi des *Mastodontes,* des *Éléphants,* des *Hippopotames,* etc. On trouve du Pliocène dans la vallée du Rhône et sur le bord de la Méditerranée. Il est développé aussi en Angleterre, en Belgique.

Les éruptions volcaniques de l'Auvergne ont commencé dès le Miocène, se sont multipliées dans le Pliocène et dans la période quaternaire.

---

# CHAPITRE XVI

## Terrains Quaternaires. — Phénomènes géologiques de l'ère quaternaire. — Faune et flore quaternaires.

### I. — Phénomènes géologiques de l'ère quaternaire.

L'ère quaternaire, qui se continue par l'époque actuelle est caractérisée par l'apparition de l'Homme, et d'animaux et de végétaux dont les espèces vivent encore aujourd'hui. Elle présenta aussi des phénomènes géologiques dont les plus importants sont l'extension des glaciers et le grand développement des cours d'eau.

**Extension des glaciers. — Période glaciaire.** — Pendant une partie des temps quaternaires, les glaciers s'étendirent beaucoup ; presque toute la France fut couverte d'un manteau de glace. C'est ce que démontre, comme nous l'avons vu déjà (voir le chapitre relatif aux glaciers), l'existence de moraines, de roches polies et striées et de blocs erratiques. Par l'examen de ces témoins, on a constaté que les glaciers de la vallée du Rhône s'étendaient jusqu'aux portes de Lyon, sur le coteau de Fourvières. On trouve des blocs erratiques et de la boue glaciaire dans toute la Bresse.

Les Pyrénées, dont les glaciers sont aujourd'hui peu étendus, en avaient d'énormes à cette époque. Ils ont particulièrement laissé des traces dans la vallée de Lourdes, où les roches sont polies et striées.

Les monts de l'Auvergne possédaient des glaciers ; ceux-ci charriaient des blocs de granit dans la vallée de la Dordogne. Il y avait aussi de nombreux glaciers dans les Vosges ; une ancienne moraine barre le lac de Gérardmer, et bien des vallées, entre autres celle de Wesserling, présentent des traces analogues.

Le phénomène glaciaire se manifeste dans toute l'Europe et aussi en Amérique. En Écosse et dans le nord de l'Angleterre on trouve une argile contenant des blocs anguleux disposés au hasard. C'est un dépôt glaciaire que les Anglais appellent le *drift* ou *boulder-clay*.

Sur toute la plaine de l'Europe septentrionale, c'est-à-dire dans l'Allemagne du Nord, la Pologne, la Russie il y a des blocs et des cailloux anguleux. On a reconnu que ces roches proviennent de la Finlande et de la Suède; dans ces régions seulement, on trouve des roches de même nature. On en a conclu que la presqu'île scandinave et la Finlande étaient couvertes de glaciers ; des glaces chargées de blocs s'en détachaient et flottaient sur la Baltique, qui empiétait alors beaucoup sur les côtes d'Allemagne et de Russie. Les blocs tombaient au fond de cette mer, et ce sont ceux qu'on voit aujourd'hui, en particulier près de Berlin.

Le phénomène glaciaire a donc été général ; mais, comme le montre l'observation des glaciers actuels, si communs en Suisse, il indique plutôt une grande abondance de précipitations atmosphériques et une suite d'étés pluvieux qu'un froid très vif.

**Développement des cours d'eau. — Creusement des vallées.** — La fusion des nombreux glaciers de l'ère quater-

naire a donné lieu à des cours d'eau. Aujourd'hui, les fleuves
n'occupent plus que le fond de leurs vallées ; mais on trouve
sur les flancs de celles-ci et souvent à une grande hauteur
des alluvions, ce qui montre qu'autrefois les fleuves étaient
beaucoup plus larges. L'étude des alluvions anciennes a démontré que la Seine, dont la largeur moyenne est maintenant.
de 160 mètres, avait dans les temps quaternaires 6 kilomètres
de large et roulait, au moment des crues, 60,000 mètres cubes
d'eau.

Ces cours d'eau, dont le régime était torrentiel, comme le
prouve la grosseur des blocs transportés, ont dû contribuer
puissamment au creusement des vallées. Celles-ci devaient
exister, au moins en partie, à la fin de l'ère tertiaire, car les
dépôts d'eau douce qui se sont formés alors, l'abondance des
ossements de mammifères accumulés exigent l'existence de
cours d'eau considérables transportant tous ces débris dans des
lacs ou des estuaires. Mais c'est à l'ère quaternaire qu'il faut
rapporter le creusement définitif des vallées.

**Diluvium.** — Les alluvions formées par les cours d'eau
quaternaires se trouvent à des niveaux plus ou moins élevés
au-dessus du niveau actuel des fleuves. On leur donne le
nom de *diluvium,* car les crues de ces cours d'eau devaient
produire de véritables déluges.

Les alluvions se composent, à la base, de graviers, de cailloux roulés, de sables ; c'est le *diluvium gris.* On y trouve parfois des blocs considérables ; ainsi les alluvions anciennes du
Champs de Mars contiennent des blocs de grès de près d'un
mètre cube. Au-dessus se trouve un limon calcarifère, appelé
aussi en Allemagne *loess* ou *lehm.* Il est très fin, et son épaisseur peut atteindre 4 à 500 mètres ; il contient peu de débris
organiques. Il est dû probablement au ruissellement des
pluies sur les flancs des vallées ; les parcelles ainsi enlevées
ont été ensuite transportées par les fleuves.

Souvent la couche superficielle du *loess* est rouge, et il en
est de même de la partie superficielle du diluvium gris non
recouvert par le loess. Cette formation est appelée le *diluvium*
*rouge.* Elle n'est pas disposée régulièrement sur les couches

sous-jacentes ; elle les ravine et remplit souvent des cavités irrégulières qui y sont creusées ; c'est ce qui forme les *poches* d'argile rouge que l'on voit souvent dans les tranchées des environs de Paris. Ce diluvium rouge n'est pas un dépôt particulier. Il faut l'attribuer à l'action des eaux chargées d'acide carbonique sur les alluvions. Elles en ont dissous le calcaire et suroxydé les sels de fer, ce qui explique la couleur rouge. Ces couches superficielles sont utilisées dans le nord de la France comme terre à betteraves et terre à briques. Le diluvium rouge contient habituellement de nombreux éclats de silex. On les attribue aux alternatives de gelée et de dégel qui ont fait éclater les cailloux.

Les dépôts quaternaires recouvrant tous les autres terrains contribuent pour une bonne part à la formation de la terre végétale. Celle-ci est constituée par les débris des roches sous-jacentes et les produits de la décomposition des végétaux. Les lichens, qui poussent sur les roches les plus nues, sont les premiers agents de la formation de la terre végétale.

**Tourbières.** — Dans certains pays, comme en Irlande, dans l'Allemagne du Nord, la Picardie, se trouvent des localités humides et marécageuses où se forme un combustible : la *tourbe*. Celle-ci est due à la décomposition lente de certaines Mousses appelées *Sphaignes*. Elles absorbent en grande quantité l'humidité atmosphérique, et se créent ainsi une nappe d'eau. La partie inférieure de ces plantes qui plonge dans l'eau se décompose, tandis que le végétal continue à croître par sa partie supérieure exposée à l'air. La tourbe est un combustible de qualité médiocre ; elle est filamenteuse et brûle avec beaucoup de fumée et une odeur désagréable qu'elle doit à son origine organique. La tourbe est d'autant plus noire et moins filamenteuse qu'elle est plus ancienne.

Les tourbières ont commencé à se former pendant la période quaternaire lorsque les glaciers reculèrent vers les pôles ou le sommet des montagnes. On y trouve, comme nous le verrons, des ossements d'animaux quaternaires et des instruments, des armes, qui attestent l'existence de l'homme.

**Éruptions volcaniques.** — Les volcans d'Auvergne, en

activité pendant le Miocène et surtout le Pliocène, ont aussi été actifs pendant la période quaternaire. En effet, les laves et les tufs se mêlent aux cailloux, aux limons quaternaires et aux débris d'animaux de cette période. La chaîne des Puys d'Auvergne doit être rapportée à cette époque. L'homme a certainement assisté à ces éruptions, car au volcan de la Denise, près de Puy-en-Velay (Haute-Loire), on a trouvé dans les tufs des ossements humains.

La région de l'Eifel possédait aussi de nombreux volcans, et l'Etna, le Vésuve avaient commencé leurs éruptions.

## II. — Faune et flore quaternaires.

**Prédominance des animaux et des végétaux actuels.** — Tous les animaux des temps quaternaires appartiennent à des genres qui existent encore aujourd'hui. Beaucoup d'espèces ont disparu complètement, ou bien ont émigré dans d'autres pays, mais sur notre sol existaient déjà et existent encore le Chien, le Loup, le Renard, le Blaireau, la Loutre, le Cerf commun, le Sanglier et le Cheval.

Il en est de même pour la flore. Les débris végétaux trouvés appartiennent à des espèces ou au moins à des genres encore vivants. On trouve le Chêne, le Hêtre, le Pin sylvestre, etc., dans les tourbières. Le Framboisier, le Noisetier, le Pommier, etc., existaient déjà, et leurs fruits servaient à la nourriture de l'homme. D'autres espèces végétales trouvées dans les alluvions quaternaires, ont émigré après la disparition des glaciers et ne se trouvent plus que sur les hautes montagnes et dans les régions arctiques ; tel est le Bouleau nain.

**Espèces animales éteintes.** — Dans les temps quaternaires ont vécu successivement deux Éléphants : l'*Elephas antiquus* et l'*Elephas primigenius* ou *Mammouth* (fig. 179).

Le premier ressemblait beaucoup à l'*Elephas meridionalis* du Pliocène et aux Éléphants actuels. Le second, c'est-à-dire le Mammouth ou *Elephas primigenius* (Éléphant premier né, ainsi nommé parce que c'est le premier éléphant fossile qu'on ait découvert), a laissé ses ossements dans le diluvium de toute l'Europe. Mais on l'a trouvé aussi parfaitement conservé dans le sol gelé de la Sibérie, et encore couvert de sa chair.

Fig. 179. — Mammouth restauré.

Il avait de long poils bruns, ce qui lui permettait de braver les rigueurs du climat. La première découverte en fut faite en 1799, à l'embouchure de la Léna. Depuis on a trouvé d'autres cadavres intacts de Mammouths, en Sibérie, et les îles du littoral en sont un vaste ossuaire qu'on exploite pour l'ivoire des défenses. Le Mammouth atteignait environ 5 mètres de hauteur. Ses défenses étaient plus longues que celles des

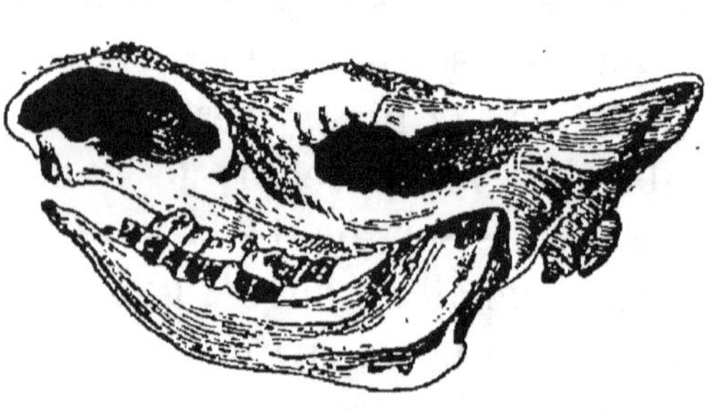

Fig. — 180.
Crâne de Rhinocéros tichorinus.

Éléphants actuels et contournées; les lamelles des molaires étaient très serrées. Un gisement quaternaire découvert au Mont-Dol (Ille-et-Vilaine) a fourni plus de quatre cents molaires de mammouth.

Un autre animal, qui était couvert d'une épaisse fourrure et qui accompagnait le mammouth est le *Rhinoceros tichorhinus*, dont le nom signifie rhinocéros à narines cloisonnées (fig. 180),

et, en effet, les narines au lieu d'être séparées par un carti-
lage, étaient séparées par une cloison osseuse. On en a trouvé
des individus entiers en Sibérie. Ces animaux avaient deux
cornes très développées.

Fig. 181. — Cervus Megaceros.

Dans les temps quaternaires, il y avait aussi un animal
voisin des Rhinocéros et qu'on a appelé *Elasmotherium* (animal
à lames, de *elasmos*, lame), parce que les molaires présentent
des lames plissées. Le crâne était armé d'une petite corne
nasale et d'une grande corne frontale. Il était couvert de poils
noirs.

L'Europe possédait aussi des Hippopotames. Ils étaient rares en France et en Angleterre, mais abondants en Italie.

Dans les tourbières d'Irlande, on a trouvé le squelette d'un grand Cerf qui possédait d'énormes bois aplatis, atteignant trois mètres d'envergure. On l'a appelé pour cette raison *Cervus megaceros* (fig. 181) (cerf à grandes cornes).

On trouve également de nombreux ossements d'un Bœuf qu'on appelle *Bos primigenius*, et aussi *Urus* ou *Aurochs*. Cette espèce ne s'est éteinte que dans les temps historiques ; elle vivait encore au xiiie siècle dans les forêts d'Allemagne. Les races de bœufs domestiques de la Hollande et de la Frise paraissent en être descendus, ainsi que le bétail blanc d'Écosse.

A côté de l'Aurochs se plaçait le *Bison d'Europe*, que l'on confond souvent avec lui. Cette espèce existe encore dansla forêt de Bialowicza, en Lithuanie, où des lois spéciales la protègent. Il n'en reste que peu d'individus.

Des espèces de carnassiers aujourd'hui complètement éteintes sont l'*Ours des cavernes* (*Ursus spelæus*) et l'*Hyène des cavernes* (*Hyæna spelæa*). Celle-ci ressemble beaucoup à l'Hyène actuelle du sud de l'Afrique, mais elle est plus grande. On en a trouvé un squelette entier dans la grotte de Gargas (Pyrénées). L'Ours des cavernes est plus grand et plus trapu que l'Ours actuel. Certains squelettes, longs de 3 mètres et hauts de 2 mètres, ont été trouvés dans diverses cavernes.

Le *Machairodus* existait encore pendant la période quaternaire. Il y avait aussi un Félin de grande taille ressemblant beaucoup au Lion ; c'est le Lion des cavernes (*Feles spelæa*). D'ailleurs le Lion existait encore en Grèce au ve siècle avant notre ère et y attaquait les convois de l'armée de Xerxès.

**Espèces émigrées.** — D'autres espèces qui habitaient nos pays pendant la période quaternaire ont gagné les régions polaires lorsque la température s'est adoucie.

Tels sont le Renne, dont on trouvé de nombreux ossements à Montreuil ; le Lemming, Rongeur aujourd'hui commun en Laponie ; le Bœuf musqué, le Glouton, la Chouette harfang. Le Castor était alors très commun.

**Ordre de succession des espèces quaternaires.** — Toutes les espèces que nous venons de citer n'ont pas été contemporaines. L'étude des débris animaux qu'on trouve dans le diluvium a permis d'établir la succession suivante :

Au début de la période quaternaire existaient l'*Elephas antiquus* et l'*Hippopotame*, ce qui indique une température assez élevée. Puis sont venus le Mammouth, le Rhinocéros à narines

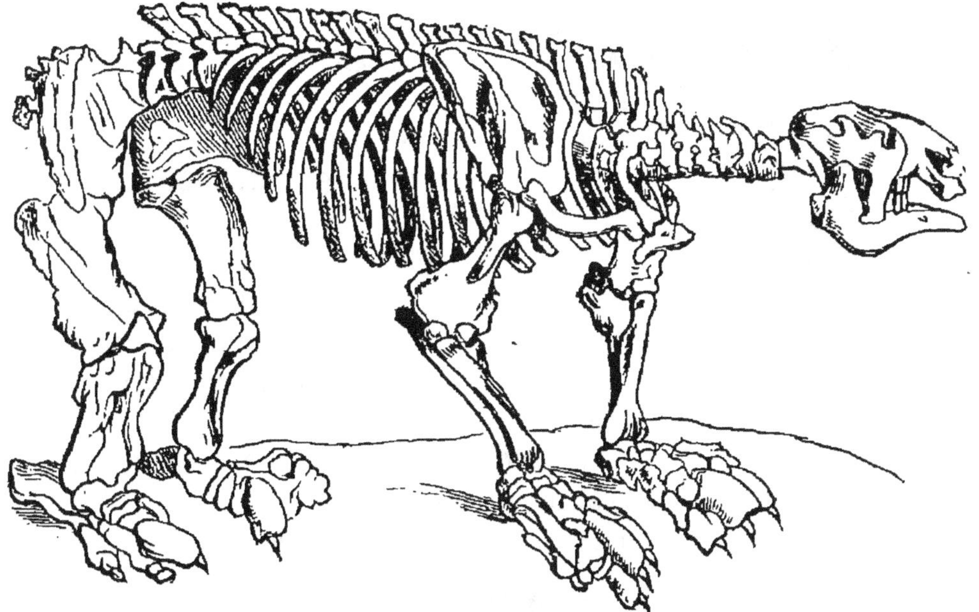

Fig. 182. — Megathcrium de Cuvier.

cloisonnées et le grand Ours des cavernes ; enfin un autre âge commence avec le Renne, qui persiste assez longtemps, accompagné des autres espèces polaires, et auquel succèdent les espèces actuellement vivantes dans nos pays.

**Faune quaternaire d'Amérique.** — Dans l'Amérique du Nord existaient les Mammouths et aussi les Mastodontes, qui n'ont vécu en Europe que pendant l'ère tertiaire. Un fait remarquable, c'est la présence des Chevaux en Amérique dans les temps quaternaires. Ils ont disparu plus tard ; en effet, les Espagnols, lors de la conquête, n'ont pas trouvé de Chevaux dans ces pays, et tous ceux qui y vivent aujourd'hui descendent d'individus introduits par les conquérants.

La faune de l'Amérique du Sud est caractérisée aujour-
d'hui par l'existence des Édentés (Paresseux, Tatous). Ils exis-
taient déjà pendant la période quaternaire, mais étaient alors de taille gigantesque. On doit citer le *Megatherium Cuvieri* (ce qui signifie grand animal de Cuvier) (fig. 182). Son squelette a plus de 3 mètres de haut et 5 de long. Sa tête, relativement petite, ressemble beaucoup à celle des Paresseux actuels. Ses pattes de devant étaient moins longues que les pattes de derrière. Il avait d'énormes griffes ;

Fig. 183. — Mylodon.

celle de l'orteil du milieu surtout était très forte, et elle ne
touchait la terre que par la face latérale. L'animal s'en servait
sans doute pour déterrer les racines.

Le *Mylodon*, qui est plus petit (fig. 183), ressemble au Me-

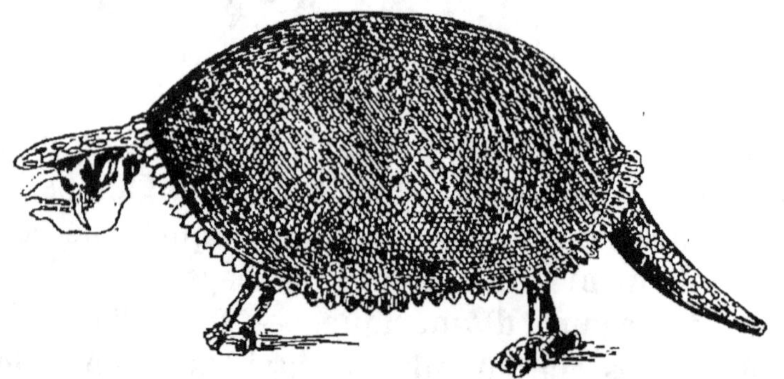

Fig. 184. — Glyptodon.

gatherium. On suppose qu'il se dressait contre les arbres pour
les renverser et manger ensuite leurs feuilles. Le *Glyptodon*
avait une carapace analogue à celle des Tatous, mais atteignait
2$^m$,80 de long. La carapace n'est pas formée de plaques mobiles

comme celle des tatous; elle est immobile, fortement convexe
et constituée par des pla-
quettes hexagonales, fig. 184.

Tous ces animaux se
trouvent en abondance dans
l'argile des Pampas.

**Faune quaternaire de
l'Australie.** — L'Australie,
caractérisée aujourd'hui par
ses Marsupiaux, en possé-
dait d'énormes. Tel était le
*Diprotodon*, dont la tête atteint 1 mètre de long. Ses
molaires ressemblent à celles
du Tapir. C'était un herbivore voisin des Kangou-
rous, mais nullement or-
ganisé pour la course. Tel
était aussi le *Thylacoleo*, qui
paraît avoir été un Carnivore, car il présente une dent
analogue à la dent carnassière des grands Félins actuels.

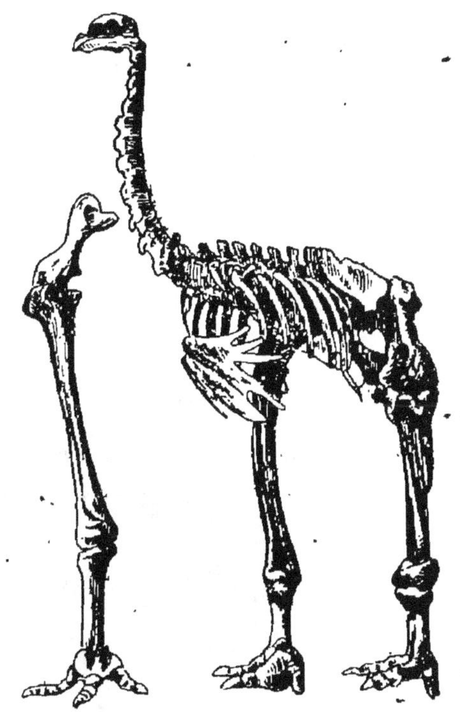

Fig. 185. — Dinornis Élephantopus.

**Oisaux géants de la Nou-
velle-Zélande et de Mada-
gascar.** — A la Nouvelle-
Zélande, les couches quaternaires fournissent de nombreux ossements d'Oiseaux
gigantesques. On les a appelés *Dinornis* (oiseaux terribles), et les indigènes les
désignent sous le nom de
*Moas* (fig. 185). Ils atteignaient 3 mètres de haut.
Les ailes étaient complètement atrophiées, tandis que

Fig. 186. — Apteryx.

les pattes de derrière, très fortes, possédaient trois doigts. Ces oiseaux, d'après les traditions néo-zélandaises, n'ont été détruits qu'à une époque relativement récente. On peut regarder l'*Apteryx*, qui existe encore aujourd'hui dans le pays, comme leur plus proche parent. C'est un oiseau à bec long et mince, dont les ailes très courtes sont cachées par les plumes du corps. Il est aussi en voie d'extinction (fig. 186).

On a trouvé les œufs des Moas, ce qui prouve encore que

Fig. 187. — Dronte.

la disparition de ces animaux est récente. Ces œufs sont trois fois gros comme ceux des Autruches.

A Madagascar, on trouve dans les couches quaternaires les os des pattes et les œufs d'un oiseau de grande taille. On l'a appelé *Aepyornis*. Les œufs ont une capacité de 8 litres et valent 6 œufs d'autruche et 150 œufs de poule.

Un oiseau dont les ailes étaient aussi rudimentaires vivait dans l'île Maurice en 1598, lors de la découverte de cette île. C'est le *Dronte* ou *Dodo*. Il fut rapidement détruit par les Européens et n'existait plus un siècle après la découverte. Les descriptions qui en ont été faites et les rares débris conservés dans quelques musées ont montré que cet oiseau était lourd, plus gros qu'un Cygne et ne pouvait voler. On le rapproche des Pigeons (fig. 187).

## RÉSUMÉ

Pendant une partie des temps quaternaires, les glaciers prirent une grande extension, comme le montrent l'existence des moraines, de roches polies et striées, de blocs erratiques.

Les cours d'eau avaient un grand développement et creusèrent définitivement leurs vallées.

Les alluvions quaternaires portent le nom de *diluvium*. On distingue le *diluvium gris*, le *loess* et le *diluvium rouge*.

Les tourbières commencèrent à se former.

Les éruptions volcaniques continuèrent en Auvergne pendant la période quaternaire. On doit rapporter à cette période la chaîne des Puys.

Les animaux quaternaires appartiennent à des genres qui existent encore aujourd'hui. Les animaux actuels (Chien, Cheval, Sanglier, etc.) et les végétaux actuels (Chêne, Hêtre, Pin, etc.) prédominent.

Certaines espèces animales quaternaires sont aujourd'hui éteintes, tels sont l'éléphant appelé *Mammouth* et le *Rhinocéros à narines cloisonnées* tous deux couverts de longs poils. Tels sont encore : l'*Aurochs*, l'*Ours* et l'*Hyène des cavernes*. — D'autres espèces ont gagné les régions polaires : *Renne, Lemming*, etc.

Parmi les animaux quaternaires d'Amérique on cite les *Mastodontes*, d'énormes Édentés ressemblant au Paresseux (*Megatherium*, ou au Tatou (*Glyptodon*). A la Nouvelle-Zélande existaient des Oiseaux gigantesques (*Dinornis*), de même à Madagascar.

En Australie, il y avait de grands Marsupiaux.

---

# CHAPITRE XVII

## Homme préhistorique.

**Apparition de l'Homme.** — L'Homme a existé dès le commencement des temps quaternaires. On a aujourd'hui des

preuves nombreuses et irrécusables de la contemporanéité
de l'Homme et du Mammouth. Mais une question encore mal
élucidée est celle de l'existence de l'Homme pendant les temps
tertiaires.

On trouva à la base des couches tertiaires de Thenay, près
Pontlevoy (Loir-et-Cher),  des silex qui parurent avoir été

Fig. 188. — Râcloir en silex taillé.

taillés pour servir de pointes de flèches et de grattoirs.
L'Homme aurait donc été présent dès la période miocène
(fig. 188).

Dans les sables pliocènes de Saint-Prest, aux environs de
Chartres, on trouve des ossements d'Éléphants et de Rhinocéros présentant à leur surface des stries ; on attribua ces mar-
ques à l'action de l'homme se servant de silex grossièrement
taillés pour détacher la chair adhérente à ces os.

Les conclusions précédentes ne sont pas généralement ad-
mises, et la question de l'Homme tertiaire est encore à l'étude.

**Premières découvertes relatives à l'Homme quaternaire.**
— Dans les couches du diluvium, on trouve une grande quantité de silex, tantôt grossièrement taillés, tantôt polis. Pendant
longtemps on les regarda comme tombés avec la foudre ou
comme des jeux de la nature. Les premières recherches rela-
ves à ces silex remontent à 1836 et sont dues à Boucher de
Perthes. Aux environs d'Abbeville il trouva de nombreux

silex taillés ayant la teinte jaune du diluvium dans lequel ils étaient plongés. Boucher de Perthes les attribua à l'Homme, qui avait donc existé avant la formation de ce diluvium. Les silex sont accompagnés d'ossements de Mammouths et de Rhinocéros à narines cloisonnées. Boucher de Perthes conclut à l'existence simultanée de l'Homme et de ces animaux. Mais sa conclusion ne fut admise que lorsqu'on eut découvert en bien des localités des ossements humains mêlés aux ossements de Mammouths et de Rhinocéros.

**Cavernes à ossements.** — Ce sont les cavernes à ossements qui ont fourni le plus de données sur l'Homme qua-

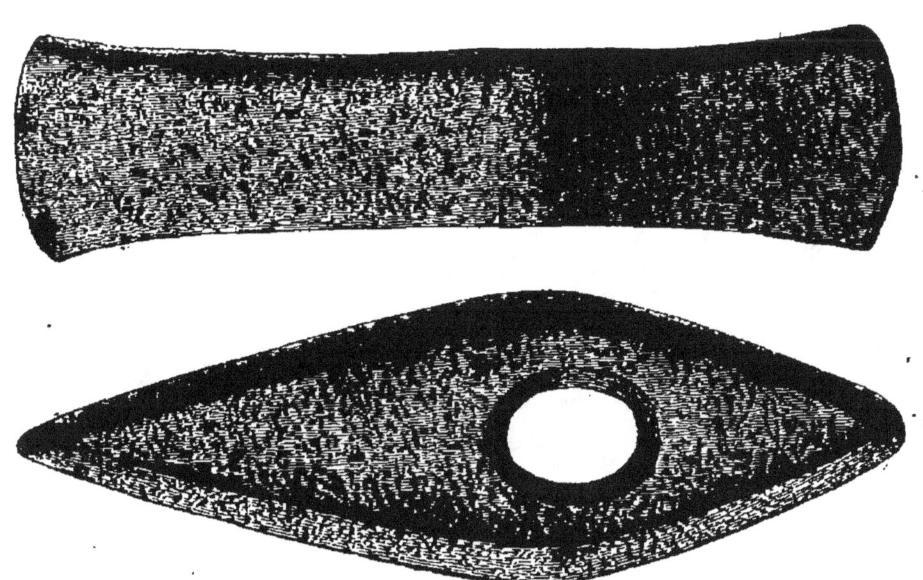

Fig. 189. — Hache polie perforée, à double tranchant.

ternaire. Ces cavernes sont surtout communes dans le Périgord (la Madelaine, Laugerie-Haute, Laugerie-Basse, dans la Haute-Garonne (Aurignac) et le Tarn-et-Garonne (Bruniquel). Elles consistent en cavités spacieuses pratiquées dans les couches sédimentaires et communiquent avec le dehors par des orifices qui s'ouvrent sur les flancs des montagnes bien au-dessus du niveau actuel des eaux. Par les ouvertures, les eaux torrentielles quaternaires ont introduit dans les cavernes des limons, des cailloux roulés et des ossements.

Fig. 190. — Représentation du Mammouth sur une plaque d'ivoire (Grotte de la Madelaine).

Souvent le tout est recouvert d'un plancher stalagmitique ; il peut même y avoir des couches successives de limon séparées les unes des autres par des planchers stalagmitiques. Cela montre que les eaux torrentielles s'y sont introduites et les ont abandonnées à diverses reprises. Dans les intervalles, les eaux d'infiltration déposent des stalagmites.

Les ossements humains mêlés aux ossements d'espèces disparues sont revêtus de la même couche épaisse de stalagmite ; ils sont dans un même limon, et tous les ossements sont parvenus au même degré d'altération, ce qui prouve qu'ils sont de la même époque.

Toutes les cavernes n'ont pas été simplement remplies par des dépôts des eaux torrentielles. Beaucoup ont servi d'habitation aux animaux, aux Ours et aux Hyènes, car on y trouve les ossements de ces animaux, ne présentant aucune trace de transport et parfaitement intacts.

L'Homme a habité aussi les cavernes. On y voit, en effet, des traces d'anciens foyers, des os brûlés et rongés d'animaux, des instruments (fig. 189) : silex taillés en forme de hache, de poinçons, flèches en bois de renne, etc. Ce qui prouve encore la coexistence de l'homme et d'espèces animales aujourd'hui disparues, c'est qu'on a trouvé des dessins représentant ces animaux. Dans la grotte de la Madelaine, on a découvert une plaque en ivoire fossile sur laquelle est fort bien dessiné un Mammouth (fig. 190). On a trouvé aussi dans les cavernes du Périgord, sur des bois de Renne, de nombreuses représentations de cet animal, en particulier un manche en bois de Renne sculpté de manière à figurer cet animal.

Les cavernes ont également servi de sépultures. La caverne d'Aurignac, qui fut une des premières découvertes, était fermée par une grande dalle de grès ; on y trouva dix-sept squelettes humains, et au-dessous il y avait une couche de limon contenant des os d'animaux cassés et brûlés, et des instruments. La caverne avait donc servi d'habitation, puis de sépulture.

Souvent même l'Homme, quand il ne trouvait pas de cavernes pour y déposer les morts, creusait des grottes dans les roches tendres ; c'est ainsi que, dans le département de la Marne, il y a un grand nombre de grottes creusées dans la craie vive par des silex. On y trouve des cadavres. Certaines, plus grandes, ont servi d'habitation ; on y voit des instruments, des flèches de silex, des os d'animaux domestiques, etc.

L'étude des cavernes à ossements du Périgord et de la Haute-Garonne a été faite surtout par Lartet.

**Division des temps préhistoriques.** — D'après les instru-

Fig. 191. — Hache en pierre polie, avec son manche.

ments on divise les temps préhistoriques en quatre âges :

Le premier est l'*âge de la pierre taillée*. L'Homme se servait alors, en guise d'armes et d'outils, de morceaux de silex gossièrement taillés.

Le second est l'*âge de la pierre polie*, postérieur au premier. L'Homme ne se contentait pas de tailler les silex, il les polissait ; ce qui indique un perfectionnement (fig. 191). Cet âge correspond à la faune actuelle, tandis que le premier correspond à la présence dans nos pays du Mammouth et du Renne. A la fin de l'âge de la pierre taillée, l'Homme a sculpté des os et des bois de renne.

Les deux derniers âges sont l'*âge du bronze* et l'*âge du fer*. Ces deux âges se continuent par les temps historiques.

Les quatre âges ne se reconnaissent bien qu'en Europe, et encore sont-ils loin d'être bien tranchés. On trouve souvent ensemble des silex taillés et des silex polis, ou des instruments de bronze. D'ailleurs, même à l'époque actuelle, l'âge de la pierre, terminé en Europe, se continue chez certaines peuplades de la Sibérie, les Australiens, les Papous. Les Néo-Calédoniens se servent en même temps d'instruments en fer et de haches de pierre. Les Lapons, dans les premières années du siècle, avaient encore des instruments en pierre. Enfin, dans certains tombeaux découverts en Autriche, on trouve des

Fig. 192. — Silex taillé de Saint-Acheul.

épées de bronze à côté de couteaux en fer. La distinction des quatre âges préhistoriques n'a donc rien d'absolu.

**Armes et instruments primitifs.** — Les armes et instruments primitifs ont des formes variées.

Au début, l'Homme s'est servi, à la fois comme arme et

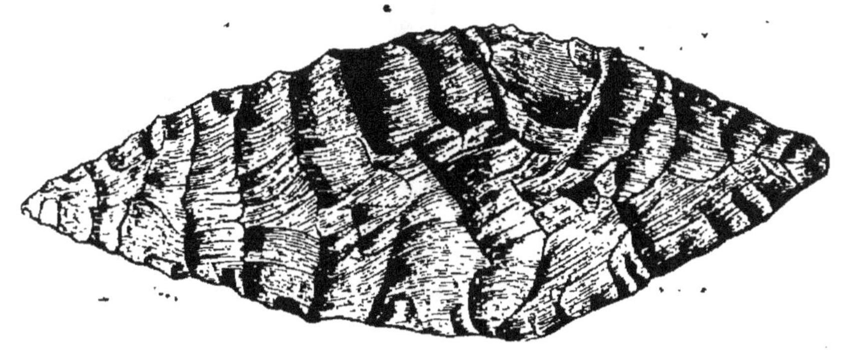

Fig. 193. — Silex taillé en pointe de lame.

comme outil, d'un morceau de silex sur lequel il produisait de nombreuses facettes. C'est ce qu'on trouve dans les gisements de Chelles près Paris et de Saint-Acheul près d'Amiens (fig. 192). Cet instrument ne devait pas s'emmancher et se tenait simplement à la main.

Puis l'Homme a adapté les silex à divers usages; on trouve des haches, des pointes de lance, des flèches, des racloirs, (fig. 193), etc.

A défaut de silex, les instruments sont faits avec de la diorite, de la serpentine, de l'obsidienne.

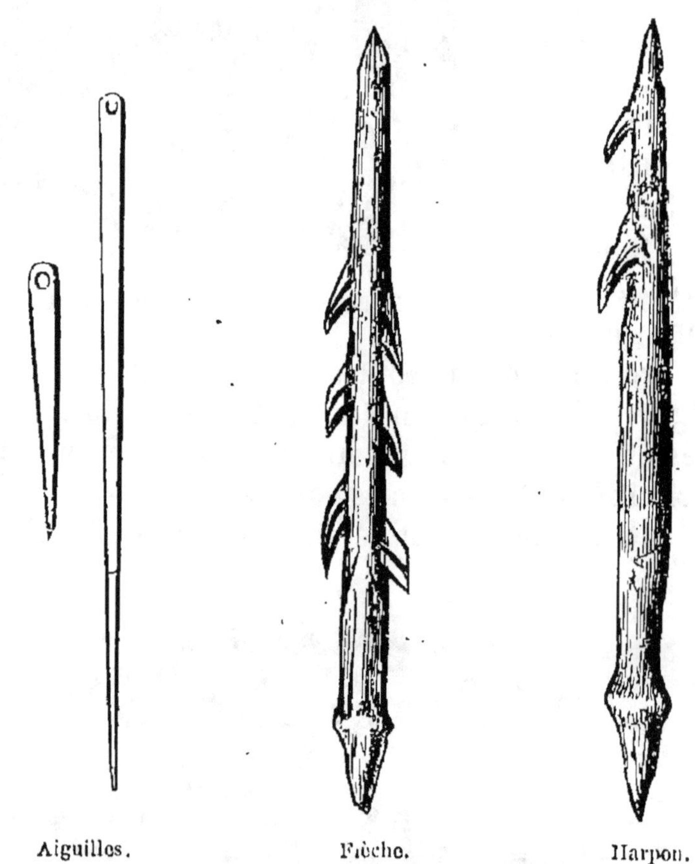


Fig. 194. — Instruments en os de renne.

Il existe aussi des instruments en os de renne, par exemple des aiguilles trouvées dans les cavernes du Périgord; le chas de ces aiguilles, comme on s'en est assuré, peut être produit avec des perçoirs en silex; il y a aussi des flèches barbelées en os ou en bois de renne et des harpons (fig. 194). A Bruniquel, on a découvert également des instruments en os de renne percés d'un trou et quelquefois de plusieurs, et sculptés.

On n'en connaît pas l'usage. On les désigne sous le nom de *bâtons de commandement* (fig. 195).

Souvent et surtout dans l'âge de la pierre polie, les instruments sont trouvés emmanchés dans du bois de cerf. C'est ce qui a lieu pour les haches polies. Il est rare de trouver des haches perforées.

**Habitations lacustres ou palafittes.** — Les habitations lacustres fournissent de nombreux renseignements sur les

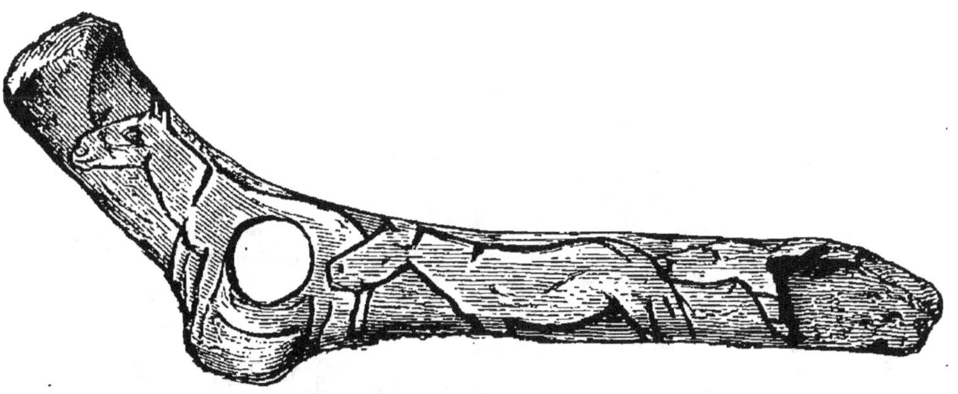

Fig. 195. — Bâton de commandement avec sculptures.

temps préhistoriques. Ces habitations lacustres, appelées aussi *palafittes* (du mot italien *palafitti*, pilotis), dont on voit les restes sur les bords des lacs de la Suisse et du Bourget en Savoie, quand les eaux sont très basses, consistaient en pilotis enfoncés dans la vase et supportant une plate-forme sur laquelle étaient bâties des huttes. Un pont mettait en communication avec la terre. Ces habitations qui étaient, grâce à leur situation, à l'abri des attaques, ressemblaient à celles des habitants actuels des îles Célèbes et des Papous de la Nouvelle-Guinée.

Dans les palafittes on a trouvé une foule d'instruments en pierre polie : haches, meules, etc. ; des objets en corne, en os ; des poteries grossières, des débris de panier et même des lambeaux de tissus (palafittes de Wangen et de Robenhausen). On y a trouvé des grains (froment, orge) ; ainsi les habitants des palafittes connaissaient l'agriculture. Ils avaient aussi des animaux domestiques, comme le prouve l'existence d'os de Chiens, de Chevaux, de Porcs, de Chèvres, de Moutons et de Bœufs.

Les plus anciennes palafittes remontent à l'âge de la pierre polie (Robenhausen et Wangen). Celles du lac de Neufchâtel, mieux conservées, contiennent des instruments de fer. Elles

Fig. 196. — Type de dolmen sans tumulus.

remontent au temps de l'invasion romaine ; on y a trouvé des monnaies et des épées romaines.

**Dolmens.** — Sur toute la surface du globe, en France, dans le nord de l'Europe et jusqu'en Afrique et dans les Indes, on trouve des monuments consistant en plusieurs pierres colossales placées horizontalement sur des blocs verticaux. Ils sont très nombreux en Bretagne. On les appelle *dolmens* (des deux mots bretons : *dol*, table, et *men*, pierre) (fig. 196). Ils sont parfois recouverts de terre et se présentent alors sous l'aspect d'un tertre assez élevé qu'on appelle *tumulus* (fig. 197). Comme exemple de dolmen-tumulus, on peut citer celui de Gav'r-Innis, près de Carnac.

Les dolmens sont des sépultures. Tous ceux qu'on a trouvés recouverts de terre contenaient des squelettes, accroupis ou couchés, entourés d'objets divers ; poteries, instruments en pierre polie, en bronze et même en fer. Les dolmens datent donc d'époques différentes.

Aux environs des dolmens on trouve souvent d'énormes pierres isolées dressées verticalement (fig. 198); ce sont les *menhirs* ou *pierres levées*, souvent alignés. Ainsi, à Carnac

Fig. 197. — Tumulus avec chambre intérieure à Uby (Danemark).

(Morbihan), il y en a onze mille alignés sur onze rangs. Quelquefois les pierres levées sont disposées en cercle ; on les appelle des *cromlechs*. Certains menhirs sont énormes. Celui de Loc-Maria-Ker (Morbihan) a 19 mètres de long sur 2 de large ; il est actuellement couché sur le sol et cassé en trois morceaux.

Les menhirs semblent être des monuments commémoratifs.

On désigne les dolmens et les menhirs sous le nom commun de *monuments mégalithiques*, c'est-à-dire monuments en grandes pierres. On a beaucoup disserté sur ces constructions, qui étaient attribuées autrefois aux Celtes, d'où le nom

de monuments celtiques ou druidiques qui leur était donné.
Des savants soutiennent que ces monuments sont dus à un
seul et même peuple qui, parti de l'Inde ou d'Afrique, s'est
avancé jusque dans le nord de l'Europe. Cette théorie ne peut

Fig. 198. — Type de menhir : la pierre levée du Croisic (Loire-Inférieure).

être admise, car la construction des dolmens varie, au moins
dans ses détails, d'un pays à l'autre, et on y trouve des squelettes de races très différentes. Il faut donc admettre que ce
sont des monuments funéraires élevés par des peuples très
variés.

**Homme préhistorique américain.** — L'Homme se trouve
aussi à l'état fossile en Amérique. Ainsi au Brésil, dans les

cavernes, les ossements humains sont mêlés à ceux du *Glyptodon* et du *Megatherium*. Il en est de même dans les Pampas.

Dans les vallées du Mississipi et de l'Ohio existent de nombreux monticules de terre mêlée de pierre. On les appelle *mounds*. Ils contiennent des ossements et des instruments. Ceux-ci sont en pierre non polie ou en cuivre pur. La présence de ce métal s'explique, car il existe sur les bords du lac Supérieur et à l'état natif.

## RÉSUMÉ

L'Homme a existé dès le commencement des temps quaternaires. On a constaté d'abord son existence grâce à des silex taillés mêlés aux ossements de Mammouth et de Rhinocéros.

Les cavernes à ossements du Périgord et de la Haute-Garonne ont fourni beaucoup de silex taillés; des flèches en bois de Renne, des représentations sur ivoire ou sur bois de Renne du Mammouth et du Renne, enfin, des ossements humains. Ces cavernes ont servi d'habitations et de sculptures. — On divise les temps préhistoriques en quatre âges : 1° *l'âge de la pierre taillée ;* 2° *l'âge de la pierre polie,* 3° *l'âge du bronze* et 4° *l'âge du fer.*

Les habitations lacustres ou *palafittes* ont fourni beaucoup d'armes et d'instruments primitifs, des grains, des poteries, des restes d'animaux domestiques. Les plus anciennes de ces habitations remontent à l'âge de la pierre polie.

Les *dolmens* sont des sépultures préhistoriques. Souvent le dolmen est couvert d'un *tumulus*.

On trouve l'Homme à l'état fossile en Amérique. Les ossements y sont mêlés à ceux du *Megatherium* et du *Glyptodon*.

# CHAPITRE XVIII

**Étude de la répartition des divers terrains sur la surface du sol de la France. — Carte géologique. — Idée de la formation successive du sol de la contrée.**

### I. — RÉPARTITION DES DIVERS TERRAINS EN FRANCE. CARTE GÉOLOGIQUE DE FRANCE.

**Coupes géologiques.** — Pour reconnaître la disposition et la distribution des terrains dans un pays donné, il faut faire des coupes et des cartes géologiques.

Faire une coupe géologique c'est représenter sur le papier les différentes couches du sol dans l'ordre où elles se présentent. Il faut pour cela profiter de toutes les dépressions et excavations du sol : tranchées, carrières, etc. On a soin d'indiquer l'épaisseur de chaque couche. Quand deux carrières suffisamment éloignées montrent pour les couches du sol la même disposition, on peut en conclure que les lieux intermédiaires ont la même constitution.

Les coupes géologiques sont très utiles; elles permettent de déterminer à quelle profondeur on trouvera une couche déterminée. Les connaissances géologiques sont journellement appliquées dans l'exploitation des carrières, des mines, le forage des puits artésiens, etc.

**Cartes géologiques.** — On doit compléter les indications des coupes géologiques. Il faut dresser la carte géologique du pays, c'est-à-dire indiquer la nature de la couche qui se trouve en chaque point immédiatement au-dessous de la terre végétale. Pour faire une carte géologique, on note donc les couches situées au-dessous de la terre végétale et on réunit par une courbe les points où la constitution géologique est la même : on colore ensuite diversement les régions qui présentent des terrains différents.

**Carte géologique de la France.** — Traits principaux. —

La première carte géologique de la France a été dressée, il y a environ quarante ans par Dufrénoy et Élie de Beaumont.

Cette carte présente un certain nombre de traits principaux qui frappent immédiatement l'attention. On voit d'abord que le terrain primitif de gneiss et micaschistes et les roches granitiques forment au centre de la France une grande zone, teintée en rouge ; c'est le plateau central de la France. Ces mêmes roches sont disposées parallèlement à l'axe des grandes chaînes de montagnes : Alpes, Pyrénées et aussi les Vosges. Elles bordent aussi les côtes de la Bretagne.

Un autre caractère important est la disposition du terrain jurassique, qui est teinté en bleu. Il forme une ceinture autour du bassin de Paris et une autre autour du plateau central. Ces deux boucles se rejoignent et forment une sorte de 8 ouvert en haut.

Un fait remarquable de la géologie de la France est la constitution du bassin de Paris. Si l'on part de la Lorraine ou de la Normandie et qu'on s'avance vers Paris, on trouve successivement toutes les couches du jurassique et du crétacé et enfin des couches tertiaires. Le bassin de Paris a donc une disposition concentrique. Les diverses couches qui se présentent sur l'un des bords plongent successivement pour se relever ensuite de l'autre côté. On peut comparer la région parisienne à une série de cuvettes emboîtées les unes dans les autres. Elle formait primitivement un golfe dont la mer s'est retirée peu à peu. Elle n'en couvrait plus que la partie centrale pendant une partie des temps tertiaires et a fini par abandonner complètement le pays.

Précédemment nous avons indiqué, à propos de chaque terrain sa répartition sur le sol de la France. Il s'agit maintenant de relier entre elles toutes ces données et de faire une étude rapide des régions naturelles de notre pays.

**Principales régions naturelles de la France. — 1° Bassin de Paris.** — Par ce nom il faut entendre non pas la région parisienne proprement dite, mais tout le territoire délimité par la boucle jurassique du nord.

Nous avons constaté plus haut la distribution concentrique

des couches géologiques autour de ce bassin. Le centre est occupé par les terrains tertiaires. Autour de Paris même, c'est l'Éocène qui domine, et toutes les buttes des environs de Paris nous présentent du gypse. Si l'on s'avance vers Orléans et Tours, on voit affleurer les sables de Fontainebleau, le calcaire de Beauce et enfin les faluns.

Toute la Champagne est formée par la craie, qui est à découvert dans le pays pauvre et monotone appelé la Champagne pouilleuse. La Normandie nous présente aussi la craie, mais cachée par de l'argile et du limon qui rendent le pays très fertile. Toute la côte est bordée par des falaises où domine la craie à silex. Le jurassique se montre entre l'embouchure de la Seine et le Cotentin sous l'aspect de calcaires oolithiques, qu'une bande de lias limite à l'ouest.

Si partant de la Champagne pouilleuse on se dirige vers la Lorraine, on trouve d'abord un sol formé par les dépôts crétacés inférieurs ; l'élément argileux y domine. Cette formation couvre la majeure partie de l'Argonne et se termine aux Ardennes. Ensuite on trouve les calcaires oolithiques couvrant presque toute la Lorraine et qui constituent une sorte de croissant s'étendant vers le sud dans le Nivernais et le Berri. Enfin le lias se montre depuis la Lorraine jusque dans le Berri, et couvre le nord de la Bourgogne.

**2° Région du Nord.** — Au nord de la Somme on retrouve le terrain crétacé. Dans le Boulonnais on voit à nu le Jurassique. En Flandre, l'argile forme un sous-sol humide sur lequel poussent de gras pâturages. Au-dessous on trouve la craie, qu'il faut percer pour arriver jusqu'aux couches de houille ; les terrains qui cachent la houille sont appelés par les mineurs les *morts-terrains*. En certains points de la Flandre, par exemple au mont Cassel, on voit des sables qui sont de l'âge du calcaire grossier

**3° Ardennes.** — Le sol des Ardennes est constitué par des schistes et des quartzites (roches dures formées de quartz très fin). Ces roches sont plissées, contournées, et leur ensemble constitue un plateau que des vallées, où coulent plusieurs rivières, entre autres la Meuse, divisent en plateaux partiels.

Les parties élevées des Ardennes sont couvertes de bois et de landes. Les eaux sont retenues à la surface par l'imperméabilité des schistes et quartzites, et il en résulte des déserts boueux, marécageux qu'on appelle les *Fagnes*. Le plateau le plus élevé des Ardennes, est situé entre Spa, Malmédy et Montjoie, sur le territoire belge, à la frontière de l'Allemagne. Le point culminant atteint 695 mètres. Cette région couverte de tourbes et de bruyères, porte le nom de *Hautes-Fagnes*. Au delà commence l'Eifel.

4° **Vosges.** — Au pied des Vosges se trouvent des plaines formées par les marnes irisées. La chaîne est constituée surtout par les grès bigarrés et le grès vosgien. Il y a, au centre de la chaîne, un noyau de roches granitiques et porphyriques et de terrain primitif. Les Vosges sont en pente douce vers l'ouest, tandis que vers le Rhin il y a une chute brusque. Les mêmes terrains se retrouvent de l'autre côté du fleuve dans la forêt Noni. Les sommités des Vosges sont appelées Ballons à cause de leur forme arrondie. Elles sont couvertes de pelouses qu'on appelle les *Hautes-Chaumes*. La carte montre que les divers terrains sont disposés dans les Vosges en bandes parallèles dirigées du S.-O. au N.-E.

5° **Jura.** — Les montagnes du Jura sont disposées en chaînons tous parallèles à la même direction qui est à peu près celle du nord au sud, et entre lesquelles se trouvent des vallées longitudinales. On peut dire que toute la contrée est formée de plis alternativement convexes et concaves ; les plis convexes constituent les chaînons et les plis concaves les vallées longitudinales ou *combes*. En outre, la plupart des crêtes sont divisées en tronçons par des cassures transversales qui forment ainsi des défilés appelés *cluses*. Le Jura est constitué par des calcaires oolithiques sous lesquels se trouvent les assises du Lias et du Trias. A l'est il se termine contre la plaine molassique de la Suisse et, à l'ouest, il se dresse brusquement au-dessus de la plaine de la Saône également tertiaire.

6° **Alpes.** — Les Alpes nous présentent de nombreuses failles et des dislocations variées. On y trouve les schistes cristallins et une sorte de granit de teinte verdâtre, la *proto-*

*gine ;* c'est cette roche qui constitue les principaux sommets et en particulier le mont Blanc. Les couches se redressent en feuillets presque verticaux, qui, sur les deux versants se rapprochent dans le bas et divergent dans le haut ; de là une structure dite en éventail, bien visible au mont Blanc, au Saint-Gothard, etc. Contre les schistes cristallins se relèvent les dépôts jurassiques et crétacés et enfin à la partie la plus extérieure, les couches tertiaires nummulitiques.

7° **Région du Sud-Est.** — La région du sud-est comprise entre Grenoble, Nice et Montpellier est resserrée entre les Alpes, la mer et le plateau central. Les dépôts jurassiques couvrent les départements des Hautes et des Basses-Alpes. La Provence présente des couches jurassiques, crétacées, tertiaires qui se limitent d'une manière compliquée. Aux environs de Toulon, on trouve le Trias. Enfin l'extrémité de la Provence est occupée par un massif de terrain primitif, et de roches éruptives anciennes, qui s'étend de Toulon à Antibes. Ce massif se divise en deux masses distinctes séparées par la rivière l'Argens, à l'embouchure de laquelle se trouve Fréjus. La masse méridionale forme les montagnes des *Maures*, l'autre forme les montagnes de l'*Esterel*. Celles-ci présentent des porphyres et des mélaphyres d'âge permien, visibles en particulier aux environs de Fréjus.

8° **Pyrénées.** — Les Pyrénées forment une grande muraille dont l'axe est constitué par les terrains primaires. Ça et là il y a des îlots granitiques et des pointements de roches vertes : les *ophites,* dont l'éruption date de la période triasique, au moins pour la plus grande partie de ces roches. Contre la chaîne se relève le Crétacé et l'Éocène nummulitique.

9° **Région du sud-ouest.** — La région du sud-ouest se présente contre le Plateau central du Jurassique bien développé dans les Charentes et le Périgord. Au sud du Plateau central, entre les Cévennes et la montagne Noire, se trouve un golfe jurassique ; il fait partie des départements de l'Aveyron et de la Lozère. Les calcaires oolithiques y forment de véritables déserts, des plateaux dont les flancs abrupts ont plusieurs centaines de mètres de hauteur. C'est ce qu'on appelle les

*Causses.* Ces plateaux calcaires sont entamés par des gorges profondes à parois presque verticales, occupées par des torrents.

La bande jurassique des Charentes est bordée par une bande crétacée dont les assises sont bien développées à Angoulême et à Rochefort. Viennent ensuite les terrains tertiaires. Les faluns miocènes couvrent une grande surface dans le Bordelais et sur la côte du sud-ouest. Au contraire, les environs d'Agen, de Toulouse, sont formés de calcaires d'eau douce, également miocènes, qui ont fourni beaucoup d'ossements de Mammifères. On doit citer en particulier Sansan, et Simorre dans le Gers.

**10° Plateau central.** — Le Plateau central comprend le Limousin, l'Auvergne. le Velay (Haute-Loire), le Vivarais (Ardèche) et le Forez (Loire). Il est formé de gneiss et de micaschistes que percent des îlots de granit. Son altitude varie de 600 à 900 mètres.

En Auvergne se sont produites des éruptions basaltiques et trachytiques qui ont édifié des cimes de hauteur considérable. On y distingue plusieurs massifs volcaniques : le mont Dore (1,880$^m$), la chaîne des Puys et le Cantal (1,830$^m$). Le Velay présente aussi de nombreux volcans éteints et toute une chaîne phonolithique dont fait partie le Mezenc (1,745$^m$). Le Vivarais montre aussi des traces d'éruptions basaltiques (les Coirons) et phonolithiques (mont Gerbier des Joncs, source de la Loire). En Auvergne, il y a aussi un bassin tertiaire (la Limagne) et de même dans le Velay (bassin du Puy). Ils indiquent l'emplacement d'anciens lacs.

Sur le Plateau central sont éparpillés des bassins houillers. Il faut citer tout particulièrement ceux du Forez (Loire) : ce sont les bassins de Saint-Étienne, et de Rive-de-Gier.

Au Plateau central se rattache au nord le Morvan (Château-Chinon) formé de granits et de porphyres. La Montagne Noire constitue un prolongement méridional du Plateau.

**11° Bretagne et Basse-Normandie.** — La Bretagne, le Cotentin et la Vendée forment une région naturelle séparée du Plateau central par les plaines oolithiques du Poitou. Les gneiss, les micaschistes et le granit forment deux bandes qui courent le long de la péninsule armoricaine, l'une de Brest à Saint-Malo, l'autre qui part de Douarnenez (Finistère) pour s'élargir au sud-est et couvrir la Vendée. Entre ces deux bandes se trouvent les terrains primaires qui constituent aussi le Cotentin. Il y a aussi un grand nombre de petits bassins tertiaires qui sont pour la plupart de l'âge des sables de Fontainebleau et de celui des faluns.

**12° Corse.** — Il nous reste à dire quelques mots de la constitution géologique de la Corse. A l'ouest, le sol est formé de roches granitiques et de diorites. A l'est, il existe des terrains primaires, des lambeaux jurassiques et miocènes.

## II. — Idée de la formation successive du sol de la France.

Pendant la série des temps primitifs la France, comme le reste du globe, se trouvait sous des eaux à haute température où se formaient les gneiss et les micaschistes. Le granit fit éruption à travers cette mince couche et produisit ainsi les premières saillies du sol. Ces saillies composées de gneiss, de micaschistes, de granit constituèrent au milieu de l'Océan quelques îlots. Ce sont : le Plateau central, la Vendée, la bordure de la Bretagne, l'axe des Alpes, des Vosges et des Pyrénées, enfin le massif des Maures et de l'Esterel à l'extrémité de la Provence.

Autour de ces premiers îlots vinrent se déposer des sédiments qui se formaient au sein des océans de l'ère primaire. Ces dépôts constituent, comme on l'a vu, le centre de la Bretagne, l'Ardenne, une partie des Vosges et des Pyrénées. A l'époque houillère il y eut une émersion partielle, surtout au nord et autour du plateau central, et là dans des lacs et des estuaires se forma la houille.

Pendant la période triasique cette émersion existe pour la plus grande partie de la France. En effet, les sédiments du Trias n'existent guère que dans les Vosges autour du Plateau central et dans les Pyrénées.

Au contraire, pendant la période jurassique il y eut immersion presque complète. La Bretagne, le Plateau central, les Vosges et l'Ardenne étaient émergés mais la mer couvrait le bassin de Paris. Ce golfe parisien communiquait avec l'Atlantique par un détroit (détroit de Poitiers) et avec la Méditerranée par un autre détroit séparant le Plateau central du massif des Vosges (détroit de Dijon).

A la fin de la période jurassique et au commencement de la période crétacée, il y eut une émersion dans le nord; la France vint se souder à l'Angleterre et sur l'emplacement de la Manche il y avait une région couverte de grands lacs.

Bientôt une nouvelle immersion se produisit et la France tout entière, à l'exception de la Bretagne, des Vosges, du Plateau central fut couverte par la mer de la craie. En réalité, il y eut deux mers, l'une couvrant le bassin de Paris, l'autre le sud de la France. En effet, le Jurassique soude la Bretagne et les Vosges au Plateau central, ce qui rendait impossible toute communication entre les deux mers.

Pendant la période éocène la partie centrale du bassin de Paris était occupée par un golfe, un autre couvrait le sud-ouest, et la Méditerranée beaucoup plus large qu'aujourd'hui déposait les couches nummulitiques.

Pendant la période miocène le golfe parisien était plus réduit; de grands lacs couvraient la Beauce, l'Auvergne, la vallée du Rhône. Une grande mer, celle des faluns, couvrait le sud-ouest et s'avançait en Touraine. La vallée du Rhône et la région alpine étaient sous les eaux.

Au Pliocène la France avait à peu près ses contours actuels. Cependant la mer empiétait sur les côtes de la Méditerranée et envoyait un prolongement étroit jusque vers Lyon.

Pendant la période quaternaire la France s'est séparée de l'Angleterre. On fixe en effet à la fin de cette période la rupture de l'isthme du Pas-de-Calais, car la similitude des Mammifères quaternaires anglais avec ceux de la France montre que la séparation complète des deux pays est de date relativement récente. Les glaciers eurent pendant la période quaternaire une grande extension et les cours d'eau sujets à de fortes crues couvrirent de leurs alluvions tous les terrains précédents.

## RÉSUMÉ

Dresser une carte géologique consiste à indiquer sur la carte la nature du terrain qui se trouve immédiatement sous la terre végétale. La première carte géologique de la France a été dressée par Dufrénoy et Élie de Beaumont.

Les gneiss, micaschistes et roches granitiques constituent le Plateau central. On trouve ces mêmes roches dans les grandes chaînes de montagnes. Le terrain jurassique forme une ceinture autour du bassin de Paris et une autre autour du Plateu central.

Les couches jurassiques et crétacées sont disposées concentriquement autour des bassins de Paris. Le centre du bassin est occupé par les terrains tertiaires.

Le sol des Ardennes est constitué surtout par des schistes et des quartzites, celui des Vosges par les grès bigarrés et grès vosgien. Le Jura est formé par le terrain jurassique. Dans les Alpes on trouve les schistes cristallins et la protogine. Contre eux se dressent les dépôts jurassiques crétacés et nummulitiques. Les Pyrénées présentent des terrains primaires, des îlots granitiques, et des roches éruptives triasiques (*Ophites*).

Le Plateau central présente sur un soubassement de terrain primitif et de granit, des massifs volcaniques récents (basaltes, phonolithes, trachytes).

La Bretagne présente sur ses côtes deux bandes composées de granit et de terrains primitifs. Entre elles se sont déposés les terrains primaires.

La géologie montre que le sol de la France ne s'est formé que peu à peu. Il y a eu un grand nombre d'immersions et d'émersions successives.

---

## ERRATA

Page 142. La figure 64 représente une *Ammonite*, au lieu d'un *Planorbe*.

Dans tout le cours du livre, au lieu de *granit*, lire ...*granite*, orthographe adoptée en géologie, afin de donner à tous les noms de roche la même terminaison.

# TABLE DES MATIÈRES

## CHAPITRE V



Températures moyennes. — Isothermes, Isothères, Isochimènes. — Influences qui déterminent le climat. — Différents climats. — Température de la surface des mers. — Température des grandes profondeurs. — Résumé.

# DEUXIÈME PARTIE

### MODIFICATIONS CONTINUES DU SOL A L'ÉPOQUE GÉOLOGIQUE ACTUELLE.

## CHAPITRE PREMIER



Phénomènes actuels; leur définition. — Action de la vapeur d'eau atmosphérique, action du vent. — Transports et dépôts. — Dunes; leur origine. — Marche des dunes. — Conséquences de la marche des dunes. — Fixation des dunes. — Principales dunes. — Dunes continentales. — Résumé.

## CHAPITRE II



Dégradation des côtes par la mer. — Formation des galets. — Transport des matériaux. — Dépôts marins; cordons littoraux. — Dépôts d'eau profonde. — Argile rouge des grands fonds. — Resumé.

## CHAPITRE III



Pluie. — Ruissellement. — Actions mécaniques de la pluie et des eaux de ruissellement. — Phénomènes de dissolution et actions chimiques de la pluie et des eaux de ruissellement. — Torrents. — Ravages des torrents; causes de leur formation. — Diverses manières d'être des cours d'eau. — Rivières torrentielles. — Creusement des vallées. — Rivières à l'état de régime. — Crues. — Rivières à régulateurs. — Rapides, cascades. — Transport de matériaux par les cours d'eau. — Cailloux roulés. — Dépôts formés par les eaux. — Comblement des lacs par les dépôts fluviatiles. — Dépôts des fleuves à leur embouchure. — Deltas — Principaux deltas. — Delta du Nil. — Delta du Rhône. — Autres deltas. — Delta du Mississipi. — Résumé.

## CHAPITRE IV



## CHAPITRE V



## CHAPITRE VI



## CHAPITRE VII

## CHAPITRE VIII



Élévation de la température avec la profondeur. — Degré géothermique. — Hypothèse d'un noyau fluide. — Explication des phénomènes volcaniques. — Résumé.

## CHAPITRE IX



Définition. — Phénomènes précurseurs. — Nature des secousses. Propagation des secousses. — Vitesse de propagation. — Nombre des secousses. — Séismographes. — Propagation des secousses dans les océans. — Principaux tremblements de terre. — Étendue des tremblements de terre. — Tremblements de terre volcaniques. — Tremblements de terre non volcaniques. — Régions exposées aux tremblements de terre. — Action des secousses sur le sol. — Crevasses. — Failles. — Glissements. — Effondrements. — Exhaussements du sol. — Temple de Sérapis. — Trouble des sources. — Profondeur du foyer d'ébranlement. — Hypothèses sur les causes des tremblements de terre. — Résumé.

## CHAPITRE X



Mouvements lents. — Soulèvement de la Suède. — Soulèvement des régions polaires. — Soulèvement de l'Écosse. — Soulèvement des côtes françaises de l'Atlantique. — Soulèvement de diverses régions méditerranéennes. — Affaissement des côtes de la Manche et de la Bretagne. — Affaissement du sol de la Hollande. — Affaissement du Pacifique. — Hypothèses sur les causes des mouvements lents. — Résumé.

# TROISIÈME PARTIE

## GÉOLOGIE PROPREMENT DITE. — ROCHES ET FOSSILES

## CHAPITRE PREMIER



Définition des roches. — Roches ignées ou éruptives. — 1. Roches ignées fondamentales. — Granit. — Syénite. — Granulite. — Porphyres. — Trachytes. — Obsidiennes. — Ponces. — Basaltes. — Composition des laves actuelles. — 2. Roches ignées d'importance secondaire. — Diorites. — Diabases. — Euphotide. — Serpentine. — Protogine. — Pegmatite. — Andésites. — Phonolithes. — Examen microscopique des roches. — Résumé.

## CHAPITRE II



Définition des roches stratifiées. — Roches calcaires. — *a*. Calcaire cristallin. — *b*. Calcaires compacts, marbres. — *c* Calcaires lithographiques. — *d*. Calcaires oolithiques. — *e*. Calcaire grossier. — *f*. Calcaire bréchoïde, Poudingues. — *g*. Calcaires tendres, craie. — Roches siliceuses. — *a*. Silex. — *b*. Sables. — *c*. Grès. — *d*. Meulières. — *e*. Brèches, Poudingues. — *f*. Tripoli. — Roches argileuses. — Autres roches sédimentaires. — *a*. Dolomie. — *b*. Gypse. — *c*. Sel gemme. — Gneiss et Micaschistes. — Résumé.

## CHAPITRE III



Stratification. — Divers modes de stratification. — Stratification concordante. — Stratification discordante. — Sratification transgressive. Cassures. — Failles. — Roches ignées intercalées. — Métamorphisme. — Résumé.

## CHAPITRE IV



Fossiles d'origine animale ou végétale. — Utilité des fossiles pour distinguer les terrains et préciser leur mode de formation. — Progrès de la Paléontologie. — Nomenclature des fossiles. — Résumé.

## CHAPITRE V



Superposition des couches sédimentaires. — Fossiles caractéristiques. — Terrains. — Étages. — Périodes et âges géologiques. — Évolution de la vie. — Lacunes. — Ordre chronologique des roches éruptives. — Terrain primitif. — Résumé.

## CHAPITRE VI



Constitution du terrain primitif. — Roches éruptives du terrain primitif. — Métamorphisme du terrain primitif. — Répartition géographique du terrain primitif. — Hypothèses sur la formation du terrain primitif. — Résumé.

## CHAPITRE VII



## CHAPITRE VIII



## CHAPITRE IX



## CHAPITRE X



## CHAPITRE XI

---

Paris. — Motteroz, lib.-imp. réunies, ét. D, 7, rue Saint-Benoît.